广西壮族自治区"十四五"职业教育规划教材

融合型·新形态教材
复旦社云平台 fudanyun.cn

U0730940

普通高等学校学前教育专业系列教材

幼儿行为观察与评价

（第二版）

主　编　李艳荣　黄婉圣

副主编　马丽雯　李春良　余丽丽

编　者　（按姓氏拼音首字母顺序）

陈柯汀　陈小玲　龚　泉　黄婉圣　经承凤

李春良　李卓洁　刘佩杏　罗玉舒　马丽雯

莫　迪　汪冠楠　韦积华　吴盼盼　杨　欣

余丽丽

复旦大学出版社

内容提要

本教材从幼儿园教师工作的实际需要及学生的学习特点出发，坚持"以人才培养的需求为导向、遵照职业能力标准、突出校企合作和立体化运用"的编写原则，将职业道德、教育情怀、工匠精神等贯穿始终，深化学生以幼儿为本的师德理念，践行"为党育人，为国育才"使命，落实立德树人的根本任务。

全书以幼儿园教师观察行为的典型工作环节为载体组织教学单元，包括幼儿行为观察与评价概述、幼儿五大领域及游戏的观察与评价等七个模块。每一模块下通过具体的学习情境分别呈现观察计划的制订、信息的收集、幼儿行为的评价、幼儿行为的支持、对整个观察与评价工作过程的反思等幼儿行为观察与评价的典型工作环节，全面系统介绍如何在幼儿园日常教育实践中有效进行观察与评价，并根据观察与评价信息支持幼儿的学习与发展。

为方便师生使用、提升学习效果，书中配备了丰富的资源，包括实训手册、在线课程、幼儿活动视频、课程标准、教学课件、教案、习题测试等，可登录复旦社云平台（www.fudanyun.cn）或扫描下面二维码查看、获取。

实训手册　　　　在线课程　　　　课程标准　　　　教学课件　　　　教　案

复旦社云平台
数字化教学支持说明

　　为提高教学服务水平，促进课程立体化建设，复旦大学出版社建设了"复旦社云平台"，为师生提供丰富的课程配套资源，可通过"电脑端"和"手机端"查看、获取。

【电脑端】

　　电脑端资源包括 PPT 课件、电子教案、习题答案、课程大纲、音频、视频等内容。可登录"复旦社云平台"（www.fudanyun.cn）浏览、下载。

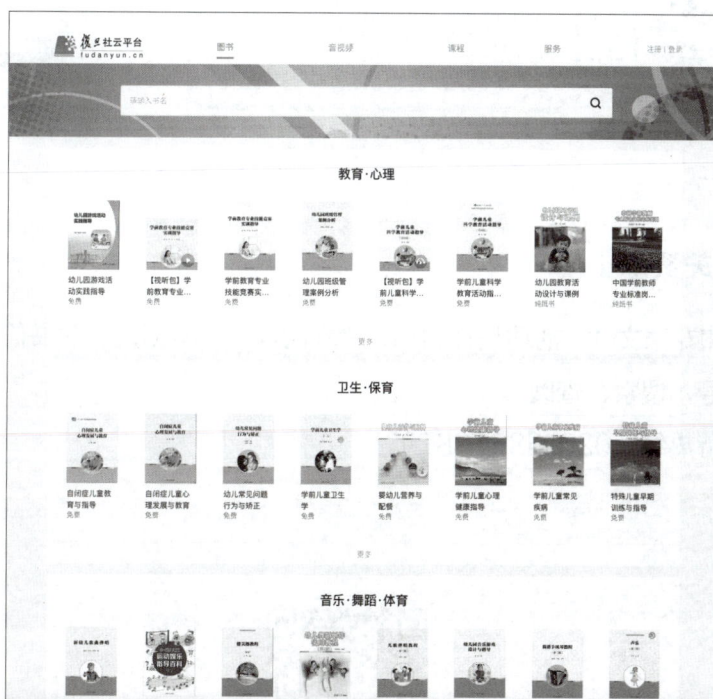

　　Step 1　登录网站"复旦社云平台"（www.fudanyun.cn），点击右上角"登录／注册"，使用手机号注册。

　　Step 2　在"搜索"栏输入相关书名，找到该书，点击进入。

　　Step 3　点击【配套资源】中的"下载"（首次使用需输入教师信息），即可下载。音频、视频内容可通过搜索该书【视听包】在线浏览。

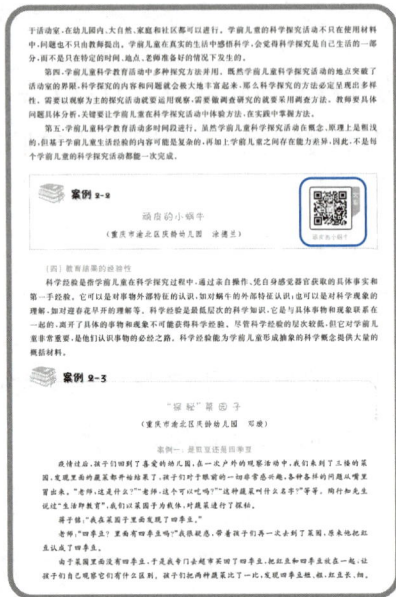

二版前言
FOREWORD

2012年,教育部颁布《3—6岁儿童学习与发展指南》(下文简称《指南》),《指南》要求教师将目光从教学、教材转移到儿童的学习与发展。同年,教育部颁布《幼儿园教师专业标准(试行)》,将幼儿园教师专业素质的核心定位于"了解幼儿,并有效支持幼儿的学习与发展",提出教师要"研究幼儿,遵循幼儿成长规律,提升保教工作专业化水平"。2016年,为适应我国学前教育质量提升的新一轮改革需求,教育部重新修订并施行《幼儿园工作规程》,明确提出"幼儿园教师的主要职责是观察了解幼儿,依据国家规定的幼儿园课程标准,结合本班幼儿的具体情况,制定和执行教育工作"。2022年教育部印发的《幼儿园保育教育质量评估指南》则进一步强调要理解幼儿并支持其有意义地学习。对幼儿的观察能力已经成为当前和未来幼儿园教师专业能力的重要组成部分。

职前教育是幼儿园教师获得专业能力的重要阶段,本教材着眼于学生对"幼儿行为观察、评价与支持"能力的提升,在深入研究教学、听取幼儿园一线教师和高校教师建议的基础上进行编写。在调研中我们发现,实践经验较少的学生,在见习、实习的过程中往往不知道看什么,或者看了没看懂,也就是对观察什么、如何观察、怎么评价感到困惑,难以在充分观察、了解幼儿发展水平、行为特点、兴趣倾向的基础上,设计适宜的课程,进而支持幼儿的成长。本教材从幼儿园教师工作的实际需要以及学生的学习特点出发,落实立德树人的根本任务,坚持"以人才培养的需求为导向、遵照职业能力标准、突出校企合作和立体化运用"的编写原则,以幼儿园教师观察行为的典型工作环节为载体组织教学单元,全面系统介绍如何在幼儿园日常教育实践中有效进行观察与评价,并根据观察与分析信息支持幼儿的发展。

本教材为广西教育科学"十四五"规划2023年度普通高等学校师范类专业认证专项重点课题"师范专业认证背景下学前教育专业实习生表现性评价研究与实践(编号:2023ZJY003)"、广西职业教育教学改革研究重点项目"学前教育专业'幼儿行为观察与支持'一体化课程建设研究"(编号:GXGZJG2020A034)、校级项目"融入课程思政元素的'幼儿行为观察与支持'的教学设计与实践"(编号:2021YZKCSZA01)、广西教育科学"十四五"规划2022年度研学实践与劳动教育专项课题"核心素养视角下幼儿园劳动教育实施路径优化研究"(编号:2022ZJY1851)的重要成果。本次修订主要有四个方面的内容:一是进一步落实课程思政。本教材以党的"二十大"精神为引领,以《高等学校课程思政建设指导纲要》为指导,立足行业领域,深挖课程蕴含的思想政治教育点,将职业道德、教育情怀、工匠精神、文化传承等贯穿始终,深化学生以幼儿为本的师德理念,理解幼儿、关爱幼儿,做到真懂、真爱幼儿,真会支持幼儿,践行"为党育人,为国育才"使命,让思政引领与职业教育双线并行。二是完善、更新教材知识体系。对本教材使用效果的追踪调研显示,教材关于幼儿学习与发展路径的内容不够细致,难以满足岗位需求,加之近两年关于幼儿行为观察与评价研究的最新成果较多，因此本次修订丰富了幼儿关键发展指标的发展轨迹，补充了最新研究。三是丰富序列案例资源。本次修订录制了 40 个幼儿活动视频，每一情境均有相应的视频案例，丰富可视化的、能够表现幼儿发展阶段特点的序列案例资源，能够助力"理—实"一体化教学。四是突出"岗课赛证"融通。以岗位需求、课程体系、学前教育专业技能大赛、幼儿园教师资格证考试的能力和素养要求为目标整合教材内容，以岗、课、赛、证导学。

本教材由广西幼儿师范高等专科学校李艳荣教授统筹。在编写教材的过程中得到了很多同人及幼儿园、家长的支持，在此一并致谢。本书编写分工如下：广西幼儿师范高等专科学校黄婉圣、汪冠楠、罗玉舒编写模块一，信阳师范大学余丽丽与广西幼儿师范高等专科学校李卓洁、黄婉圣、经承凤、罗玉舒编写模块二；广西幼儿师范高等专科学校黄婉圣、刘佩杏编写模块三；常州幼儿师范高等专科学校吴盼盼与广西幼儿师范高等专科学校刘佩杏、罗玉舒编写模块四；宁夏幼儿师范高等专科学校马丽雯、广西幼儿师范高等专科学校李春良、加州州立大学圣贝纳迪诺分校陈柯汀编写模块五；广西幼儿师范高等专科学校李卓洁、黄婉圣与包头职业技术学院莫迪、温州大学教育学院龚泉编写模块六；广西幼儿师范高等专科学校李春良、黄婉圣编写模块七；广西幼师实验幼儿园陈小玲、内蒙古正翔民族幼儿园杨欣参与编写相关的案例。感谢广西稚慧明珠幼儿园、广西幼师实验幼儿园、广西区直机关第三幼儿园、广西军区幼儿园、南宁市五象新区第一实验幼儿园、广西平果市第一幼儿园、宁夏幼儿师范高等专科学校第二附属幼儿园、内蒙古正翔民族幼儿园、上海市武宁新村幼儿园、上海市三花幼儿园提供了生动的视频资料，感谢各位家长、小朋友们的支持。

在编写过程中，编者深刻感受到观察与评价深深根植于对"人"的理解，它涉及各门学科。书中对部分问题的思考难免有所疏漏，恳请广大读者不吝赐教！

编　者

目 录
CONTENTS

模块　七　**幼儿创造性游戏的观察、评价与支持**　**152**

幼儿行为观察、评价与支持的指引

模块导学

了解并理解幼儿是进行幼儿教育的基础和前提。如何满足全体及个别幼儿的兴趣与学习需求是教师关心的问题,若要了解幼儿的兴趣与需求教师需要通过科学的观察。怎样观察? 怎样做好观察记录? 教师可能会有这样的困惑:不清楚自己在观察时要聚焦在什么地方、记录什么、如何记录、记录多少;或者有时候自己的观察会倾向于某些孩子和某些领域而无法顾及整体,有时在观察评价中又无形添加了自己的主观意愿。那么,如何进行观察评价才能获得对幼儿行为的了解,发现他们真正的需求呢? 本模块将逐步阐述与呈现。

学习目标

1. **知识目标**:了解幼儿行为观察与评价的意义及观察的步骤。
2. **能力目标**:掌握幼儿行为观察的常用方法,学会分析教育实践中幼儿的行为表现,并提出指导建议。
3. **素养目标**:秉承先辈精神,理解幼儿、热爱幼儿,树立科学、严谨的专业精神。

学习支持

一、幼儿行为观察的概念及意义

案例导入

妈妈带着 5 岁的佳佳在沙滩上玩沙雕。当佳佳玩得高兴时,身旁走来一个男孩,踢了一下佳佳刚刚搭起的房子,佳佳便哇哇大哭起来。妈妈见状指着男孩说:"你这个孩子怎么这么顽皮!"边说边带着佳佳离开了。

你觉得这是观察吗?

(一) 幼儿行为观察的概念

《幼儿园教师专业标准(试行)》将幼儿园教师专业素质的核心定位于"了解幼儿,并有效支持幼儿的学习与发展",提出教师要"研究幼儿,遵循幼儿成长规律,提升保教工作专业化水平"。研究幼儿的主要方法便是"观察",那么"观察"是什么呢?

观察是人类认识周围世界的一个基本方法,也是从事科学研究的一个重要手段。观察不仅是人的感觉器官直接感知事物的过程，而且是大脑积极思维的过程。① 观察分为一般观察与专业观察。一般观察，即日常生活中的观察，这是人类在日常生活中随处需要的，相当于"看"，是肉眼所及、没有预设目的的，往往只注意到事物的某个方面，而忽略了相互联系的片段，有时候观察到的可能是偶发现象，不能代表被观察者的典型行为。例如，"案例导入"中描述的只是日常生活中妈妈一眼看到的现象，这位妈妈并没有去了解男孩的行为动机，就直接判断幼儿是"调皮的"。专业观察不同于一般观察，它是为了职业要求和科学研究而进行的，是以正确地了解为目的，有明确的目的和计划，其记录也是客观的。

幼儿行为观察是专业的观察，它有明确的目的、计划，须做严格的记录，是运用一定的方法收集幼儿信息，依据专业知识进行判断，并进一步进行观察的循环往复的过程。

（二）幼儿行为观察的意义

《幼儿园教育指导纲要（试行）》（以下简称《纲要》）指出，教师要"耐心倾听，努力理解幼儿的想法与感受""善于发现幼儿感兴趣的事物、游戏和偶发事件中所隐含的教育价值，把握时机，积极引导""尊重幼儿在发展水平、能力、经验、学习方式等方面的个体差异，因材施教，努力使每一个幼儿都能获得满足和成功"，观察与评价正是达到这些要求的重要途径。

1. 观察是了解幼儿的重要途径

通过观察，成人能够了解幼儿怎样思考、怎样解决问题、如何与他人交往等，从不同角度看待幼儿，真正了解幼儿是什么样的。兴趣与需求是幼儿与周围世界互动的驱动力，是促使幼儿产生强烈求知欲、直接推动幼儿主动学习的内部动力。尤其对学前阶段的幼儿，其心理和行为在很大程度上受到兴趣与需求的控制。② 但幼儿的兴趣与需求是内隐的，教师须通过观察来了解与发现。

通过对观察收集的信息进行评价，我们可以了解幼儿的已有经验与发展水平，以及幼儿发展的个体差异，进而提供个性化的支持。幼儿的很多心理变化与发展往往是通过语言、表情、身体运动、社会性、认知发展等表露出来。从案例1-1中可以发现佳佳对新环境充满了不安全感，他需要教师的陪伴。再如，在游戏中教师会通过观察幼儿的言行，倾听他们在游戏中的交谈，以了解不同幼儿的游戏水平与碰到的困难。

案例 1-1

佳佳是小班刚入园一周的孩子，以下是班上老师对她午睡的观察记录：

9/23　佳佳午睡醒来后大哭着找妈妈。

9/30　没有老师刮鼻子，佳佳睡不着。佳佳醒来后就找老师。

10/6　佳佳醒来自己穿好衣服后去找老师。

从观察记录中，你了解到了什么？

2. 通过观察，可以有效推动家园共育

家长和教师是幼儿教育的合作者、课程的共同建构者，双方只有充分交流幼儿在家庭和幼儿园的学习与发展状况，才能在此基础上制订出适合幼儿个体的教育计划。通过观察，教师能够更全面、准确地收集幼儿信息，进而更好地与家长沟通幼儿学习与发展的情况，赢得家长的尊重与信任，有效推动家园共育。

3. 学习观察是促进教师专业发展的重要途径

《幼儿园教师专业标准（试行）》明确提出，教师要有"在教育活动中观察幼儿，根据幼儿的表现和需要调整活动，给予适宜的指导"的教育活动计划与实施能力。首先，教师通过观察与评价幼儿可以直接或间接地将自己所学的理论与实践结合起来，巩固与完善专业知识，进而提升反思能力，促进专业能力

① 陈向明. 质的研究方法与社会科学研究［M］. 北京：教育科学出版社，2000.
② 潘月娟. 学前儿童观察与评价［M］. 北京：北京师范大学出版社，2015.

的提升和专业发展。为幼儿提供适宜的教育支持必须基于幼儿的学习特点与发展水平,而观察与评价正是教师了解幼儿学习特点与发展水平的重要途径。其次,对于教师而言,观察与评价幼儿也是将《3—6岁儿童学习与发展指南》(以下简称《指南》)与课程相结合并应用于教学实践的抓手。最后,教师在实践观察与评价幼儿的过程中,不仅能体验到自身专业性增强的自信感,还会随之而来产生专业幸福感。教师的专业自信以及幸福感的增加,对日常教育教学以及幼儿的学习与发展都具有积极的意义。

二、幼儿行为观察的步骤

幼儿行为观察与评价须具有科学性,从收集信息到评价与运用都有严格的程序。幼儿行为观察与评价的实施一般包括制订方案、收集信息、对行为进行评价与分析、运用获取的信息,本书也将遵循此逻辑编写。

(一)制订观察方案

制订观察方案是观察与评价的起始工作,主要包括4个方面。

1. 确定观察目的与目标

行为的发生是连续的、动态变化的,教师须明确"为什么观察""观察什么",进而依据目的有选择地获取信息,否则会被教育现场的各种信息所干扰。明确观察目的和目标可以让教师清楚观察什么。具体来说,观察目的是实施观察的动因以及最终要实现的结果,观察目标是指要收集幼儿哪些相关信息,是观察目的的具体化。教师可以从三个方面来把握观察目的。一是了解幼儿行为所蕴含的学习与发展状况。例如,通过平时的观察,教师对幼儿的建构游戏水平已有了解,她发现幼儿间逐渐有了交流。基于幼儿交往的需求,教师将观察目的聚焦在"了解幼儿游戏中的社会交往情况",并进一步明确观察目标为幼儿主动与同伴交往的情况、对同伴做出回应的行为、互动的内容、情绪状态等。二是探寻幼儿行为背后的原因。如教师发现幼儿在玩以"战争"为主题的角色游戏中,常将同伴搭建起来的"堡垒"扑倒,那么教师可以将观察目的定为了解幼儿这一行为背后的原因,以便更有针对性地引导幼儿。三是课程与教学发展的需要。如在"多彩的夏天"主题活动中,为了结合幼儿已有经验,设计适宜的主题活动,教师将观察目的定为了解幼儿对夏天的已有经验。须注意的是,在确定观察目的时还应注意各年龄阶段的区别。例如,小班幼儿入园时应重点观察幼儿的适应情况,如果过了入园适应期,幼儿还是一直处于焦虑之中,则应具体了解背后的原因。

练习 1-1

观看纪录片《小人国》(可网上搜索)池亦洋与陈柄栋抢棍子的片段,确定观察目的与观察目标。

2. 明确观察对象

观察对象的选择应符合教育总目标的要求,既要尊重每一个幼儿,了解每个幼儿的经验与发展水平,也应根据他们的需求,有所侧重。例如,练习1-1的视频中,教师既要观察所有幼儿的游戏水平,又要重点观察池亦洋的社会交往行为和个性特点,并持续关注其行为的发展与变化。

3. 选择观察记录方法

不同观察记录方法的适用范围不一样,不同的观察目的也需要不同的观察记录方法,教师应根据观察目的选择适宜的方法和工具。例如,幼儿身体发育情况可通过相应的工具与量表进行测量分析,但是中班幼儿连续哭闹的原因却难以通过工具测量获得,需要教师通过轶事记录来获取幼儿具体的行为表现,并与家长沟通,才能获取更多信息。

4. 选择观察情境

时间、地点、任务等构成了行为发生的情境。教师要根据观察目标选择实施观察的时间、地点和任务。观察既有自然情境下的观察,包括幼儿在园的一日生活(进餐、如厕等)、运动、游戏等;也有模仿真实情境下的观察,如教师通过投放一些材料,创造一个相对真实的情境来观察幼儿。不同情境对幼儿提出了不同的要求,也产生了不同的影响,幼儿在不同情境下的表现也可能会有一定差异。有研究发现,在入园焦虑问题上,时间、地点、任务背景不同,对幼儿的意义不同,构成的压力也不同,导致幼儿在不同时间和地点以不同的方式表现出不同强度的焦虑。例如,有的幼儿在早晨与家长分离时表现出较强的焦虑,但在中午或下午与家长分离时则较少出现焦虑。

在制订了观察方案之后,教师可以使用如表1-1所示的幼儿行为观察计划表来整理自己的观察方案,以便开始着手观察。

表 1-1　幼儿行为观察计划表

观察者:		观察时间:		
观察目的				
观察目标				
观察对象	姓名	性别	年龄	其他相关情况
	……			
观察情境				
记录方法与记录形式				

（二）收集信息

做好观察计划后,教师应调动感官去进行观察,以开放的心态面对幼儿,倾听他们的想法,去"看见"他们在做什么,了解对他们来说什么是重要的。下面介绍幼儿园实践中常用的五种观察记录方法。

1. 描述记录法

练习 1-2

1. 记录班上某位同学的一个行为,并与大家分享。
2. 请相应同学说一说这份记录是否客观。

描述记录法是指通过文字描述的方式记录所看到的情景,要求观察者客观记录,包括时间、地点和具体内容。本书主要介绍幼儿园常用的三种描述记录法——连续记录法、轶事记录法和学习故事(Learning Stories)。

连续记录法是指在现场按照行为实际的发生顺序客观地记录下所有的信息。连续记录要具体记录日期、开始和结束的时间及背景信息等,能够获得观察对象的行为以及行为产生的背景细节,但耗时耗力。表1-2便是通过连续记录法记录的幼儿自主游戏过程。

表 1-2　连续记录法示例

观察者姓名:王老师
被观察者姓名:佳佳、玲玲、铭铭、笑笑
幼儿年龄:中班
观察情境:操场上,户外自由活动,4个孩子在小木屋玩游戏
观察目的:了解幼儿户外自由活动中自发的象征性游戏
观察日期:2020 年 4 月 18 日

事件	评述
9:20—9:24　佳佳和玲玲在木屋内整理搬来的积木块,一边摆放一边说:"这是柿子,这是青菜,这是苹果……"铭铭和笑笑在外面捡树叶。 9:25—9:27　"好了,可以过来买东西啦!"佳佳大声向铭铭和笑笑喊。于是他俩拿着树叶跑过去。铭铭把所有的树叶给笑笑,说要买苹果吃。笑笑问:"我要买青菜,要多少钱?"说着便递过去一片树叶。 9:28　老师叫大家收拾东西,准备回教室了。大家忙着收拾东西,铭铭走出了木屋,佳佳抱着积木,朝篮子走去。	

　　轶事记录法是观察者对自己认为有价值的现象进行记录,是在行为发生后进行的记录。虽然这种方法可以提供较详细、生动的信息,但不能提供更细致、全面的细节。它是对偶然发生事件的记录,是教师日常细心观察的结果。例如,教师发现幼儿在区角建构中能够自主探究,突破了以往的搭建水平,于是记录下来,以便进一步分析幼儿是如何共同解决问题的,具体过程见表1-3。

表 1-3　轶事记录法示例

观察者姓名:王老师
被观察者姓名:小 A,小 B,小 C,小 D
幼儿年龄:中班
幼儿性别:男孩
观察情境:区角活动
观察日期:2022 年 5 月 9 日
观察目的:了解幼儿社会性发展的特点
观察目标:幼儿同伴互动、问题解决情况

事件	照片	评述
3 个男孩用一次性纸杯垒高,不一会儿,垒起来的杯子就和自己差不多高了(图1-1)。他们俩一个扶着杯子,以防歪倒,另一个踮起脚继续往上放杯子。可是,杯子垒得实在太高了,即使踮起脚尖,伸长了手,也够不着了。保护垒起来的长条杯子的两个男孩子说:"我们挺不住啦,救命啊!" 这时,一个小男孩走过来,说:"我有办法!我们一起先把杯子放下来。"说着他们迫不及待地慢慢扶着杯子"躺"下来。男孩说:"这样我们就可以加杯子啦!"男孩子们一起加成了一条长长的杯子(图1-2)。可以了!他们一起小心翼翼地把杯子们扶起来,可惜,一不小心,杯子断了,"哇啦"散了一地。他们拿起断开的长条,玩了起来,开心极了。	 图 1-1 图 1-2	

　　学习故事是一套来自新西兰的幼儿学习评价体系。学习故事是教师通过描述一个个故事来展示幼儿是如何学习的,通常包含三个部分:①发生了什么,即教师观察到的幼儿行为和情景描述。②学习什么,即对所观察的内容对照学习框架或者课程框架进行分析和评价。③下一步怎么做,即

教师打算如何针对幼儿的这一学习行为或特点给予支持,提出下一步的指导计划。① 学习故事框架示例见表1-4。

表1-4　学习故事示例②

幼儿姓名:玛利亚

日期:10月11日

观察者:_____

早期教育课程中的发展线索	学习故事的决策点	实例或线索	学习故事
归属感	感兴趣	在这里发现对某一事物的兴趣——一个话题,一个活动,一个角色;识别出自己所熟悉的事物,也喜欢不熟悉的事物;应对变化	她拿出半圆形积木,拼在一起变成了一个圆圈。拿出一块长一点的弧形积木,试图把它放在上面,然后试图加上小半圆形。后来,又回到这里,把两个半圆形摞在一起,拍手。把小积木堆起来,当它们倒塌时大笑过了一会儿,再搭,仔细地把积木搭成长方形
身心健康	在参与	注意力持续一段时间,感到安全,信任别人;与其他人一起玩或者材料互动	
探究	在困境中坚持	创建或者选择困难的任务;在有困难时,使用一系列策略来解决问题	
沟通	表达一个观点或感受	用一系列方法讲述故事,如口头语言、姿势、音乐、艺术、书写、数字和图案	
贡献	承担责任	回应其他人、故事和想象的事件,确保事情是公平的,自我评价,帮助他人,为课程作出贡献	
短期回顾		下一步呢?	
问题:我觉得什么样的学习在这里发生了?(如这个学习故事的要点)对积木感兴趣,乐于把它们拼成图案和形状——回来进行第二次尝试		问题:我们可以如何鼓励这种兴趣、能力、策略、心智倾向,让故事更复杂?在课程不同领域的活动中出现?我们该如何在学习故事框架里鼓励"下一步"的学习和发展?和玛利亚一起玩积木。协助玛利亚搭建圆圈或类似圆圈的物体,如轮子	

　　描述记录能够捕捉伴随行为发生的情境,它的一个重要特征是不仅详细描述行为,而且详细描述行为所发生的情境及先后顺序,能够让教师了解幼儿行为的详细资料。在使用描述记录时应注意以下三点。

　　(1)及时记录

　　教师在全身心投入观察幼儿时,怎样能够做到既有时间观察幼儿、记录自己的所见,又有时间与幼儿进行充分的互动呢?幼儿行为的发生稍纵即逝,教师和幼儿在一起时,可灵活使用记事本和移动设备。使用纸笔记录时,应及时把捕捉到的内容按照顺序用简洁的文字记录下来,事后补充完整,或者在事件结束后尽快记录;使用移动设备辅助时,应以不影响幼儿的正常活动为前提。须注意,教师切勿把进行记录作为不去与幼儿互动的借口。教师抽身进行记录的时间也不应持续太长,这样才能持续为幼儿提供充分的支持。

　　(2)完整记录

　　一份完整的观察记录表要有幼儿姓名、性别、年龄、观察情境以及观察日期、观察者等基本信息,以便日后整理。在行为描述上,连续记录是把行为发生过程中所有的细节都记录下来。轶事记录需要记录的细节取决于观察的目标行为。所以,如果使用轶事记录法,则可在基本信息中加上明确的"观察目的"和"观察目标"。如果老师想要了解幼儿表现出来的对话技能及提问技巧,那么就需要把幼儿和他人

---

①② 〔新西兰〕玛格丽特·卡尔. 另一种评价:学习故事[M]. 周欣,周念丽,等译. 北京:教育科学出版社,2016.

交流的言语都详细记录下来。好的观察记录既要包含足够多的事实信息,也要足够简洁。这样,他人在阅读时,才能够清楚地了解幼儿的言行。请看下面的案例分析,思考所记录的内容是否完整。

案例分析

佳佳(5岁2个月)能够完成三维度的分类任务了。

分析:"能够完成"具体指什么?幼儿学习的过程如何?如幼儿都是按照什么维度来分类的?在分类过程中有没有遇到困难?他是如何记录与表征自己的分类结果的?在学习过程中是否表现出其他领域的特点,如寻求同伴或教师的帮助,利用言语辅助等?

（3）客观记录

练习 1-3

看视频1-1(小班),尝试记录(描述)视频中幼儿的行为。

视频1-1(小班)[1]

一方面,观察幼儿的重要目的是基于幼儿视角支持幼儿,在观察记录时要做到尽量客观。另一方面,要做到完全客观地观察记录是很难的,因为教师会受到来自自身生活经验、对幼儿发展的理解、看待自己和他人的态度、固有的偏见或成见的影响。为了尽可能避免偏见,教师首先要学会觉察自己在观察记录中可能存在的偏见。德布·柯蒂斯(Deb Curtis)等描绘了两种截然不同的视角——负向视角和正向视角,见表1-5。[2]

表 1-5　负向视角和正向视角

负向视角	正向视角
这孩子对于什么是安全感毫无概念	这个孩子是充满活力的探险家、不知疲倦的实验家、具有奉献精神的科学家
这个孩子缺乏耐心	这个孩子渴望从自己的经验中以及与他人的互动中学到东西
这个孩子总是做不到手里不拿东西	这个孩子正在思考怎样控制自己的行为并照顾好自己、他人和周围的世界
这个孩子爱发脾气	这个孩子正在从依赖走向独立

练习 1-4

请看以下案例[3],分析哪些不是事实性的描述。

3岁1个月的珍妮弗是一个让人操心的孩子。妈妈离开时,她会哭。她需要来自成人的关注。她比较难安静下来,除非给她一个奶嘴或者有人抱着她。她很容易受到惊吓。当大一点的孩子接近时,她会感到不安。

4岁的尼克今天在艺术区活动时,很高兴地画了一幅画。他用光了颜料,包括绿色、蓝色、棕色和红色。他的画非常有趣。看上去,他画的是一群人和一间房子。尼克几乎每天都在画画,看起来这是他喜欢的活动。

---

① 来自内蒙古正翔民族幼儿园。

②③ ［美］盖伊·格朗兰德,玛琳·詹姆斯. 聚焦式观察:儿童观察、评价与课程设计［M］. 梁慧娟,译. 北京:教育科学出版社,2017.

另一方面,应注意避免记录的主观性,尽可能运用描述性的词汇和文字进行记录,以便保有观察对象原本的动作、对话的情境。表1-6列出了教师在记录时可能会出现的主观词汇及修改建议。

表1-6 记录语言建议表①

要避免的词汇	合适的词汇
这个孩子喜欢	他经常玩
认真完成了	他用……分钟做……
他用了很长的时间在	他反复了三次
看起来像	他说……(问过幼儿之后)
我认为	几乎每天他都
我感到	我看到

案例 1-2

今天晨会时令西表现不好,不注意听讲,从头到尾都坐不住,还总挑逗旁边的小朋友,我实在没办法,只好让他坐在我腿上。②

修改后的观察记录:令西在晨会时间上下跳动,一次只能坐稳大概1分钟,然后就又跳起来、站起来或者走开。坐着时,他拍打旁边的孩子并与其讲话。我坐到令西旁边问他是否愿意坐在我腿上,他同意了。他靠着我,听我讲完故事,大约3分钟。

练习 1-5

根据所学,整理"练习1-3"中自己的观察记录。

总之,描述记录是通过文字描述的方式客观记录所看到的事件,观察者在记录时应注意叙事的客观性、完整性。

2. 事件取样法

案例 1-3

中(一)班的黄老师遇到了难题。黄老师通过叙事记录发现最近孩子们在建构区玩游戏时,开始频繁出现合作行为。黄老师想:孩子们的合作行为只是在建构游戏中出现吗? 具体的行为表现有哪些? 但是描述记录所获得的信息较为零散,不利于分析,也需要花费大量的时间和精力。有没有一种观察记录方法能够让我专门记录幼儿的合作行为,以便更好地了解幼儿合作行为的发生、发展,从而提供适宜的教育支持呢?

事件取样法是指以选定的行为或事件为取样标准进行观察记录的一种方法,它能够详细地描述特定行为及情境。当行为趋向于发生在特定环境中而不是可预见的时间段中时,我们往往采用事件取样法,它常被用于寻找行为发生的原因或行为的结果,教师要预先确定行为发生的可能并等候行为的出现。可以看出,这种方法的缺点在于如果事件没有如预期一样发生,往往会白费时间。事件取样虽然也是描述式的记录,但是它只记录特定行为发生到结束的过程,而与事件有关但时间上相隔稍远的内容,

---

①② 李季湄,冯晓霞.《3—6岁儿童学习与发展指南》解读[M].北京:人民教育出版社,2013.

就无法记录,这可能导致对事件作出错误的判断。例如,4岁的小红推倒小明,这可能是假装游戏,而不是所想要观察记录的攻击性事件。那么,事件取样法如何实施呢?

一方面,要明确事件取样法的核心——"行为"或"事件"指的是什么。以记录幼儿的合作行为为例,首先要对"合作行为"下操作性定义,随后决定需要记录哪些信息,将观察目的具体化为观察目标。例如,表1-7记录的是幼儿争执事件,那么在记录前要明确"争执事件"指的是哪些事件、具有什么特征。进行观察记录时看到符合行为特征的事件就记录,不符合的则不在记录范围之内。

表1-7　幼儿争执事件记录表①

姓名	年龄	性别	争执持续时间	发生背景、起因	争执什么(玩具、领导权等)	争执者所扮演的角色(侵犯者、报复者、反抗者、被动接受者)	争执时的特殊言语或动作	结局(被迫让步、自愿让步、和解、由其他幼儿干预解决、由教师干预解决)	后果与影响(高兴、愤怒、不满等)

📝 练习1-6

对"告状行为"下操作性定义。

另一方面,要选择记录形式。事件取样法有两种记录形式:描述性的文字记录和符号表格式的记录。描述性的文字记录和叙事记录法一样,运用文字具体描述行为或事件。符号表格式的记录有频数记录法和符号记录法两种形式。频数记录法是指将观察内容列成表格式清单,预先制订记录表,当出现目标行为时就做标记,记录行为在一定时间内出现的次数。表1-8就是用频数记录法记录幼儿的告状行为。

表1-8　幼儿告状行为记录表

幼儿姓名:	性别:	年龄:	观察者:	
时间	原因			
	争夺物品	欺负同伴	肢体冲突	小计
来园				
自由活动				
游戏				
户外活动				
区角活动				
总计				

符号记录法是运用事先设置好的代码记录行为事件。这种方法对于需要记录多名幼儿且要记录的行为比较复杂时较为方便。若行为多样,在使用符号记录时需要制订符号系统。如表1-9,则是使用符号记录法记录幼儿集体教学活动中的同伴互动行为。

---

① 施燕,章丽.幼儿行为观察与记录[M].上海:华东师范大学出版社,2015.

表 1-9　幼儿集体教学活动中的同伴互动行为类别符号系统[1]

行为类别	符号
寻求帮助：在集体活动时，向同伴借用物品，或向同伴发出求助信号	
提出建议：在集体活动时，向同伴提出自己的建议和想法，给予同伴帮助	
表达情感：在集体活动时，通过语言、动作、表情来表达对同伴的鼓励、赞美	
争夺物品：在集体活动中，与同伴出现争吵，与同伴夺取物品等行为	
其他：不能归属于上述 4 种同伴互动类别的同伴互动行为	

3. 检核表法和等级评定量表

检核表法是指使用一系列发生在一定系统类型内的有序排列行为清单，记录行为是否出现的一种观察记录方法。等级评定量表是观察幼儿在何种程度上表现出该种行为或判定该种行为的质量如何的一种方法。这两种方法适用范围广，能用于不同的情境，无论是幼儿的生活活动、运动，还是游戏、学习活动都可以使用。这两种方法方便快捷，但是缺少细节和情境描述，信息不完整。在使用时，可适当结合描述记录法进行。例如，使用表 1-10 记录幼儿的社会性行为，可了解多种社会性行为的一般发展水平，但无法了解行为发生的情境，很难确定幼儿行为的发生是自发的还是由其他外在的奖惩引发的；使用表 1-11 记录幼儿的表达能力，记录者只能根据自己的判断确定"简单的""能讲述"等这些词所要描述的具体行为等级，这样就使得记录具有很强的主观性。

表 1-10　社会性发展检核表[2]

观察者：　　　　　　　　　　　　被观察者：　　　　　　　　　　　　观察日期：

幼儿发展常模	是	否
温和亲切，信任别人，亲近别人		
在购物、洗涮等家务活动上乐于帮助成人		
努力保持周围环境整洁		
生动地进行想象游戏，包括创造性游戏和创造出人物		
自发地参与想象游戏，包括创造性玩耍和创造出人物		
理解分享玩具		

表 1-11　幼儿表达能力评定量表[3]

观察者：　　　　　　　　　　　　被观察者：　　　　　　　　　　　　观察日期：

幼儿表达能力	1	2	3	4	5	6	7	8
1. 会主动与人打招呼								
2. 会简单地自我介绍								
3. 能口齿清晰地背诵儿歌								
4. 能完整地讲述一个简单的故事								
5. 会进行简单的数数（1～30）								
6. 能独立唱完一首歌								
7. 能表达身体的感受								
8. 能踊跃、愉快地发表意见								

① 施燕，章丽.幼儿行为观察与记录[M].上海：华东师范大学出版社，2015.有改动.
② ［英］Carole Sharman，等.观察儿童：实践操作指南（第三版）[M].单敏月，王晓平，译.上海：华东师范大学出版社，2008.
③ 施燕，章丽.幼儿行为观察与记录[M].上海：华东师范大学出版社，2015.

（续表）

幼儿表达能力	1	2	3	4	5	6	7	8
9. 能讲述自己的经验								
10. 说出周围常见物品的名称								

注:☆优异　◎良好　○较好　△不太好

4. 图示记录法

图示记录法是采用直观图形追踪幼儿行为的一种观察记录方法。通常是为了记录一名幼儿在一项活动上花了多少时间,或是幼儿选择了多少项活动。如图1-3,可以用来记录幼儿在户外活动时对器械的选择情况。

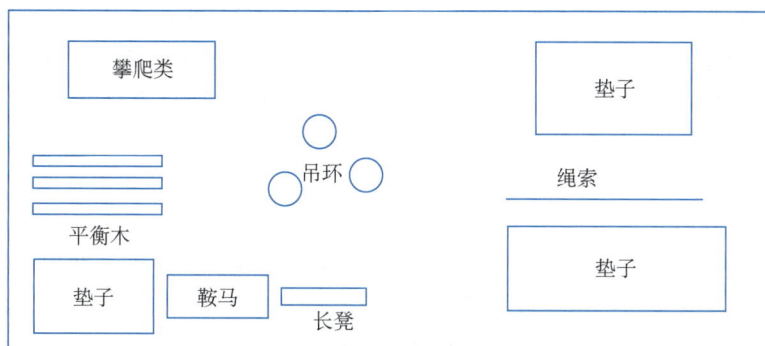

图1-3　图表追踪观察①

注:记录时可使用"＊"代表起点,"Δ"代表终点,"→"代表在设施间移动,"××"代表幼儿使用过的器械设施。

5. 档案袋评价

档案袋评价是一种典型的质性评价,源自20世纪80年代的中小学教育实践。② 档案袋评价又称"文件夹评价",是指收集幼儿学习过程中有代表性的作品和典型性表现,以幼儿的现实表现作为判断其学习质量依据的评价方法。③ 那么,如何实施档案袋评价呢?

首先,须拟定评价方案。方案中须明确对哪些因素作出评判,收集何种信息,如何收集信息以及制定相关评判标准。其次,需要选定档案袋的类型。依据自己班级的风格和所装材料选取合适的档案袋,以便使用。再次,收集资料。收集材料时应在幼儿的作品上做些记录,比如日期、幼儿的话语等。除此之外,还可以在记录中添上幼儿的相关照片。要注意的是,记得发挥家长的作用。教师应争取家长的配合,让家长也加入记录幼儿活动的过程,将这些一起放入幼儿的档案袋中,以更加全面地了解幼儿的发展。同时,这有利于家园合作,提升家长的教育意识和水平。最后,依据收集到的作品资料,结合观察点对幼儿的发展水平进行评价、提供进一步的支持,进而促进幼儿发展。

档案袋评价流程一般包括5个步骤,具体如图1-4所示。

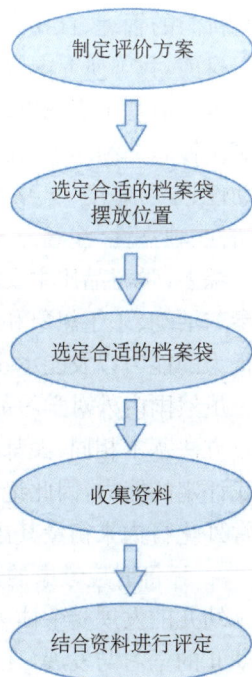

制定评价方案

选定合适的档案袋摆放位置

选定合适的档案袋

收集资料

结合资料进行评定

图1-4　档案袋评价流程图

（三）评价幼儿行为

幼儿发展评价在幼儿园教育改革过程中起着监控质量、检测问题、教育导向与促进发展的重要作用,评价的根本目的在于支持与促进幼儿发展。《纲

① ［英］Carole Sharman,等. 观察儿童:实践操作指南(第三版)[M]. 单敏月,王晓平,译. 上海:华东师范大学出版社,2008. 有改动。

②③ 彭俊英. 幼儿美术创作发展评价研究[D]. 南京:南京师范大学,2003.

要》指出,幼儿发展评价是"了解教育的适应性、有效性,调整和改进工作,促进每一个幼儿发展,提高教育质量的必要手段"。《指南》中也提到,要充分理解和尊重幼儿发展进程中的个别差异,支持和引导他们从原有水平向更高水平发展,按照自身的速度和方式到达《指南》所呈现的发展"阶梯",切忌用一把"尺子"衡量所有幼儿。无论是一线幼儿教师还是家长,都可以通过直接且客观的观察记录来了解幼儿,进而为幼儿提供可持续的发展支持。

下面着重分析幼儿行为评价的维度,但应注意在实施评价时,这些维度往往是整合的。

1. 围绕观察要点,参考评价指标,分析所观察到的行为表现

《指南》分别对3~4岁、4~5岁、5~6岁3个年龄段末期幼儿应该知道什么、能做什么、大致可以达到什么发展水平提出了合理期望,指明了幼儿学习与发展的具体方向,即提出了幼儿各年龄阶段的典型表现。所谓"典型表现",是指幼儿在发展目标各方面的一般发展特征或行为表现,是大多数幼儿可能普遍表现出来的、容易被观察到的特征,可以说反映了幼儿群体大致的学习与发展水平和行为特点。因此,可作为观察幼儿、理解幼儿的参考指标。但是在使用时应遵循以下四条基本原则:关注幼儿学习与发展的整体性;尊重幼儿发展的个体差异;理解幼儿的学习方式和特点;重视幼儿的学习品质。教师除参照《指南》外,还应掌握幼儿各方面能力的发展轨迹,了解幼儿是如何达到《指南》所列的指标的,从而掌握更丰富的关于幼儿发展的实质和过程。

2. 关注幼儿的学习品质

《指南》提出,"重视幼儿的学习品质。幼儿在活动过程中表现出的积极态度和良好行为倾向是终身学习与发展所必需的宝贵品质"。外国学者研究认为,学习品质主要由3~6个维度构成。格洛恩隆德(Gronlund)等人对美国部分州早期学习标准进行研究,将学习品质分为好奇和渴求、主动和坚持、问题解决与反思、发明和想象。美国伊利诺伊州儿童早期标准认为,学习品质包括好奇与主动,自信和冒险,坚持、努力和专注,创造、发明与想象。卡洛·马格诺(Carlo Magno)认为,学习品质包括产生新知识、判别、批判与思考。2015年,美国开端计划早期学习结果框架将学习品质由3个领域拓展到4个领域:情感与行为的管理、自我认知调节、主动与好奇、创造力。

目前,我国研究中对幼儿学习品质的构成尚未达成共识。王宝华、冯晓霞等人研究认为,学习品质是儿童在活动中表现出来的主动性、目标坚持性、抗挫折能力、想象与创造性、专注程度、好奇心和独立性等。钱志亮编制了《儿童入学成熟水平诊断测量表》,该测量表中学习品质领域包括好奇心、坚持性、主动性、学习态度、学习兴趣5个维度。李燕芳认为,学习品质包括6项内容:坚持性、创造力、好奇心、灵活性、独立性、注意力。鄢超云等人认为学习品质包括好奇、主动、坚持、想象创造、问题解决。

综上,学习品质主要涵盖学习态度和学习行为与习惯两大方面,具体包括好奇心与兴趣、主动积极地参与活动、乐于想象和创造、学习活动中比较专注、能坚持完成任务、不放弃、有一定的计划和控制自己行为的能力以及能承担责任等。

虽然国内外对学习品质的构成维度没有形成统一的意见,但对幼儿学习品质的测量,学者们采用的测量方法基本相同,大都从幼儿活动中的行为表现来考察其学习品质发展的水平。由于幼儿并不具备自我评定的能力,因此绝大多数的测量工具都由成人来使用。无论是观察法还是问卷法,都是通过幼儿日常外化行为来衡量其内化的学习品质,而非标准化的分数考核方式。

3. 评价时应考虑的其他因素

幼儿的发展受个体因素、任务、环境等影响,表现出非线性和复杂性特征。成人应用动态的眼光看待幼儿的学习与发展,在评价时应考虑幼儿在认知、情绪情感等方面的发展过程及任务、环境等因素对幼儿表现的影响。

(1)幼儿的认知发展

根据瑞士心理学家让·皮亚杰(Jean Piaget)的认知发展阶段理论,0~2岁婴幼儿的认知发展水平处于感知运动阶段,主要依靠动作或感知适应环境;2岁左右,幼儿的认知有了新的飞跃,2~7岁时进入认知发展的第二个阶段,即前运算阶段。随着幼儿语言的快速发展,他们会频繁地借助表象符号(语言符号与象征符号)来代替外界事物,逐步从感知或动作中摆脱出来,借助象征在头脑中进行表象性思维,

也就是具体形象思维。在前运算阶段,幼儿将动作逐步内隐,这具有重要的心理学意义。

观察幼儿并确认他们所处的认知发展阶段,有助于根据他们的发展水平满足其发展需要,有助于设计与他们所处的认知发展阶段相适应的教育活动。例如,学步儿处于感知运动阶段,对画一个某种东西的活动不感兴趣,而对用记号笔或粉笔在纸上乱涂乱画以及颜料的质地感兴趣,他们关注的是感觉信息;上了幼儿园后,处于前运算阶段,已经具备了画真实物体的准备。如教师了解这些,将更有可能确立合理期待,而不会随意指责幼儿的"乱涂乱画",将会创设适合幼儿发展水平的环境,从而让他们体验到成功感。

(2)情绪情感的发展

情绪情感对幼儿各方面能力的发展有着重要影响。情绪情感是对一系列主观认知经验的统称,是多种感觉、思想和行为综合产生的心理和生理状态。幼儿情绪情感的发展趋势主要有三个方面:情绪情感的社会化、情绪情感的丰富和深化、情绪情感的自我调节。

在情绪的社会化上,幼儿最初的情绪情感是与生理需要相联系的。随着年龄的增长,逐渐与社会性需要相联系。具体表现在:情绪中社会性交往的成分不断增加,即幼儿的情绪中,涉及社会性的交往内容随着年龄的增长而增加;情绪反应的社会性动因不断增加;表情社会化增强,幼儿解释面部表情和运用表情的能力都有所增强。

在情绪的丰富和深化上,由于幼儿逐渐出现一些高级情感,以及情绪指向的事物不断增多,使得他们的情绪逐渐丰富。另外,由于幼儿认知的发展,情绪体验逐渐从指向事物的表面过渡到指向事物的本质,从而使其情绪更为深化。

在情绪的自我调节上,随着年龄的增长,幼儿对情绪的调节能力逐渐加强。主要表现在:情绪的冲动性减少;情绪的稳定性逐渐提高;情绪从外露到内隐。

(3)任务、环境等因素

任务、环境是影响幼儿能力表现的重要因素,在评价时应考虑在内。有时幼儿表现出的水平可能受这些因素的影响而并未体现出其真实水平。心理学家维果茨基也强调社会文化、同伴、成人对儿童发展的影响,他提出了"最近发展区"的概念,认为"儿童的现有发展水平"与"通过成人指导可能达到的水平"之间的距离便是"最近发展区"。他指出,在该区域内儿童不具备成功完成某项任务的技能,必须在他人的支持下才能够完成。可见成人作为幼儿成长环境中的重要因素,会对幼儿的表现有所影响。如幼儿在严肃紧张的氛围中走独木桥,可能没有在有成人鼓励与支持的环境中表现得好。

2022年教育部发布的《幼儿园保育教育质量评估指南》指出,要"注重过程评估,重点关注保育教育过程质量,关注幼儿园提升保教水平的努力程度和改进过程,严禁用直接测查幼儿能力和发展水平的方式评估幼儿园保育教育质量"。总之,教师在评价幼儿时,更应重视过程,而非仅关注结果。

(四)运用观察与评价信息,支持幼儿发展

识别幼儿当下的表现是教师进行教育教学的起点。通过对观察记录所收集的信息进行分析评价,有助于确定什么样的材料、活动和什么样的互动方式是有效的,从而对幼儿作出积极回应与支持,增进与幼儿的有效沟通。教师可结合所获得的观察与评价信息,参考以下建议为幼儿提供适宜的指导与支持。

1. 通过观察与评价反思幼儿发展的整体性

《纲要》指出,要全面了解幼儿的发展状况,防止片面性,尤其要避免只重知识和技能,忽略情感、社会性和实际能力的倾向。《指南》也强调要关注幼儿学习与发展的整体性,幼儿的发展是一个整体,要注重领域之间、目标之间的相互渗透和整合,促进幼儿身心全面协调发展,而不应片面追求某一方面或某几方面的发展。通过观察与评价,教师能够更全面地了解幼儿各方面的发展状况。如在建构游戏中,经过整体性的分析,教师发现幼儿出现垒高、架空等搭建技能,且他们在搭建过程中还出现彼此交流、互相纠错的现象,但是搭建的稳定性不足。于是教师利用科学活动引导幼儿探究事物的稳定性,并鼓励幼儿相互交流分享自己的作品,从而支持了幼儿科学探究、语言交流、同伴交往等方面的发展。

2. 通过观察与评价反思教育的适宜性，提出下一步的指导策略

通过观察与评价，获得关于幼儿对待事物的看法、幼儿发展的内在节奏，揭示幼儿的经验，这对教师反思自己的保教行为及如何开展下一步工作有重要价值。如教师通过观察发现幼儿对宝宝的出生及养育感兴趣，于是教师创造机会让幼儿体验从"怀胎"到"出生"的过程，支持幼儿的游戏体验；"宝宝"出生后，幼儿带"宝宝"去"银行取钱"，他们把"宝宝"放在桌子上，"宝宝"从桌上掉下来了，教师借此引导幼儿讨论如何保护"宝宝"，从而发展出了"制作婴儿背带"的活动，促进了游戏的进一步发展。另外，通过观察评价能够了解每个幼儿个体的发展水平，有助于教师调整活动节奏或内容，给幼儿个体提供更适宜的支持。如某中班教师组织幼儿进行拍球活动时，发现大部分幼儿都能连续拍几下，甚至有的幼儿能连续拍球较长时间。但是有两名幼儿无法站起来拍球，当皮球滚动时，幼儿无法跟随皮球移动以控制皮球。教师考虑到中班幼儿还未能拍球也是个体发展的正常表现，于是根据幼儿的发展水平调整活动材料和形式，提供了小球、沙包等，使幼儿可以根据自己的需要和能力选择玩法，先锻炼幼儿动作的协调性和灵敏性，再逐步提高运动难度。

3. 通过观察与评价反思环境的有效性并调整环境

环境作为一种隐性课程，给幼儿提供了自主探索的空间。但是在教育实践中，教师往往凭经验和感觉投放材料、布置环境，忽视幼儿在某个领域的学习特点，忽略幼儿的主动性与参与性。通过观察后的评价与分析，教师能够了解材料的投放、环境的创设与幼儿本身的能力、经验、学习特点与需求的契合度，进而基于幼儿发展的特点创设或调整环境，进一步支持幼儿的学习与发展。

4. 建立档案袋，促进家园沟通

幼儿每天在幼儿园会做很多事情，从生活到游戏到学习活动，他们创作的作品、使用的语言和行动都显露着他们的思考与学习。完整的档案收集了幼儿在一学年的作品。在学年开始之前，教师应为每个幼儿准备一个档案袋，设计记录表，然后着手收集、选择和批注作品。最后，教师可与幼儿共同回顾学习的过程与收获，并准备与家长分享档案袋。通过观察评价建立档案袋，可以为家园沟通提供更为丰富的交流内容。通过对幼儿的观察与评价，教师可以更深入地了解个体，掌握每个幼儿学习与发展的具体表现信息，在与家长进行沟通交流时可以提供更详细、丰富、准确的有关幼儿个体的信息，体现幼儿教师的专业性，从而获得家长的认同，有效推动家园共育。

三、反思幼儿行为观察、评价与支持的整个工作过程

在完成系统的观察评价，并能够有针对性地为幼儿提供支持之后，教师可以回到观察的起点，系统地思考整个观察、评价与支持过程是否适宜、有效，有无待提升之处。一般来说，可以从以下三个方面进行反思。

（一）观察、评价与支持是否基于幼儿发展中的真实需求

在反思时，教师须要着重思考所进行的观察是否关注了幼儿真实的发展需求，并以此为出发点进一步评估观察过程中收集到的信息是否提供了足够有效的信息，对幼儿能力的评价是否科学、客观，提出的支持策略多大程度上满足了当前幼儿发展的需求并考虑幼儿的长远发展。

（二）支持策略的提出是否综合考虑幼儿行为表现的影响因素

"评价"环节强调了幼儿发展的非线性特征及其影响因素的复杂性，教师在提出支持策略之后，应该有意识地回顾支持策略是否综合考虑了幼儿行为表现的各项影响因素，并且将支持策略与发展心理学、教育学等领域的理论知识进行有机联结，构建系统性的支持框架。在具体实践中，教师需要检查自己的支持策略是否包含个体本身、幼儿园、家庭和社会等维度。

（三）是否持续评估支持策略与幼儿发展之间的交互作用

在对整个观察评价与支持过程进行反思之后，教师的工作并不是停留于此。教师还应该持续评估支持策略和幼儿能力发展之间的交互作用，通过持续的、动态的评估，不断调整支持策略。具体来说，教师可以通过建立幼儿成长档案袋，或者保存并整理好每一次的观察评价记录来完成这个持续的评估过

程。也可以间隔一段时间回溯观察评价记录表,以持续了解幼儿能力的发展状况,并及时适宜地调整支持策略。

模块实践

在幼儿园见习中,选择一名幼儿,从认知、情感和社会性、学习品质等方面分析评价幼儿的发展,并提出相应的教育建议。

拓展阅读

[美]马戈·迪希特米勒,等.作品取样系统:教室里的真实性评价[M].廖凤瑞,陈姿兰,译.南京:南京师范大学出版社,2009.

幼儿健康领域行为观察、评价与支持

学习情境一

观察、评价与支持幼儿身体运动

情境导学

1989年联合国大会通过《儿童权利公约》,规定:"儿童有权享有可达到的最高标准的健康。国家应努力确保没有任何儿童被剥夺获得这种保健服务的权利。"在我国,不管是《纲要》还是《指南》,都把幼儿的健康放在了首位。健康是幼儿发展的基础,运动能力的发展水平是幼儿健康的重要表现。然而,面对幼儿运动中的碰撞或消极情绪,教师常常显得束手无措,又或是过度支持和保护。因此,正确观察、评价、支持幼儿对于幼儿及教师本身都具有重要意义。那么,在幼儿身体运动活动中,幼儿教师应该观察什么?如何评价幼儿身体运动能力的发展水平呢?如何支持幼儿身体运动的发展呢?请以一名幼儿教师的角色进入本学习情境,学习观察、评价并支持幼儿的身体运动发展。

学习目标

1. **知识目标**:了解观察与支持幼儿身体运动的典型工作环节;掌握幼儿身体运动的观察要点、评价维度和支持策略。

2. **能力目标**:能结合幼儿身体运动各典型工作环节要求进行情境演练,学会观察记录、评价与支持幼儿的身体运动。

3. **素养目标**:协作探究,积极参与小组活动;树立正确的运动观,关注幼儿运动中的情感体验,强化担当育人使命的责任感。

岗位任务

在户外运动时,李老师组织了一场篮球运动比赛,比赛规则是幼儿拍着球走向终点,速度最快的幼儿获胜。比赛过程中,李老师发现仅有几个幼儿能够顺利完成,部分幼儿为了获胜抱着球跑,有的幼儿不停出现失误只能不断去捡球……园长看到说:"了解幼儿身体运动能力发展情况才能更好地组织幼儿开展集体运动活动。"那么,李老师应该怎么做呢?园长给李老师列出了以下任务要求。

任务要求：

1. 做好观察计划。
2. 按照观察计划记录幼儿的身体运动活动。
3. 评价幼儿行为表现。
4. 分析影响因素。
5. 提出调整策略。

学习任务

结合"岗位任务"中园长提出的任务要求,李老师要完成任务,则须学习观察、评价与支持幼儿身体运动能力的相关知识和技能,具体的学习任务可见表 2-1-1。请以李老师的角色身份来完成"学习任务"。

表 2-1-1　"幼儿身体运动观察、评价与支持"学习任务单

任务小组	组名:	
	组长:	
	组员:	
学习情境	观察、评价与支持幼儿身体运动	
任务要求	1. 6～8 人为一组做好分工与合作 2. 围绕上述岗位任务要求,进行幼儿身体运动的观察、评价与支持 3. 学会反思与总结自己的学习过程	
实施步骤	具体要求	
资讯	学习【学习支持】板块,获取关于幼儿身体运动观察、评价与支持的相关知识;梳理幼儿身体运动的发展轨迹	
计划	根据"资讯"阶段获取的信息,分析岗位任务要求,小组协作制订问题解决方案	
决策	通过组间互评、教师指导,修正计划,确定问题解决方案	
实施	按照方案实施"岗位任务"	
检查	通过组内或组间相互监督与检查,及时发现实施过程中的困难或问题,并适当调整方案,以保障问题得到有效解决	
评价	小组展示幼儿身体运动活动观察记录表,基于点评总结教学要点,进一步完善观察记录	

学习支持

"啊啊啊啊啊,我最快!""等等我,等等我!""我要抓住你,你跑不掉了。"在幼儿园的户外,我们经常能够听到幼儿开心地尖叫。虽然经常发生冲撞,但幼儿无疑是快乐的。在进行身体运动活动时,幼儿的肢体得到舒展,身体的愉悦传达到了心里。与平静的室内活动相比,身体运动,尤其是户外运动,更能激发幼儿的活力。可以说,身体运动对幼儿的身心健康有着非常重要的影响。要保证幼儿的身心健康,成人应该更好地支持幼儿身体运动需求的满足。那么,在幼儿身体运动过程中,幼儿教师需要观察些什么? 如何评价,如何给予有针对性的支持呢? 通过以下五个典型工作环节,可以系统学习如何观察、评价与支持幼儿的身体运动。

<<< 典型工作环节一 >>> 制订观察计划

一、确定观察目的与目标

首先确定观察目的，即观察幼儿身体运动的原因，是了解幼儿身体运动能力的发展水平，还是了解身体运动活动实施的状况；接着明确观察目标，即根据观察目的列出具体的观察要点（观察要点可参考"典型工作环节二"中的相关知识点），做到心中有数。

二、明确观察对象

选择观察对象要求教师能够关注到每个幼儿在运动中的强项和弱项，了解他们在运动中的需求；同时也要侧重关注那些在该领域中表现出特定发展需求或者是具有特殊发展需求的幼儿。如幼儿到了大班，经过练习仍然不会跳绳，那么教师应重点关注幼儿身体控制与平衡性、协调性和灵敏性等方面的发展状况，并分析影响因素。

三、选择观察记录方法

幼儿的身体活动中呈现出较多的身体运动技能，幼儿在运动中表现出的身体运动技能发展水平等级较为清晰，在记录时可以选择使用检核表或评定量表进行记录，这样的记录方式能让教师大致了解幼儿运动能力的发展情况。如可使用表 2-1-2 记录大班幼儿大肌肉动作情况。若教师想了解幼儿器械运动项目选择情况，可使用图示记录法，将幼儿每天的运动轨迹记录下来。教师还可使用相机对幼儿活动过程进行记录，更为直观地了解幼儿的具体表现。

表 2-1-2　幼儿大肌肉动作观察记录表

评价指标	幼儿表现	评价（达到打"√"，未达到打"×"）
能在较窄的低矮物上平稳行走一段距离		
能以手脚并用的方式攀爬		
能在荡桥上较平稳地行走		

四、选择观察情境

最后选择观察情境。能够观察到幼儿进行身体运动的场景都可作为观察情境。户外运动区是幼儿进行各种身体运动的主要场所，如教师想观察幼儿攀爬技能情况，可选择攀爬区；如果教师想了解幼儿某些特定的运动技能发展情况，可组织相关活动，在让幼儿自由练习时进行观察记录，以便获得更为真实的信息；如教师想了解幼儿的拍球能力情况，可组织相关活动，引发幼儿拍球行为的出现。

情境演练 2-1-1

请扫码观看幼儿身体运动活动视频 2-1-1（大班），根据幼儿表现，制订一份观察计划。

视频 2-1-1
（大班）①

————————

① 来自上海市武宁新村幼儿园。

　收集幼儿信息

典型工作环节二　收集幼儿信息

收集信息是获取被观察幼儿在身体运动中的行为表现,描述被观察幼儿"是什么样"的过程,是观察与支持幼儿身体运动的基础环节。在此环节需要收集幼儿身体运动活动的典型表现,这些典型表现便是教师需要关注的观察要点。本环节主要从身体运动的三个维度,即身体控制与平衡能力、身体移动能力以及器械(具)操控能力①来探讨幼儿身体运动的观察要点。

一、幼儿身体控制与平衡能力的观察要点

身体控制指控制身体在空间的位置以达到一定的稳定性(即平衡)和方向性。有良好的身体控制与平衡能力是维持身体姿势和进行运动的基本前提。人们通过对身体姿势控制的感知与活动调节适应不同任务和环境的要求。在完成身体移动和器械操控之前,首先需要发展身体控制和平衡能力。②

身体控制包含两个要素:稳定性和方向性。稳定性也被称为平衡性,方向性包含垂直方向和水平方向两个方面。进行站立、行走、旋转等动作时,须保持身体的垂直方向性;进行翻滚、腾空翻时,须保持身体的水平方向性。所有的身体姿势控制任务都包括方向性和稳定性两个部分,不同任务和环境对于身体控制的稳定性和方向性需求不同,③详见表 2-1-3。

表 2-1-3　不同任务和环境对于身体控制的稳定性和方向性的需求④

方向性	稳定性	
	要求高	要求低
垂直方向	走、跑、跳、旋转	站立
水平方向	腾空翻	翻滚

平衡木是幼儿园常用的锻炼幼儿身体控制和平衡能力的材料。那么,教师在观察幼儿走平衡木的过程中,应着重观察什么呢?

根据身体控制的稳定性和方向性来分析,走平衡木的动作对身体控制的稳定性要求较高,方向性任务较少。走平衡木时,由于有高度和宽度的限制条件,因此幼儿在完成任务时,不易保持身体的稳定性;而走平衡木时是借助视觉,因此,方向性任务完成度较高(若蒙着眼睛走,方向性完成度降低,容易走偏)。

因此,走平衡木的重点在于身体控制的稳定性完成度。教师观察重点在于:幼儿能否平稳地完成平衡木的行走?幼儿身体的哪个部位比较紧张,无法完成任务?幼儿走平衡木的速度如何?由此观察框架,可以将幼儿走平衡木的动作由低到高分成若干水平:只能站在平衡木上(任务无法完成,可能由于平衡木的高度或者宽度,或者幼儿的心理负荷无法承受);可以屈膝走,但是手臂等肢体僵硬不协调(通过调整重心高度,稳定性任务偶尔能够完成);缓慢地完成任务(稳定性任务完成较好);快速平稳地完成任务(高质量地完成稳定性任务)。

✍ 情境演练 2-1-2

依据幼儿身体控制概念分析幼儿在地垫上翻滚动作的方向性和稳定性特征。

二、幼儿身体移动能力的观察要点

身体移动指独立和安全地将自己从一处移动到另一处,是身体在空间上移动的技能。身体移动需

---

①②③④　柳倩,周念丽,张晔.学前儿童健康学习与发展核心经验[M].南京:南京师范大学出版社,2016.

要具备三个必要要素：行进、身体控制和适应。行进是指朝着期望的方向运动,行进须具有起始和终止运动的能力。身体控制指的是稳定性,适应指的是适应环境改变的能力,如调试步态以避开障碍物或者不平的地面,必要时改变速度和方向。[1] 下面以爬为例来分析幼儿身体移动过程中的三要素：利用手部和腿部的屈伸来实现移动的距离,朝着一个方向前进（行进）；手或膝盖（脚）离开地面时,身体重心能够随时调整,不倾倒（身体控制的稳定性）；能够根据地面的倾斜程度、材质、透明与否（视崖）、有无障碍来改变自己的爬行方向、速度、手膝盖的屈伸高度等（适应）。

教师在观察幼儿的身体移动能力时,应重点观察幼儿身体是如何移动的、其所处的环境如何,他们是如何移动来适应环境的。

情境演练 2-1-3

依据身体移动的三个重要特征,分析幼儿跑的动作要素。

三、幼儿器械（具）操控能力的观察要点

器械（具）操控能力是指操纵或控制物体的能力,包括投掷、接、拍、击打物体、运球、滚球、空中截击的能力,具体是指个体用拍、投、抛、接、踢、击、顶、踩、踏等方式主动作用于各种目标物体,并有意识地使之在位置、方向、速度、状态等方面发生改变的运动能力。对器械（具）操控通常可以使用身体的不同部位,如用手来推、拉、拍、投、接,用脚来踢、踩,用头来顶等,完成这些动作还需要头、眼、躯干以及其他身体部位的共同参与和配合。由此可见,完成器械操控对身体的发展提出了更高的要求,也对幼儿的身体协调性和灵敏性提出了更高的要求。同样,器械操控能力也能更好地促进幼儿的身体协调与灵敏[2]。教师在观察幼儿的器械操控活动时,应注意记录幼儿的身体动作。另外,幼儿操控的材料也是制约幼儿完成器械操控的重要因素,因此教师还应记录活动材料的大小、软硬等。本学习情境主要探讨大肌肉动作的器械操控,生活自理能力中使用勺子等精细动作也属于器械操控,生活自理中的器械操控将在下一学习情境中详细讨论。

四、幼儿身体运动中学习品质的观察要点

幼儿身体运动与幼儿身体发展密切相关,教师既要重视运动技能的表现,也要看到幼儿运动过程中表现出的学习品质,如运动过程中的坚持性、创造性,遇到挫折时不妥协,能够不断尝试、勇敢迎接挑战。

虽然本环节将观察要点分成"身体控制与平衡能力""身体移动能力""器械（具）操控能力"三种学习品质来探讨,但在实际操作时,它们是一个整体,是同时进行的,不能只关注技能水平或其中的一个方面,还应关注幼儿在活动过程中所表现出的各方面能力与品质。

情境演练 2-1-4

根据视频 2-1-1,围绕幼儿身体运动的观察要点,选择适合的观察记录方法,记录幼儿运动的过程。

《典型工作环节三》 评价幼儿表现

收集信息后就要对幼儿身体运动的行为或能力进行评价,即分析幼儿在身体运动活动中所表现出的学习与发展情况,科学谨慎判断幼儿身体运动能力达到的水平,解释学习结果的由来,对幼儿的表现

---

[1][2] 柳倩,周念丽,张晔.学前儿童健康学习与发展核心经验[M].南京：南京师范大学出版社,2016.

进行归因等。要做到这些,教师须熟悉幼儿身体运动关键指标的发展轨迹、各年龄段该能力的发展目标以及分析影响幼儿表现的各种因素,以作为评价幼儿身体运动表现的参考。

一、幼儿身体控制与平衡能力的评价

（一）熟悉相关发展指标

幼儿身体控制与平衡能力遵循着从头到脚的发展顺序,依次表现为头部控制、坐立、站立和行走。当幼儿能独立行走时,意味着他进入了动作发展的新时期,又称为基本动作时期。学前阶段是幼儿身体控制与平衡能力快速变化的阶段,4 岁前后是幼儿平衡能力发展的关键期。在非移动动作中,幼儿依次出现双侧运动、单侧运动和交替运动。幼儿在身体控制与平衡能力发展中存在着性别差异,男童动态平衡发展水平优于女童,女童静态平衡发展水平要优于男童。教师在评价幼儿身体控制与平衡能力时要了解不同年龄段幼儿的身体控制与平衡发展指标,具体可参考表 2-1-4。

表 2-1-4　《指南》中关于幼儿身体控制与平衡发展的指标

3～4 岁	4～5 岁	5～6 岁
1. 在提醒下能自然坐直、站直 2. 能沿地面直线或在较窄的低矮物体上走一段距离 3. 能双脚灵活交替上下楼梯 4. 能身体平稳地双脚连续向前跳 5. 分散跑时能躲避他人的碰撞 6. 能双手抓杠悬空吊起 10 秒左右 7. 能单脚连续向前跳 2 米左右	1. 在提醒下能保持正确的站、坐和行走姿势 2. 能在较窄的低矮物体上平稳地走一段距离 3. 能以匍匐、膝盖悬空等多种方式钻爬 4. 能助跑跨跳过一定距离,或助跑跨跳过一定高度的物体 5. 能与他人玩追逐、躲闪跑的游戏 6. 能双手抓杠悬空吊起 15 秒左右 7. 能单脚连续向前跳 5 米左右	1. 经常保持正确的站、坐和行走姿势 2. 能在斜坡、荡桥和有一定间隔的物体上较平稳地行走 3. 能以手脚并用的方式安全地爬攀登架、网等 4. 能连续跳绳 5. 能躲避他人滚过来的球或扔过来的沙包 6. 能双手抓杠悬空吊起 20 秒左右 7. 能单脚连续向前跳 8 米左右

由表 2-1-4 可知,幼儿的身体控制与平能能力随着幼儿的年龄增长而提高,教师可参考《指南》中的发展指标,评价幼儿身体控制与平衡能力的大体发展情况,有目的地帮助幼儿逐步朝着指标的方向前进。《指南》只是列举了幼儿在相关领域发展的典型表现,不一定面面俱到,教师还应熟悉幼儿常见的身体控制和平衡动作的发展水平,具体可参考表 2-1-5[①]。

表 2-1-5　学前儿童常见身体控制和平衡动作的发展水平

身体动作	第一阶段(2～3 岁)	第二阶段(4～5 岁)	第三阶段(6～7 岁)
窄道移动	1. 能够在宽 25 厘米的平行线中间走 2. 能够在 15～20 厘米的斜坡上走上、走下 3. 走时步伐小,摆腿低,单腿支撑时间短,上体直,眼往下前方看,两臂自然摆臂或侧举,并步走和两脚交替向前走,跑步时步幅小,频率快,支撑腿弯曲较大,上体较直	1. 能够在宽 15～20 厘米的平行线中间走 2. 能够在高 20～30 厘米、宽 15～20 厘米的平衡木上走 3. 头正、体直、立腰、身体不晃动,步伐均匀,手臂配合	1. 能够在间隔物体(砖、木板、硬纸等)上走 2. 能在离地面高 30～40 厘米、宽 15～20 厘米的平衡木上变换手臂动作。如叉腰、侧平举、平前举、上举向前走等 3. 走时步伐小,摆腿低,单腿支撑时间短,上体直,眼往下前方看,两臂自然摆动或侧举,并步走和两脚交替向前走,注意力集中,动作放松,跑步时步幅小,频率快,支撑腿弯曲较大,上体较直

---

① 柳倩,周念丽,张晔. 学前儿童健康学习与发展核心经验[M]. 南京:南京师范大学出版社,2016.

（续表）

身体动作	第一阶段(2～3岁)	第二阶段(4～5岁)	第三阶段(6～7岁)
旋转	1. 双脚踏地旋转,原地踏步,边踏边转,上体正直,双脚为轴旋转 2. 右（左）脚向左（右）脚左（右）侧踏,着地后以两脚前脚掌为轴转动180度,上体要直,转动要快,双臂自然摆动	1. 能原地自转三圈不跌倒 2. 双脚踏前旋转,原地踏步,边踏边转,上体正直,双脚依次为轴旋转,右（左）脚向左（右）脚左（右）侧踏,着地后以两脚前脚掌为轴转动180度,然后左（右）脚向右（左）脚右（左）侧踏,着地后两脚前脚掌为轴,转动180度,转动时上体要直,转动要快,双臂自然摆动	能两臂侧平举、闭目、起踵自转5圈,不跌倒
闭目行走	对准目标后闭目,身正、颈直、脚正、步小,向前一目标走去	能闭目向前走5～10步,不跌倒	原地转圈后,闭目向前走5～10步,不跌倒
滚动	身体挺直,两臂胸前交叉或放于体侧,靠腰和腿的转动使身体滚动	直体滚动,身体挺直,两臂胸前交叉或放于体侧,靠腰和腿的转动使身体滚动	直体滚动,身体挺直,两臂胸前交叉或放于体侧,靠腰和腿的转动使身体滚动
悬垂	双手悬挂	双手握住单杆向前移动	双手分别握住双杆向前移动和向上翻转

（二）分析影响幼儿表现的因素

幼儿身体控制与平衡能力受到个体因素、环境和任务等的影响,教师在评价时应关注这些信息。

1. 个体因素

幼儿的身体控制与平衡受到感知觉、中枢神经、骨骼肌肉发育等的影响,幼儿的身高影响着其身体重心的分布,因此在评价该年龄段幼儿身体控制与平衡的一般发展水平时,也要看到幼儿的个体差异、性别差异等。

2. 环境和任务

当环境和任务发生变化时,幼儿的身体控制与平衡能力也会相应发生改变。如图2-1-1,幼儿走平衡木时,支撑面的大小、重心的高低、摩擦力大小以及任务带来的心理负荷等都会影响幼儿的表现。因此,在评价幼儿身体控制与平衡能力时要注意观察环境和任务给幼儿带来的影响。

(1)　　　　　　　　(2)　　　　　　　　(3)　　　　　　　　(4)

图2-1-1　幼儿走不同的平衡木

二、幼儿身体移动能力的评价

（一）熟悉相关发展指标

随着幼儿身体移动能力的发展,幼儿的活动范围扩大,活动自主性更强。《指南》中幼儿身体移动能力部分,大致涵盖走、跑、跳、钻爬等基本动作的能力。虽然身体移动还有很多其他方式,但是 3～6 岁幼儿主要立足于基本动作的移动能力,在各年龄段具体的发展表现可参考表 2-1-6、表 2-1-7[①]。教师需要熟悉这些指标,做到心中有数,以便对幼儿进行科学评价。

表 2-1-6　《指南》中关于幼儿身体移动能力发展的指标

3～4 岁	4～5 岁	5～6 岁
1. 能沿地面直线或在较窄的低矮物体上走一段距离 2. 能双脚灵活交替上下楼梯 3. 能身体平稳地双脚连续向前跳 4. 分散跑时能躲避他人的碰撞 5. 能单脚连续向前跳 2 米左右 6. 能快跑 15 米左右 7. 能行走 1 公里左右(途中可适当停歇)	1. 能在较窄的低矮物体上平稳地走一段距离 2. 能以匍匐、膝盖悬空等多种方式钻爬 3. 能助跑跨跳过一定距离,或助跑跨跳过一定高度的物体 4. 能与他人玩追逐、躲闪跑的游戏 5. 能单脚连续向前跳 5 米左右 6. 能快跑 20 米左右 7. 能行走 1.5 公里左右(途中可适当停歇)	1. 能在斜坡、荡桥和有一定间隔的物体上较平稳地行走 2. 能以手脚并用的方式安全地爬攀登架、网等 3. 能躲避他人滚过来的球或扔过来的沙包 4. 能单脚连续向前跳 8 米左右 5. 能快跑 25 米左右 6. 能行走 1.5 公里以上(途中可适当停歇)

表 2-1-7　学前儿童常见身体移动动作的发展水平

动作	第一阶段(2～3 岁)	第二阶段(4～5 岁)	第三阶段(6～7 岁)
行走	较少有明显的肌肉紧张表现,行进更平稳	出现成熟的运动模式,腿部动作连贯,每步只有轻微的颠簸	行走模式有节奏且流畅,保持一定的步幅,手臂和腿随着身体的扭动在两侧做方向相反的运动。一条腿跟着另一条腿,两腿的间距小,只有很少的脚尖着地动作
跑	高位保护跑或者中位保护跑:手臂高位或者中位保护,小步子,身体直立,两脚与肩同宽,腿接近,完全伸展 跑步时已有明显的腾空阶段,以小碎步跑为主,缺乏节律,步幅小且不均匀,动作缺乏节奏感,脚步沉重,方向掌握不好,脚离地面动作差,落地时往往是全脚掌着地,两手臂不能自然配合脚的动作来摆动	低位保护跑:手臂低保护,手臂反向摆动,肘关节几乎完全伸展,脚跟和脚趾着地 上下肢已能较协调地配合,脚蹬地明显,跑步自然轻松,但步幅仍然较小	手臂用力摆动,脚跟和脚趾着地(疾跑时脚前掌与脚跟着地),手臂与腿反向摆动,脚后跟大幅度动作,肘关节弯曲 跑步自然轻松,步幅均匀,有一定的节奏感,步幅较大,动作较协调,腾空阶段较为明显,控制跑的方向感与能力有明显提高,在跑中转身、停、躲闪都比较灵活
跳跃	已能双脚起跳,但蹬地力量小,弹跳能力差,跳得低,手臂摆动与腿的蹬伸配合较差,落地时较重,不会屈膝缓冲,跳跃时全身处于紧张状态,不太会移动身体的重心,动作的协调性还没有得到必要的发展,缺乏平衡能力,缺乏支持运动器官的成熟水平。能够掌握向不同方向的双脚跳和跨跳,但是单脚跳比较困难	能进行正确的跳、向前跳等简单的动作。双脚同时起跳的能力进一步增强,有蹬的意识,会向前跳和纵向跳,基本会移动身体的重心,跳跃的距离、高度和连续跳的持续时间增加很多	跳跃能力发展较快,起跳逐渐有力,蹬的意识明显强,跳得高,手臂的摆动与腿的蹬伸配合协调,但落地时动作依旧会重,会落地缓冲,并且会进行各种较复杂的跳跃。在正确的指导下,还能掌握立定跳远、跳皮筋、跳绳等复杂的跳跃技能,动作表现出较好的协调性和节奏性
单脚跳	摆动脚在体前,非支撑脚的大腿置于身体前面,与地面呈水平的位置,身体垂直,手臂处于肩部位置	摆动脚在支撑腿的侧面。非支撑腿的关节弯曲在前而使摆动脚后于支撑脚,身体稍微前倾,两侧手臂的动作协调	摆动脚落后于支撑脚,非支撑腿直摆且摆动脚在支撑脚的后面,保持膝盖弯曲,身体有较大的前倾,两侧手臂的动作协调

①　柳倩,周念丽,张晔. 学前儿童健康学习与发展核心经验[M]. 南京:南京师范大学出版社,2016. 根据此著作整理,有改动。

（续表）

动作	第一阶段(2～3岁)	第二阶段(4～5岁)	第三阶段(6～7岁)
立定跳远	手臂制动，手臂动作像闸一样，垂直向上跳的动作很大，腿没有伸展	手臂摆动，手臂如钟摆。垂直向上跳的动作依然很大，腿部接近完全伸展	手臂向头摆动。起跳时手臂向前移动，肘位于躯干的前面，手臂摆动至头，起跳角度依然大于45度，腿部经常完全伸展
攀	逐步学会交替脚上下台阶；双手双脚攀登时，多半是并手并脚，动作仍不够灵敏，协调性较差，手握横木的姿势不正确	能协调地交替脚上下台阶，双手双脚攀登时动作开始协调，但从攀登设备下来时，仍然并手并脚	已能在攀登设备上较熟练、灵活地进行钻、爬、移位、悬垂等动作，动作较灵敏协调
钻爬	已能基本掌握正面钻的动作要领，但过程中还不能较好地弯腰、紧缩身体 能协调地进行手膝着地的爬行动作，爬越以及手脚着地爬显得有些笨拙	正面钻的动作掌握得较好，基本上学会了侧面钻的动作，但两腿在屈与伸的交替动作方面有时还不够灵活 除能协调地进行手膝着地爬行外，爬越以及手脚着地爬也较为熟练	各种钻的动作基本掌握，能有意识地弯腰、紧缩身体，准确地钻过各种障碍物 除能协调地进行手膝着地爬行以外，爬越以及手脚着地爬也较熟练

（二）分析影响幼儿表现的因素

1. 个体因素

个体生理因素包含了神经和肌肉功能、感知觉系统的发育。神经功能和肌肉功能的发展是幼儿一切活动的基础，神经系统的成熟能够提高幼儿身体移动的速度、动作灵活性以及平衡感，肌肉功能是神经系统支配的结果，因此两者相互配合来支持幼儿的身体移动。[1] 感知觉系统是以幼儿的感觉统合为知觉的经验，它帮助幼儿认知和识别环境的改变，以此来决定调整和改变身体移动的方向、速度等来完成任务。因此，教师在评价时应首先关注幼儿的生理机能是否成熟。除个体生理因素外，教师还要考虑幼儿的心理因素，即是否愿意完成活动，能否面对困难和问题等。

2. 环境与任务

不同的环境和任务，对幼儿的身体移动动作提出了不同的要求。比如跨越障碍物跑和折返跑时，幼儿的身体移动动作将会产生变化。如跨越障碍物跑需要幼儿综合运用感知觉来提前判断障碍物的高度，以便确定提膝的高度，从而顺利完成跨越障碍物这一任务。折返跑对提膝动作水平的要求相对较低，而更多的是需要幼儿学会在到达定点之前减缓速度，为折返做铺垫。可见，不同的任务对幼儿身体移动动作的要求是不一样的，进而影响幼儿的表现。

三、幼儿器械(具)操控能力的评价

（一）熟悉相关发展指标

幼儿器械(具)操控能力涉及大肌肉动作和精细动作的发展，幼儿在不同器械操作中表现出的运动能力发展水平有所不同，具体可参考表2-1-8[2]、表2-1-9对幼儿进行评价。

表2-1-8　幼儿器械(具)操控动作发展水平

动作	水平一	水平二	水平三	水平四
滚球	经常接触不到客体；手指常常把客体挑起；两臂用力不均匀；客体滚动距离短	每次都能接触到客体；双臂用力均匀；双臂有力地操控客体；客体滚动距离加大	可以进行两个以上主体互相滚球	能将客体从小门或小洞中滚过；能滚球击物

---

①② 柳倩,周念丽,张晔. 学前儿童健康学习与发展核心经验[M]. 南京:南京师范大学出版社,2016.

（续表）

动作	水平一	水平二	水平三	水平四
抛球	掌心向上,伸直手臂作为准备动作;手臂僵直,活动范围小,抛球动作牵动全身,依靠全身向上的力量;双手用力不均,不能控制抛球方向及抛球的高度	能通过摆动双臂将球抛起;抛球时双手均匀用力,但在力量、方向控制上还存在问题	能通过有效摆臂,双手用力均匀地将球抛起	能全身协调配合用力,通过摆臂、抖腕将球向上抛起;能自主调节抛球高度和方向;尝试屈臂胸前抛球
接球	以掌心向上、伸直手臂作为准备动作,并依靠手臂接球;把头转到侧面,闭上眼睛,害怕飞来的球;反应延迟、原地不动;球经常弹开或穿过双臂空隙而掉落,有的甚至会因球的惯性而摔倒	掌心向上、伸直手臂并依靠手臂接球;当球碰到手臂后,会屈肘抱球,能够接住抛到胸前和手臂上的球	掌心向上;当球接触手臂时主动屈肘捞球;身体能够主动移动一小步,但还是略显笨拙	能自然张开手指双手接球,在接球瞬间有屈肘抱球动作出现;会在一定范围内调整、移动身体和手臂位置接球
拍球	球离手后,手仅能模仿示范动作无节律地拍动,但手难以再次触及球面	球离手后,手能再次触及球面若干次,但用整个手臂拍动,动作较为费力,手的节律与球的弹跳节律不十分吻合,手用力不均衡,球往往越拍越低,拍球持续性较差,较短时间内球便不可弹起	球离手后,手能根据球的弹起适当调整节律,实现手与球的节律匹配,拍球的持续性增强,但还不能控制击球的落点,往往追着球拍	球离手后,手臂、手腕和手能高度协调,并能持续定点拍球,能自如控制球的运行方向
踢球	原地站立,用脚推动静止的球,出脚前没有收腿、摆动动作;球往往被轻触,滚动范围小;踢球后会站立不稳	原地腿摆动,准备姿势为原地站立;出脚前主力腿先摆动,踢静止的球;踢球动作比较有力,球滚动距离加大;踢球后能站稳	脚以较低的弧度迈出;踢球前收腿、摆动后踢球;踢球动作有力;踢球时胳膊反向运动	身体快速移动(奔跑、大跨步)接近球;踢球前主力腿的摆动幅度大,同时身体前倾,在触球的同时身体后倾,有力地将球踢出
投掷	下肢静态支撑,面向前方,无腿部动作,躯干无扭转,从最初的站立姿势开始扔球;手臂没有后引动作,球直接从最初持球位置出手;挥臂前没有转体动作,髋部会相应地前屈以配合上肢发力动作;投掷动作主要靠手臂完成;手臂动作呈现为砍切动作	同侧上步,迈出的脚与扔球手臂同侧;手臂有意识地上举,呈现投掷动作,后续动作手臂跨越身体;上体"组块"转体,以右手投掷为例:躯干和髋部像一个整体一样先向右转体,再向左转,有时髋部正对投掷方向保持僵直状态	异侧上步,短步伐,迈出的脚与扔球手臂异侧;手向后上引,球从头后侧出手,出现掷的动作,投掷距离明显增加;上体"组块"转体;后续动作表现为手臂超越身体	异侧上步;躯干小幅度扭转;手臂后引高挥并能与躯干联动;当上臂前挥至水平方向时将球抛出,后续动作表现为手臂超越身体

表 2-1-9　《指南》中关于幼儿器械(具)操控能力(大肌肉)发展的指标

3～4 岁	4～5 岁	5～6 岁
1. 能双手向上抛球 2. 能单手将沙包向前投掷 2 米左右	1. 能连续自抛自接球 2. 能单手将沙包向前投掷 4 米左右	1. 能连续拍球 2. 能单手将沙包向前投掷 5 米左右

　　由表 2-1-9 可知,《指南》中对于幼儿的器械(具)操控能力要求较低,且集中于手部动作。也有研究者(潘月娟,2015)将 3～6 岁幼儿器械(具)操控能力动作指标进行如下要求,见表 2-1-10[①],对幼儿的抛接球姿势和拍球速度等提出了更详细的要求。潘月娟的研究也指出 2 岁和 3 岁的幼儿在抛物体时主要

———————

① 潘月娟.学前儿童观察与评价[M].北京:北京师范大学出版社,2015.

使用前臂,很少或几乎没有步伐或身体转动;3.5 岁的幼儿较多使用身体的转动,抛物时手臂范围也较大;5 岁和 6 岁的幼儿在开始抛物时,会迈出与抛物手臂同一边的一只脚。6.5 岁的幼儿抛物的技能已经比较成熟,在抛物时会迈出抛物手臂另一边的一只脚。可见,幼儿的抛接球动作是随着年龄的发展而进步的。

表 2-1-10　3～6 岁幼儿抛接球、拍球动作评价指标

3～4 岁	4～5 岁	5～6 岁
1. 能够使用前臂抛球 2. 知道用胸部去挡球	1. 开始在抛接球中转动身体 2. 抛接球时手臂范围扩大 3. 在抛接球时知道把重心转移到脚上	1. 手脚协调来抛接球 2. 能比较轻松地拍球 3. 拍球速度加快

（二）分析影响幼儿表现的因素

1. 个体因素

幼儿的年龄、性别、喜好、个体运动经验等都会影响幼儿的器械操控。器械(具)操控需要幼儿具有较好的身体控制与身体移动能力,才能达到不同身体部位相互协调和协作。若幼儿不能很好地完成器械(具)操控,教师应考虑幼儿的年龄是否适宜此项活动、其兴趣爱好是否使之对任务产生排斥、其已有经验与同年龄段幼儿相比是否较少等因素。

2. 材料及环境因素

幼儿操控的物体不同,对幼儿操控能力的要求不同,如足球适合踢、抛、接,但其材质不适合拍打。大肌肉动作的器械(具)操控往往对环境也有一定的要求,室内狭小空间不利于幼儿开展长距离、大范围的锻炼。教师在评价时也要注意观察记录中的相关信息。

3. 任务要求

在活动过程中,教师提出的任务也影响幼儿的操控能力,如要求小班幼儿连续自抛自接,这对于他们来说就比较困难,但是他们能够双手向上抛球。因此,在评价幼儿器械(具)操控能力发展水平时还要考虑任务的难度、幼儿执行任务中的表现等。

四、关注幼儿表现出的学习品质

在评价幼儿身体运动时,除了看幼儿的运动技能表现,还要关注幼儿在身体运动过程中体现出的学习品质。本书结合相关研究,梳理了具体的要素,如表 2-1-11。

表 2-1-11　幼儿身体运动中相关学习品质要素及表现

要素	表现
兴趣	喜欢身体运动,乐于参与身体运动活动
坚持性	能够在做一件事时持续 5～10 分钟,参与完成开放性任务坚持 20～30 分钟,对有兴趣的活动能够持续 3～5 天 遇到干扰也能够在中断后独立将注意力重新转移到原来的活动上 接受合理挑战,遇到困难、挫折、失败能继续尝试并自我调节,坚持不放弃
创造力	在身体运动活动中能够创造运动方式或玩法
规则意识	在活动过程中能遵守活动规则,按照规则进行活动 发现规则不合理时能提出意见 能根据需要制定规则
问题解决能力	发现问题、描述问题,并尝试使用不同途径解决问题
反思能力	活动之前有计划,能够根据计划完成任务 能够发现自己在活动过程中存在的问题,并在以后的活动中改正 能够对自身或他人以及活动进行公正积极的评价

（续表）

要素	表现
主动性	能够积极参与各种身体运动活动 面对多种选择机会时能独立选择
合作性	遇到困难,必要时能够与同伴讨论,寻求同伴、教师的帮助 主动与他人合作或互助,并愿意分享自己的经验或意见

情境演练 2-1-5

观看视频 2-1-2(大班)、2-1-3(中班)、2-1-4(2 岁),对幼儿身体运动能力进行评价。

视频 2-1-2　　　　视频 2-1-3　　　　视频 2-1-4

（大班）①　　　　（中班）②　　　　（2 岁）③

典型工作环节四　支持幼儿发展

在对幼儿身体运动进行观察和评价之后,教师应该如何使用这些观察与评价的信息以促进幼儿的发展,提升幼儿身体运动活动的质量呢? 作为教师,除了与同事、家长交流,还应依据观察评价所获得的信息对幼儿进行有针对性的支持。教师可结合观察与评价信息所得,参考以下建议提供适宜的指导与支持。

一、解放幼儿的时间和空间

陶行知先生曾提出幼儿的"六大解放",提倡解放幼儿的时间和空间。3～6 岁幼儿一日生活中大部分时间是在幼儿园或者家中,由于受到活动空间的限制,幼儿大肌肉动作锻炼的机会大大减少。家长和教师应当注意观察幼儿的发展状态,及时调整环境,给予幼儿充分的活动时间和空间,支持幼儿的身体移动运动,使幼儿得到适当的锻炼。如充分利用已有场地资源(如不同地面:草地、泥地、沙地、斜坡等)和适合幼儿进行身体运动的设备(如滑梯、跷跷板、平衡木等)及各类能进行身体控制与平衡、器械操控锻炼的玩具(如轮胎、轮滑、滑板等),支持幼儿进行活动。除室外环境外,在室内亦可进行锻炼,如走木条、"金鸡独立"、穿越桌椅等。

二、根据幼儿个体差异,提供不同种类的运动材料及不同任务要求的活动

在幼儿的发展过程中,进度难免有快有慢,需要教师结合幼儿的发展水平提供多样化的活动材料,使其可以选择适合自己发展水平的游戏活动。如教师在观察与评价幼儿能否顺利完成身体移动动作时,须分析制约幼儿完成任务的关键因素。若是环境与任务的制约,就需要教师适时调整环境和改变任务,但须逐步增加难度,切勿好高骛远,让幼儿变得不自信和失去锻炼的兴趣。若幼儿的生理尚未成熟,须转向锻炼幼儿的感知觉能力,待其进一步成熟时,再对其提出锻炼身体移动的要求。再如,在锻炼身体控制与平衡能力时,对于年龄较小的幼儿,应利用相对较软、较轻、较大的物体进行身体操控锻炼。另

---

①③　来自本书编写人员。
②　来自广西平果市第一幼儿园。

外，教师应当关注发展相对迟缓的幼儿，若有必要可对其进行专门指导。也应当关注发展超前的幼儿，对其提出难度更高的任务要求，以促进其进一步发展。

三、根据幼儿身体运动能力发展特点与需求设计身体运动活动

幼儿的运动能力从走、跑、跳慢慢发展到侧滚、旋转等，说明其经历了一个从低级水平到高级水平的发育，这既基于幼儿身体发育的自然成熟，也与教师为幼儿在生活中积累的运动经验相关。教师应充分掌握本班幼儿的身体发育情况及已有经验，设计相应的活动，并在活动中对幼儿进行有针对性的指导，帮助幼儿掌握活动中所需的身体运动能力和经验。如中（一）班李教师发现班上幼儿在户外活动时，开始尝试助跑跨跳，但是由于跳的方法不正确导致经常摔跤。于是李老师以锻炼幼儿助跑跨跳的能力为目标设计了一次集体体育活动。活动中，教师观察发现，在"过河"（河道的宽度一致）的情境中，有的幼儿能够顺利跳过，有的幼儿因无法跳过去而退缩。于是教师根据幼儿运动水平的个体差异，将宽度一致的河道改为不同宽度的河道，幼儿可以根据自己的能力选择适合的宽度进行锻炼，从而激发了幼儿参与活动的兴趣，使其在不断的练习中逐步掌握助跑跨跳技能。

情境演练 2-1-6

再次观看视频 2-1-1，对黑衣服女孩的运动能力进行评价，并制订下一步的指导计划。

《《《 **典型工作环节五** 》》》 **反思工作过程**

在幼儿身体运动活动观察、评价与支持的过程中，幼儿自身特点、活动的特点、材料及环境的情况是教师进行幼儿身体运动观察、评价与支持时须关注的重点，这些要素影响着教师对于幼儿的观察记录是否全面、评价是否适宜、支持策略是否有效，因此教师可从这些方面入手进行反思。首先，教师应思考是否有意识地记录了该次运动的特点、所使用的材料、活动的环境，检查自己所收集的信息是否足以作为评价幼儿身体运动发展水平的依据。其次，教师需要从整体的视角去反思自己对幼儿身体运动发展的评价是否综合考虑了幼儿运动时的环境、心理负荷、身体本身的素质等，不断思考自己的评价是否真正关注了幼儿的身心发展，而不只是对照标准来衡量幼儿的身体运动能力。如教师在记录幼儿拍球时，记录了幼儿在某次拍球任务中的动作表现，并据此判断幼儿拍球能力较弱，不会拍球。但是了解，幼儿不喜欢拍球，且在此次活动中，天气炎热，教师在一旁不停催促幼儿拍球。然而，在教师的观察记录中，并未记下幼儿的情绪状态、环境情况，从而无法获得完整的信息，因此对幼儿的判断也是主观的、片面的。最后，教师要不断反思身体运动活动的内容是否合理，活动方式是否恰当，能否有效支持幼儿身体运动能力的发展，是否兼顾了个体差异，能否满足不同幼儿的运动需求，以便根据幼儿不同的需求，及时调整运动方式、材料，进一步改善运动环境等。

任务实践 ▪▫

视频 2-1-5（大班）是李老师在户外拍摄的一段视频。请根据"岗位任务"中的"任务要求"，结合"学习支持"所学，使用行为检核法对幼儿行为进行观察记录与评价，并提出支持策略。

视频 2-1-5
（大班）①

———————————————

① 来自广西幼师实验幼儿园。

评价反馈

为了更好地检验对本情境相关知识的掌握情况,请参考表 2-1-12 对自己的学习过程进行评价与反思。

表 2-1-12 "幼儿身体运动观察、评价与支持"学习评价单

任务小组		组长:		
		组名:	得分:	
		组员:		
学习情境		观察、评价与支持幼儿身体运动		
评价项目		评价要点	分值	自我评价
资讯		主动学习,获取关于"岗位任务"的知识,完成基础测试和情境测试,正确率80%以上;能完整梳理出幼儿身体控制与平衡能力、身体移动能力以及器械(具)操控能力的发展轨迹	15	
计划		小组成员间分工明确;能够积极参与小组活动,认真完成任务	5	
决策		积极参与小组讨论,对其他小组的方案提出建议;在修正计划中能积极发表自己的看法	5	
实施	制订观察计划	观察计划内容完整;观察目的和目标科学、合理;观察记录方法适用于观察目的	5	
	收集幼儿信息	能够记录幼儿身体运动的过程和结果信息;能多方收集幼儿信息	10	
	评价幼儿表现	能根据幼儿表现评价幼儿身体运动过程中表现出的学习品质,并合理分析影响幼儿表现的因素	20	
	支持幼儿发展	支持策略具有针对性、科学性;能从幼儿自身、幼儿园、家庭等多方面进行思考	20	
检查		能够自觉对任务实施过程中的小组合作或任务完成质量进行检查、反思,提出疑问或见解	5	
评价		能主动展示小组练习的结果;能认真记录点评与总结,积极参与完善小组练习	5	
思政融入		关注幼儿运动中的情感体验,在情境实践及幼儿园实践中表现出科学的运动观	10	

岗课赛证

习题测试

一、完成赛题

请完成 2021 年全国职业院校技能大赛学前教育专业技能竞赛(保教视频分析赛项)008 号题"大班户外游戏"。

二、教师资格证考试模拟演练

(一)单选题

1. 身体控制包含(   )和方向性两个特点。

    A. 稳定性   B. 垂直性   C. 水平性   D. 移动性

2. 以下不属于身体移动的三个特征的是(   )。

  A. 行进   B. 身体控制   C. 适应   D. 变化

  3. 能连续拍球是对哪个年龄段幼儿的要求？（   ）。

    A. 小班   B. 中班   C. 大班   D. 托班

（二）多选题

  1. 器械(具)操控能力的发展评价考虑的因素有（   ）。

    A. 年龄因素   B. 材料因素   C. 环境   D. 语言

  2. 观察幼儿走平衡木的要点包括（   ）。

    A. 支撑面大小   B. 重心高低   C. 走过平衡木的动作 D. 情绪表现

  3. 在评价幼儿身体运动活动能力时，除结果性指标外，还要重点关注（   ）。

    A. 幼儿身心发展水平 B. 材料与环境   C. 任务   D. 学习品质

  4. 在视频 2-1-1 中，幼儿表现出了哪些运动核心经验？（   ）

    A. 身体控制   B. 身体平衡   C. 器械(具)操控 D. 身体移动

  5. 观察视频 2-1-1 中幼儿运动时，应记录哪些信息？（   ）

    A. 身体动作   B. 材料   C. 环境   D. 幼儿情绪状态

拓展阅读

[1] 柳倩，周念丽，张晔. 学前儿童健康学习与发展核心经验[M]. 南京：南京师范大学出版社，2016.

[2] 王健. 健康体适能[M]. 北京：高等教育出版社，2010.

学习情境二

观察、评价与支持幼儿生活活动

情境导学

  生活活动是幼儿日常生活的一部分，幼儿参与生活活动的过程亦是锻炼生活自理能力的过程。生活自理能力是指人们在日常生活中照料自己的能力，即自我服务，是一个人应该具备的最基本的生活技能。幼儿生活自理能力主要指日常生活中的自理能力，包括掌握生活自理的技能，提高动手能力；感受自己的成长，树立自立意识；养成自己做事的好习惯，积累自理生活的经验等。本情境主要呈现在清洗、如厕、进餐、午睡四个主要生活活动中，幼儿生活自理能力的观察、评价与支持。请以一名幼儿教师的角色进入本学习情境，学习观察、评价并支持幼儿在一日生活活动的发展。

学习目标

  1. **知识目标**：了解观察与支持幼儿生活活动的典型工作环节；掌握幼儿生活活动的观察要点、评价维度和支持策略。

  2. **能力目标**：能结合幼儿生活活动各典型工作环节要求进行情境演练，学会观察记录、评价与支持幼儿的生活活动。

  3. **素养目标**：能对自己的学习过程进行反思与总结，提升元认知能力；在学习与实践中充分感受通过观察带来的职业幸福感，坚定教育情怀。

岗位任务

在饮水时,李老师发现班里有很多幼儿不爱喝水,每次喝水前教师都要提醒他们去打水,还得一一检查他们是否把水喝完。户外运动时,李老师也会提醒幼儿要多喝水。可是即便如此,李老师班里的幼儿还是不愿意喝水。园长说那是因为李老师没有真正看到幼儿的需求。那么,李老师应该怎么做呢?园长给李老师列出了以下的任务要求。

任务要求:

1. 做好观察计划。
2. 按照观察计划记录幼儿的饮水活动。
3. 评价幼儿行为表现。
4. 分析影响因素。
5. 提出调整策略。

学习任务

结合"岗位任务"中园长提出的任务要求,李老师要完成任务,则须学习幼儿生活活动观察、评价与支持的相关知识和技能,具体的学习任务可见表2-2-1。请以李老师的角色身份完成"学习任务"。

表 2-2-1　"幼儿生活活动观察、评价与支持"学习任务单

任务小组	组名:	
	组长:	
	组员:	
学习情境	观察、评价与支持幼儿生活活动	
任务要求	1. 6~8人为一组做好分工与合作 2. 围绕上述岗位任务要求,学习幼儿生活活动观察与支持的全部内容,并进行幼儿饮水的观察、评价与支持 3. 学会反思与总结自己的学习过程	
实施步骤	具体要求	
资讯	学习【学习支持】板块,获取幼儿生活活动观察、评价与支持的相关知识,并梳理幼儿饮水能力的发展轨迹	
计划	根据"资讯"阶段获取的信息,分析岗位任务要求,小组协作制订问题解决方案	
决策	通过组间互评、教师指导,修正计划,确定问题解决方案	
实施	按照方案实施"岗位任务"	
检查	通过组内或组间相互监督与检查,及时发现实施过程中的困难或问题,并适当调整方案,以保障问题得到有效解决	
评价	小组展示幼儿饮水活动观察记录表,基于点评总结教学要点,进一步完善观察记录	

学习支持

"老师,我要喝水。""老师,我要上厕所!""老师,我不要吃这个。"……在幼儿园总能听到幼儿表达各种需求的话语。随着幼儿年龄的增长,这样的要求会越来越少,他们将逐步学会服务自己和他人。生活自理是幼儿日常生活的一部分,幼儿在体验生活、获得生活自理能力的同时,也在逐步建立健康的生活方式。那么,在幼儿生活活动中,幼儿教师需要观察什么?如何评价,如何给予有针对性的支持呢?通

过以下五个典型工作环节，可以系统学习如何观察、评价与支持幼儿的生活活动。

典型工作环节一　制订观察计划

一、确定观察目的和目标

观察目的，即观察幼儿生活活动的原因。观察前，须明确是为了了解幼儿生活自理能力的发展现状，还是为了解释幼儿生活活动行为背后的原因，或是为了了解生活活动的开展情况。确定观察目的后，接着明确观察目标，即根据观察目的列出具体的观察要点（观察要点可参考"典型工作环节二"中的相关知识点），以便在观察中做到心中有数。

二、明确观察对象

选择观察对象时，要求教师能够关注每个幼儿在各项生活活动中的具体表现，以确保了解每个幼儿。同时，也要根据平常的观察重点关注那些需要进行个别指导的幼儿。一般生活活动需要侧重观察那些生活自理能力较弱的幼儿。

三、选择观察记录方法

教师应根据自己的观察目的选择适宜的观察记录方法。如案例 2-2-1，为了获得关于幼儿如厕过程中的具体行为表现，教师使用轶事记录法记录了幼儿在如厕时对他人身体产生好奇时的行为表现。若教师想了解幼儿进餐环节中的大致行为表现，可使用表 2-2-2 进行观察记录。

案例 2-2-1①

故事活动结束以后，我提醒想要上厕所的小朋友先去小便，然后洗手吃点心。小杰慢慢地站起来，在其他小朋友叫着"我去""我不去"时，他好奇地看着大家，未发一言，突然走向洗手间，里面已经有三个女孩。小曾与小徐坐在马桶上，小秦站着等。小杰走过小秦旁边，走到一个介于墙壁与马桶间的小角落，盯着正在小便的小曾。"小秦，我好了。"小曾说完开始拉上内裤。这时小杰走出这个角落，并在她面前跪下。小秦没有说话，一只手拉开小曾的裤子，另一只手拉起她的上衣。他小心翼翼地戳着小曾的肚脐眼，面露好奇的神色。

表 2-2-2　幼儿进餐行为观察记录表

观察日期：　　　　　　　　　　　　　　观察者：

环节	具体行为	1	2	3	4	……	备注
餐前	按程序盥洗						
	排队取餐						
	自主选择食物						
	自由选择多少						
	情绪安定愉快						

① 施燕，章丽.幼儿行为观察与记录[M].上海：华东师范大学出版社，2015.

（续表）

环节	具体行为	1	2	3	4	……	备注
进餐中	能正确使用餐具						
	不玩食物和餐具						
	坐姿适宜						
	口中有食物时不与同伴交流						
	情绪安定愉快						
餐后	放好餐具						
	按程序盥洗						
	自主选择餐后活动						

四、选择观察情境

教师应围绕自己的观察目的，有针对性地选择相应的生活活动观察情境，以便收集到有效信息。幼儿园生活活动主要有进餐、盥洗、如厕、午睡等环节，教师对幼儿生活活动的观察可重点关注这些环节中幼儿的行为表现。

情境演练 2-2-1

扫码观看幼儿生活活动视频 2-2-1（小班），根据幼儿表现，制订一份观察计划。

视频 2-2-1
（小班）[1]

《典型工作环节二》 **收集幼儿信息**

收集幼儿生活活动的信息，即获取被观察幼儿在生活活动中的行为表现，是描述被观察幼儿"是什么样"的过程，也是观察与支持幼儿生活活动的基础环节。幼儿生活活动的典型表现是教师须关注的观察要点。

一、幼儿进餐行为观察要点

在幼儿园，进餐活动主要有早餐、午餐和点心，有些幼儿园也会提供晚餐。教师可从进餐环节、进餐方式等方面关注幼儿的进餐情况，如表 2-2-3[2]。教师可根据观察要点，对幼儿的表现进行具体描述。

表 2-2-3　幼儿进餐行为观察要点

观察要点	具体指标	幼儿的具体表现
进餐环境	在哪里提供食物？ 谁分发食物？ 幼儿对食物有选择的权利吗？ 幼儿对吃多少有权利吗？	

---

[1]　来自广西区直机关第三幼儿园。
[2]　[美] Dorothy H. Cohen, 等. 幼儿行为的观察与记录(第五版)[M]. 马燕, 马希武, 译. 北京:中国轻工业出版社, 2013. 有改动。

（续表）

观察要点	具体指标	幼儿的具体表现
对进餐环境的反应	接受、焦虑、挑剔 进食时的认真或随意程度 靠近餐桌的方式如何？ 能吃多少？	
进餐方式	怎样抓握餐具？ 用手抓饭吗？ 玩食物、扔食物、把食物含在嘴里吗？ 有条不紊地进食吗？ 是坐立不安还是舒适？ 与别人交流吗？ 对他来说，社交比进餐更有意义吗？ 只与特定的人交流吗？	
对食物的兴趣	对食物评价如何？ 进食速度如何？	
成年人的作用	幼儿是如何离开餐桌的？ 餐后幼儿做了什么？	

　　幼儿进餐行为涉及的内容较多，教师可用表2-2-3对幼儿的进餐行为进行观察记录。但如需观察的幼儿较多，具体描述会比较困难，则可借助其他图表来进行观察记录，如表2-2-4[①]，主要记录的是幼儿的进餐情况。

表2-2-4　幼儿进餐行为系统观察表

　年　月　日　　　　　　　　　　　　　　　　　　　　　　午餐＿＿＿＿　点心＿＿＿＿

观察次数	观察时间	自发行为					他发行为					他发反应						特殊行为记录
		☆吃完	☆进餐	拒绝进餐	转移	其他	被鼓励	被询问	被请求	被命令	其他	☆吃完	☆进餐	拒绝进餐	以沉默回答	提出请求	其他	
1																		
2																		
3																		
4																		
5																		
6																		
7																		
8																		

　结果：吃完＿＿＿＿　进餐＿＿＿＿　拒绝进餐＿＿＿＿

　　表2-2-4应在自然情境中使用，观察者一般是幼儿熟悉的教师或保育老师。"他发行为"栏和"他发反应"栏是有联系的，"他发反应"是由"他发行为"引起的。观察记录步骤如下：

　　（1）准备好观察记录表。

　　（2）填写观察日期、进餐内容等。

　　① 施燕，章丽．幼儿行为观察与记录［M］．上海：华东师范大学出版社，2015．

（3）观察幼儿,当其出现列表中的行为时,即在该项目相应的空格内打"√"。

（4）有"☆"号的指标,可填代号,分别为 A——饭,B——菜,C——汤,D——点心。

（5）如果被观察者没有自发行为,属于自发行为栏内的"拒绝进餐",或是"沉默",那就应该观察在他发行为下,观察者的"他发反应"如何。

（6）观察时间间隔以 3 分钟为宜,相同时间频率内如果幼儿出现不同行为,可以重复勾选。

（7）如果有表格中并未列出的特殊行为出现,则填写在"特殊行为记录"栏内。

（8）在观察结束后,填写本次的进餐结果。

总之,观察的目的是了解被观察者的进餐情况,以及如果是他发行为,被观察者会有什么样的反应,其意义是什么。同时以此结果思考保教人员对被观察者引导的成效。

二、幼儿盥洗行为观察要点

盥洗是幼儿一日生活中的重要环节。幼儿对盥洗的认知及其盥洗技能是影响其行为表现的重要因素,教师应重点收集相关信息。另外,教师还须关注幼儿的盥洗常规及在盥洗中的情绪表现,作为分析幼儿行为的参考。教师在观察时,可从这四个方面进行记录,详见表 2-2-5[1]。

表 2-2-5　幼儿盥洗行为观察要点

观察要点	具体指标	幼儿的具体表现
盥洗的认知	如何看待盥洗 是否知道盥洗的重要性 是否知道盥洗的方法和规则	
盥洗的技能	能否按照盥洗的步骤进行盥洗,如按照七步洗手法洗手、及时开关水龙头、洗好手后在洗手池上甩干等 能否根据需求正确使用相应的技能,如卷袖子、关水龙头等	
盥洗的常规	能否遵守盥洗规则,如排队、不推不挤、有序等待等 能否主动进行盥洗,如饭前便后主动盥洗等	
盥洗的情绪	在盥洗过程中表现的情绪情感如何,如敷衍、接受、拒绝等	

情境演练 2-2-2

观看视频 2-2-2(小班)、视频 2-2-3(中班),说一说你观察到了什么。

视频 2-2-2
（小班）[2]

视频 2-2-3
（中班）[3]

三、幼儿如厕行为观察要点

能够自如、自由如厕,是幼儿身心健康的重要表现。幼儿如厕的刺激因素、由于刺激因素产生的反应、如厕过程、自理情况等是教师须进行重点记录的,具体可参考表 2-2-6[4]进行观察记录。

---

①④　[美] Dorothy H. Cohen,等.幼儿行为的观察与记录(第五版)[M].马燕,马希武,译.北京:中国轻工业出版社,2013. 有改动。

②　来自广西区直机关第三幼儿园。

③　来自上海市三花幼儿园。

表 2-2-6　幼儿如厕行为观察要点

观察要点	具体指标	幼儿的具体表现
刺激因素	幼儿自身的需求 模仿别人 集体活动 老师要求 尿湿裤子	
幼儿反应	有明显需求 不愿与大家一起上厕所 高兴/轻松/匆促/心不在焉	
如厕过程	身体僵直 轻松 抓生殖器	
自理情况	利落 笨拙 快速 缓慢	
幼儿态度	是否故意露出身体隐私部位 是否显露出对性别的关注 是否以口头或行动显示额外的性知识	

情境演练 2-2-3

　　阅读下面的案例（见表 2-2-7），想一想教师是从哪些方面对幼儿的如厕行为进行观察的。

表 2-2-7　幼儿如厕行为观察

观察者姓名：黄老师
被观察者姓名：佳佳
幼儿年龄段：中班　　　　　幼儿性别：男
观察情境：幼儿园教室内
观察日期：2022 年 4 月 17 日

事件	评价
中班的活动越来越多，区域活动的设置也越来越丰富，幼儿之间的交往与合作也逐渐增多。今天的区角游戏活动就要开始了，孩子们陆续为如厕做准备。铭铭到厕所里洗手很快就出来了，急匆匆地向建构区跑去，找到一个位置坐下高兴地玩了起来。我担心他忘记小便，便提醒他："等一下游戏的时候想去小便就告诉老师哟。"但是，等他来告诉我时，他已经尿湿裤子了。	

四、幼儿午睡行为观察要点

　　午睡对幼儿的身体、生长发育以及舒缓上半天的疲劳有着重要意义，但并不是每个幼儿都能很好地午睡，在午睡期间不同的幼儿会有不同的表现，教师需要时刻关注幼儿的表现，可参考表 2-2-8 对幼儿午睡环节进行观察。

表 2-2-8 幼儿午睡行为观察要点①

观察要点	具体指标	幼儿的具体表现
睡前准备	能否自主脱衣物? 能否将外衣裤整理好,并放置于相应位置?	
幼儿反应	接受 抗拒:找借口离床/哭泣/把玩物件等 肢体紧张 抚慰性动作:吸吮手指等 躁动不安	
午睡中	是否有一定的午睡时长? 是否容易被惊醒? 是否会磨牙、说梦话、梦中哭闹等? 午睡中断后能否快速再入睡?	
午睡结束	如何醒来? 醒来后做什么:继续躺着;发呆;玩;自主穿衣服等	

典型工作环节三 评价幼儿表现

收集信息后就要对幼儿生活活动进行评价,即分析幼儿在生活活动中所表现出的生活自理能力发展情况,科学谨慎判断幼儿生活自理能力达到的水平,解释学习结果的由来,对幼儿的表现进行归因等。要做到这些,教师须熟悉各年龄段幼儿生活自理能力的发展目标及分析影响幼儿表现的各种因素,作为评价幼儿生活活动表现的参考。

一、熟悉幼儿生活自理能力的发展目标

关于幼儿生活自理能力发展的评价,可以借鉴《指南》中关于幼儿"生活习惯与生活能力"的目标(表 2-2-9),也可参考国外的早期学习标准(表 2-2-10、表 2-2-11)。但是《指南》是结果性指标,是幼儿须达到的目标要求,而幼儿生活自理能力的发展是一个持续的过程,教师选择指标时应符合教育规律和教育者经验,符合本班的实际情况,符合与家长沟通后了解的幼儿的实际情况。

表 2-2-9 《指南》中幼儿生活习惯与生活能力的发展目标

目标		年龄段		
		3～4 岁	4～5 岁	5～6 岁
目标 1	具有良好的生活与卫生习惯	1. 在提醒下,按时睡觉和起床,并能坚持午睡 2. 喜欢参加体育活动 3. 在引导下,不偏食、挑食。喜欢吃瓜果、蔬菜等新鲜食品 4. 愿意饮用白开水,不贪喝饮料 5. 不用脏手揉眼睛,连续看电视等不超过 15 分钟 6. 在提醒下,每天早晚刷牙、饭前便后洗手	1. 每天按时睡觉和起床,并能坚持午睡 2. 喜欢参加体育活动 3. 不偏食、挑食,不暴饮暴食。喜欢吃瓜果、蔬菜等新鲜食品 4. 常喝白开水,不贪喝饮料 5. 知道保护眼睛,不在光线过强或过暗的地方看书,连续看电视等不超过 20 分钟 6. 每天早晚刷牙、饭前便后洗手,方法基本正确	1. 养成每天按时睡觉和起床的习惯 2. 能主动参加体育活动 3. 吃东西时细嚼慢咽 4. 主动饮用白开水,不贪喝饮料 5. 主动保护眼睛。不在光线过强或过暗的地方看书,连续看电视等不超过 30 分钟 6. 每天早晚主动刷牙,饭前便后主动洗手,方法正确

---

① [美] Dorothy H. Cohen,等. 幼儿行为的观察与记录(第五版)[M]. 马燕,马希武,译. 北京:中国轻工业出版社,2013. 有改动。

（续表）

目标	年龄段		
	3～4 岁	4～5 岁	5～6 岁
目标 2　具有基本的生活自理能力	1. 在帮助下能穿脱衣服或鞋袜 2. 能将玩具和图书放回原处	1. 能自己穿脱衣服、鞋袜、扣纽扣 2. 能整理自己的物品	1. 能知道根据冷热增减衣服 2. 会自己系鞋带 3. 能按类别整理好自己的物品

表 2-2-10　高瞻课程关于幼儿自理能力水平的分级

初级	中级	高级
1. 所有或者大多数的个人生活技能都需要帮助（例如，等待成人帮助其穿衣服） 2. 尚未或者很少显示出对生活自理的兴趣	1. 能够自己完成一些生活自理的任或内容，在有需要时寻求帮助（例如，自己穿上衣，但在穿鞋子时寻求帮助） 2. 观察和模仿其他幼儿的生活自理行为	1. 能够完成大多数的生活自理内容（例如，自己穿外套、穿鞋子、戴帽子、戴手套，不需要或很少需要帮助）；耐心学习，以掌握新的生活自理技能 2. 帮助其他同伴进行生活自理

表 2-2-11　"作品取样系统"中关于 3～6 岁幼儿生活自理能力的结果性指标

3 岁的幼儿正在学习如何照顾及管理自己，但是他们仍然需要成人的支持与指引，他们很爱做一些日常的事情，这是幼儿变得很在乎清洁与秩序的年纪。体现自理能力的例子有： (1) 会自己穿外出服； (2) 能把果汁从小瓶子倒到杯子里； (3) 会扣运动鞋上的"魔鬼粘"； (4) 能用刀子把奶油涂在面包上； (5) 能扣上及解开大扣子； (6) 上厕所后会拉起裤子； (7) 能记住如厕后洗手、打喷嚏或洗手时要掩口，但不了解这些规则的用意
4 岁的幼儿很爱做照顾自己的工作与一些日常的事情，有时他们需要别人的指导，以避免做得过头或是忘记他们原来在做什么。当他们忙着其他的事时，会很容易忘记规矩，但通常可以在口头提醒后达到期望。体现日益增进自理能力的例子有： (1) 能自己上厕所； (2) 能自己洗手、把手擦干，不太需要别人的提醒； (3) 能自己穿衣服，如外套、裤子、鞋子； (4) 能从小瓶子中倒果汁到杯子内而不洒出来； (5) 能拉拉链、扣扣子及按扣，但还不会系鞋带； (6) 用卫生纸擦鼻涕，擦完后会将卫生纸丢到垃圾桶； (7) 会试着吃教师介绍的不同的营养食物，并会与同伴讨论"有营养"的意思； (8) 上完厕所或吃点心、午餐前，会先洗手

情境演练 2-2-4

　　阅读下面对中班幼儿的观察记录，根据以上指标提供的信息，分析、评价幼儿的发展水平。

　　（其他同伴都洗好了）你横着走向洗手池，在老师的提醒下开始洗手。你先按压点儿洗手液到手里，这时候发现袖子没有拉起来，便小心翼翼又使劲地把袖子往上拉。拉好袖子后两手张开，看了看镜子里的自己。接着你熟练地打开水龙头，直接冲洗，右手搓左手心，眼睛望向右侧。不一会儿，你又扭过头来，打量镜子里的自己1分钟左右（洗手时间2分钟）。这时你的手往上碰到了出水口，于是你顺势用手堵住出水口：时而双手堵着，时而一手堵着，一手接着流水，上下晃动，很投入。在老师的提醒下，你关好水龙头，在洗手盆内甩甩双手。你跑去拿擦手巾，擦手的时候眼睛看着正在分早点的同伴们，似乎在想什么。擦好后你把毛巾平铺在相应的篮子里，拍了拍，确认整齐后，起身，把袖子拉下来，然后吃早点去了。

二、关注幼儿的学习品质

幼儿在生活自理中表现出的学习品质主要有积极主动性、自控力、坚持性、专注力、问题解决能力、服务意识和合作性,详见表2-2-12。生活自理能力常常需要幼儿通过自主探索获得,积极主动探索能够让幼儿体验自己的能力。如小班的幼儿刚入园,吃饭时掉饭粒是正常的,教师不应指责幼儿,而应让幼儿不断尝试自己动手进餐。慢慢地,随着手部肌肉的成熟与动作协调性的发展,加上练习与探索,幼儿的进餐能力会逐渐增强。幼儿生活能力的获得是循序渐进的,随着年龄的增长,要面对的情况越来越多,虽然他们具有积极主动的态度,却往往力不从心,而学会坚持、能够尝试解决问题会让幼儿获得积极的发展。教师在评价时应注意幼儿在生活活动中表现出的学习品质。

表 2-2-12　幼儿生活活动中的学习品质

要素	表现
积极主动性	能积极主动参与生活自理活动; 乐于服务自己和他人,喜欢参与劳动
自控力	能够根据自身需求进行自理,不需要他人监督
坚持性	在生活自理过程中虽然出现力不从心或者手忙脚乱等问题,但能够坚持完成活动
专注力	在生活自理过程中能按要求专心完成自理任务,不被他人所干扰
问题解决能力	发现问题、描述问题,并尝试使用不同途径解决问题
服务意识	不仅能进行生活自理,还能为同伴、成人服务,如承担值日生工作、扫地、擦桌子等,具有社会责任感
合作性	遇到困难必要时能够与同伴讨论,寻求同伴、教师的帮助; 主动与他人互助或合作,并愿意分享自己的经验或意见

三、分析影响幼儿表现的因素

幼儿生活自理能力在呈线性发展的同时,受个体因素、自理任务、环境因素等的影响(如表2-2-13[①]),也会表现出非线性特征和复杂性。例如,小班幼儿出现不会洗手、擦肥皂泡冲不干净或总是打湿等问题,可能与幼儿的动作技能发展不成熟有关。随着年龄的增长,幼儿的活动范围和能力逐渐扩大和提升,洗手对他们来说变得乏味,易被洗手之外的兴趣所吸引。例如,中班幼儿虽然规则意识开始萌芽,却受玩水的兴趣驱使,常把规则抛在脑后。教师在评价幼儿的发展水平时,应把这些因素考虑在内。

表 2-2-13　影响生活自理能力发展的因素

影响因素	具体指标
感知机能	接受、分析、组织感官信息的能力
	生活自理动作技能
	计划动作的能力
认知与语言	生活自理的程序和方法
	注意力
	身体、物件、因果、空间等概念
	归类能力和秩序感
	言语能力

---

① 柳倩,周念丽,张晖.学前儿童健康学习与发展核心经验[M].南京:南京师范大学出版社,2016.

（续表）

影响因素	具体指标
社会心理	动机
	自信心
	社会适应能力
家庭	家长的态度

情境演练 2-2-5

下面是对幼儿（中班）午睡前整理环节的描述，请根据此文本提供的信息，评价幼儿午睡前整理环节的自理情况。

佳佳脱下鞋子，将鞋子整齐摆放在床边，接着爬到床上，脱衣服。她穿的衣服是套头卫衣（她用左手拉着右衣袖，右手往里抽出，左手也是用同样的方式抽出。然后两手把衣服从脖子处往头上拉出来），她把卫衣抖一抖，铺在床上叠好，放在床尾。随后，脱下裤子，叠好放在床尾。最后，盖上被子睡下了。

《典型工作环节四》 支持幼儿发展

在对幼儿生活活动进行观察和评价之后，教师应该如何使用这些观察与评价的信息以促进幼儿的发展，提升幼儿生活活动的质量呢？幼儿生活自理能力的获得是一个循序渐进的过程，需要教育者针对幼儿的能力进行分析，调整教育环境，确定可操作、有挑战性和分层次的教育内容与支持策略。

一、基于观察与评价信息为幼儿选择适宜的教育内容

在评估幼儿现有发展水平后，便可按照生活自理活动的难易程度，结合幼儿心理发展的特点、兴趣和需要，确定教育内容的先后顺序，提出适合幼儿发展水平的教育任务。以进餐为例，小班幼儿对自己独立进餐的方式很感兴趣，但是由于精细动作发展还不成熟，常常出现掉饭、撒饭的现象，使用勺子时，可先提供大柄勺，降低使用工具进食的难度，逐步过渡到正确使用小勺吃饭。中班幼儿独立进餐水平明显提高，在成人的影响下，喜欢尝试使用筷子进餐，但由于小肌肉发展不灵活，初学时有一定难度，可以通过游戏让其掌握使用筷子的正确方法。大班幼儿能够较为灵活地使用筷子独立进餐，在进餐方式、进食量、进食速度等方面出现明显的个性特征，自我服务的意识和能力逐渐增强，可以增加"自助值日生"等教育任务，让其逐渐学习自己盛饭菜、为大家服务。

二、创设良好的生活活动环境

提供与幼儿相适应的物理环境是幼儿生活自理能力发展的有效支持，教师要积极主动地根据观察与评价所得信息来反思环境的创设是否适宜，进而创设更具支持性的环境。例如，当教师发现幼儿使用肥皂总是掉落，可能是肥皂太大而握不住，那么教师应调换适合的肥皂；当发现幼儿不分左右，总是穿反鞋子，则应给幼儿的鞋子贴上明显的左右标志以帮助其分辨。教师要充分利用环境，为幼儿的生活自理提供良好的条件。

三、自主练习与示范相结合

在幼儿生活自理能力的发展过程中，自主意识是一个非常重要的方面。教师和家长应该从幼儿的实际发展水平出发，充分尊重、信任他们，并激发他们的自理意识和动机。如在幼儿园设计相应的个别

化活动,在游戏中锻炼幼儿的动作技能,激发其自主练习生活技能的积极性。教师还应和家长交流,给幼儿做自己力所能及的事情及进行自我服务的机会,鼓励他们自己动手。示范法是技能学习的重要方法,教师要根据幼儿的学习特点,充分运用身体辅助、借助儿歌等进行适当演示,促进幼儿掌握生活技能。

情境演练 2-2-6

根据情境演练 2-2-4 的分析,提出适宜的教育建议。

《《典型工作环节五》》 **反思工作过程**

幼儿生活自理能力是在幼儿园及家庭一日生活中不断发展的,教师观察、评价与支持幼儿生活自理能力的发展需要从具体生活活动出发。而幼儿生活活动多样,其生活自理能力发展水平亦与幼儿动作发展、家庭教育、生活习惯等密切相关,因此,教师能否充分掌握各项生活活动评价指标及其他影响因素,影响着观察记录的全面性、评价的客观性。教师在反思自己的观察与评价时,应综合考虑这些因素,不断检查自己观察记录的完整性与评价的客观性。另外,在实施支持策略后,要持续观察与评价幼儿的生活自理能力,根据幼儿的反应反思生活活动安排、支持性环境的适宜性及教育策略的有效性。生活活动与其他活动最大的不同在于生活活动的产生极度依赖幼儿的生理需求及生活经验,通过持续的观察,教师能够获得幼儿在生活活动中的反应、幼儿的情绪与参与性等信息,这些信息对于教师反思自己的行为、反思生活活动内容和形式的适宜性有重要价值。如幼儿如厕是基于其生理需要而非教师的要求,幼儿如无如厕需求,则很难完成如厕活动,于是教师决定让幼儿按需如厕。之后,教师须进一步观察幼儿在各个环节中的反应。如有的幼儿可能沉溺于游戏而忍着不上厕所导致尿裤子,针对这些幼儿,教师须进一步细化自己的策略。

任务实践 ▪▪

视频 2-2-4(小班)是李老师在一日保教工作中拍摄的一段视频。请根据"岗位任务"中的"任务要求",结合"学习支持"所学,使用表 2-2-14 完成对视频 2-2-4(小班)的观察记录、评价与支持。

视频 2-2-4
(小班)①

表 2-2-14　幼儿行为观察记录表

观察者:	观察时间:		其他备注:	
观察目的				
观察对象	姓名	性别	年龄	其他相关情况
观察目标				
观察情境				
观察记录				
分析解读				

① 来自广西区直机关第三幼儿园。

评价反馈

为了更好地了解自己对本情境相关知识与能力的掌握情况，参考表 2-2-15 对自己的学习过程进行评价与反思。

表 2-2-15 "幼儿生活活动"学习评价单

任务小组	组长：		
	组名：	得分：	
	组员：		
学习情境	观察、评价与支持幼儿生活活动		
评价项目	评价要点	分值	自我评价
资讯	主动学习，获取关于"岗位任务"的知识，完成基础测试和情境测试，正确率 80% 以上；能完整梳理出幼儿各项生活活动中的生活自理能力发展轨迹	15	
计划	小组成员间分工明确；能够积极参与小组活动，认真完成任务	5	
决策	积极参与小组讨论，对其他小组的方案提出建议；在修正计划中能积极发表自己的看法	5	
实施	制订观察计划	观察计划内容完整；观察目的和目标科学、合理；选择的观察记录方法适用于观察目的	5	
	收集幼儿信息	能够记录幼儿生活活动的过程和结果信息；能多方收集幼儿信息	10	
	评价幼儿表现	能根据幼儿表现评价幼儿生活活动过程中表现出的学习品质，并合理分析影响幼儿表现的因素	20	
	支持幼儿发展	支持策略具有针对性、科学性；能从幼儿自身、幼儿园、家庭等多方面进行思考	20	
检查	能够自觉对任务实施过程中的小组合作或任务完成质量进行检查、反思，并提出疑问或见解	5	
评价	能主动展示小组练习的结果；能认真记录点评与总结，积极参与完善小组练习	5	
思政融入	具有育人的使命与担当；观察幼儿时耐心、细心，关爱幼儿	10	

岗课赛证

习题测试

一、完成赛题

请完成 2019 年全国职业院校技能大赛学前教育专业技能竞赛（保教视频分析赛项）003 号题"中班社会——早餐进食"。

二、教师资格证考试模拟演练

（一）多选题

1. 幼儿进餐的观察要点包括（　　　　）。

A. 进餐环境　　　　　　　　　　　　B. 进餐方式

C. 幼儿对待食物的态度　　　　　　　D. 幼儿对进餐环境的反应

2. 影响幼儿生活自理能力发展的因素有（　　　　）。

A. 感知机能　　　　B. 认知与语言　　　　C. 社会心理　　　　D. 家庭

3. 幼儿如厕时，教师重点观察什么？（　　　　）

A. 幼儿反应　　　　　　　　　　　　B. 如厕过程

C. 自理情况　　　　　　　　　　　　D. 对性别差异的关注

4. 幼儿在生活活动中可能表现出的学习品质有（　　　　）。

A. 服务意识　　　　B. 坚持性　　　　C. 问题解决　　　　D. 专注力

5. 观察视频2-2-2（小班）中的幼儿时，应重点观察什么？（　　　　）

A. 盥洗的操作程序　　　　　　　　　B. 对待规则的具体表现

C. 洗手完成后做什么　　　　　　　　D. 学习品质

6. 从视频2-2-3中，你看到了幼儿什么样的兴趣与需求？（　　　　）

A. 对镜子的兴趣　　　　　　　　　　B. 探究水流的兴趣

C. 做事慢吞吞　　　　　　　　　　　D. 想玩水

7. 案例：果果每天到午睡的时候都会自己脱衣服，整理被子，跟小朋友们一起钻进被子，安静地躺着，但是没过多久，果果就喊着要上厕所，上完了就要喝水，然后躺下没多久又开始上厕所、去喝水。如果老师阻止她，果果也会听话，但是会一直问老师能不能上厕所，能不能喝水。一般到小朋友快要起床时，果果才能入睡，下午把她叫醒她就会哭闹不止。案例中包含了哪些午睡环节的观察要点？（　　　　）

A. 睡前准备　　　　　　　　　　　　B. 幼儿睡觉过程中的反应

C. 幼儿醒来后做什么　　　　　　　　D. 幼儿是如何穿脱衣服的

（二）材料分析题

请认真阅读下文，并按要求作答。（2014年教师资格证真题）

新入园的小班幼儿在洗手时出现了许多问题：有的把袖子弄湿，不洗手背，冲不干净皂液；有的争抢或拥挤，玩水忘记洗手，擦手后毛巾乱放在架子上；有的握不住大块肥皂；有的因毛巾架离水池远，一路甩水把地面弄得很湿……

请针对上述问题，设计一份改进洗手环节的工作方案。要求写出对问题的分析，工作目标，解决各类问题的主要方法。

拓展阅读

[1]［美］安·佩洛. 艺术语言：以探究为基础的幼儿园美术活动[M]. 于开莲，译. 北京：教育科学出版社，2011.

[2]少年儿童行为习惯与人格的关系研究课题组. 儿童教育就是培养好习惯[M]. 北京：北京出版社，2004.

学习情境三

观察、评价与支持幼儿情绪管理

情景导学

《礼记·礼运》中记载："喜，怒，哀，惧，爱，恶，欲，七者弗学而能。"人们生来就有情绪情感相伴，但如何与其相处，换句话说，人们怎么表达和管理情绪是需要学习的。情绪健康是幼儿心理健康的核心，也是幼儿健康成长的关键支撑。教师怎样支持幼儿情绪管理能力的发展呢？请以一名幼儿教师的身份进入本学习情境，学习系统、科学地观察、评价和支持幼儿情绪管理能力的发展。

学习目标

1. **知识目标**：了解观察与支持幼儿情绪管理能力发展的典型工作环节；掌握幼儿情绪管理能力的观察要点、评价框架和支持策略。
2. **能力目标**：能结合幼儿情绪管理各典型工作环节要求进行情境演练，学会观察记录、评价与支持幼儿情绪管理能力的发展。
3. **素养目标**：接纳幼儿的情绪，"真懂""真爱"幼儿，做一名有仁爱之心的幼儿教师。

岗位任务

刚入职的崔老师在日常工作中常常有这样的困扰：班级里不时有小朋友突然就大哭起来，而崔老师根本摸不着有关他们情绪为何产生的头绪，也不知道怎么样帮助小朋友们平静下来。于是，经验丰富的李老师给崔老师提出了以下任务。

任务要求：
1. 做好观察计划。
2. 按照观察计划记录幼儿的情绪表现和情绪管理行为。
3. 评价幼儿情绪管理能力的发展状况。
4. 分析影响因素。
5. 提出反思调整策略。

学习任务

结合"岗位任务"中李老师的建议，崔老师如果想要更准确地理解幼儿的情绪表现和发展状况，须系统地学习观察、评价与支持幼儿情绪管理能力。具体的学习任务清单如表 2-3-1 所示。

表 2-3-1　"幼儿情绪管理能力观察、评价与支持"学习任务单

任务小组	组名：
	组长：
	组员：
学习情境	观察、评价与支持幼儿情绪管理能力的发展状况
任务要求	1. 6～8 人为一组做好分工与合作 2. 围绕上述岗位任务要求，帮助崔老师对幼儿的情绪表现进行观察、评价与支持 3. 学会反思与总结自己的学习过程
实施步骤	具体要求
资讯	学习【学习支持】板块，获取关于观察幼儿情绪管理能力、评价与支持其发展的相关知识；梳理幼儿情绪管理能力的发展轨迹
计划	根据"资讯"阶段获取的信息，分析岗位任务要求，小组协作制订问题解决方案
决策	通过组间互评、教师指导，修正计划，确定问题解决方案
实施	按照方案实施"岗位任务"
检查	通过组内或组间相互监督与检查，及时发现实施过程中的困难或问题，并适当调整方案，以保障问题得到有效解决
评价	小组展示幼儿情绪管理能力观察记录表，基于点评总结教学要点，进一步完善观察记录

学习支持

在幼儿园里，我们随时可以看到孩子们或快乐地追逐玩闹，或着急地跺脚哭泣……孩子们的情绪世界非常丰富多彩，一朵小花的绽放会引发他们会心一笑，窗外雨滴的掉落也可能会让他们难过落泪。情绪像空气一样伴随在孩子们左右，认识和感受情绪、理解和表达情绪、调节和控制情绪是每个个体需要终身学习的课题。那么，教师需要怎样观察幼儿的情绪和行为表现，基于什么样的框架评价幼儿的情绪管理能力，又如何支持他们的情绪管理能力不断发展呢？通过以下五个典型工作环节，可以系统学习如何观察、评价与支持幼儿情绪管理能力的发展。

典型工作环节一　制订观察计划

一、确定观察目的与目标

在日常的保教工作中，教师可以从很多个细节出发，开启一次指向幼儿情绪管理能力的观察。其观察的关键内容可以包括幼儿在情绪产生和消退过程中的情绪行为表现、自我控制能力的发展情况、情绪表达及调节方法的学习和掌握等，制订观察目的时可以参考这些关键内容。下一步则可以将关键内容与幼儿相关的具体行为进行联结来确定观察目标，这要求观察者具备一定的发展心理学知识，理解并掌握幼儿情绪表达和管理能力的发展脉络（详见"典型工作环节二"）。

二、明确观察对象

观察目的和目标确定之后，即可根据这两者系统性地考虑观察对象究竟是谁。选择观察对象时要求教师既不能够遗漏或疏忽任何一个幼儿的情绪发展，也要有侧重地关注到幼儿在该领域中表现出的特定发展需求，尤其是具有特殊发展需求的幼儿。

三、选择观察记录方法

人类的情绪有着产生、变化和消退的一系列过程，在观察幼儿的情绪管理能力时，教师可以灵活选择多种观察方案来匹配观察目的。具体来说，既可以用文字描述的方式将幼儿的情绪和行为表现记录下来，并用照片或者视频作为辅助的补充记录；也可以利用检核表或者等级评定表来观察幼儿在情绪消退时使用的情绪调节方法。

四、选择观察情境

在确定观察情境之前，教师首先应该意识到，和幼儿其他方面的发展不一样的是，情绪就像空气一样伴随着幼儿左右，日常生活中的许多事件都会引发幼儿的情绪变化，因此教师面对的观察情境是非常多变的。表2-3-2[①]呈现了不同情境下幼儿可能产生的情绪表现，教师可结合本班情况提前了解，以便更好地制订计划。

表 2-3-2　活动室中的儿童情绪

情绪	主要诱因	可能的结果
忧伤	与亲人分离	哭泣，牢骚，缠人
愤怒	受到身体或心理的限制，侮辱	面红耳赤，大声尖叫，攻击性行为
害怕	出现威胁	肌肉紧张，发抖，缠人，哭泣
悲痛	失物，朋友离去，生病，亲人去世	哭泣，退缩，垂头丧气，低声细语
惊奇	巨响，遇到预料外的人或事	哭泣，退缩，缠人
兴趣	变换，新奇	盯着某样东西看，探索，睁大双眼
爱恋	对幼儿表现出喜爱	站或坐在老师身旁，触碰或搂抱他人，微笑，拉手微笑
快乐	愉快的经历，快乐的想法，友谊	欢笑，目光温和，欢声笑语

在制订了观察计划之后，教师可以使用表1-1整理自己的观察计划，以便着手观察。

《《《 **典型工作环节二** 》》》　　**收集幼儿信息**

在制订了全面系统的观察计划之后，教师则可开始着手收集幼儿情绪和行为表现的信息了。对幼儿情绪管理能力的观察可以从以下三个方面进行。

一、情绪的发生情境

观察幼儿的情绪是在什么情况下发生的，这对教师理解幼儿的情绪有很大帮助。根据幼儿情绪发展的一般规律，随着年龄的增长，引发幼儿情绪的动因会逐渐从生理需求向社会性需求过渡。与此同时，在3～6岁这个年龄阶段，幼儿也逐渐能够体会到类似道德感、美感等高级的情感。

二、伴随情绪发生的行为模式

当情绪产生之后，人们都会通过一定的途径来进行表达，幼儿情绪的表达方式与其社会性发展水平密切相关，幼儿情绪的表达会对其身心发展和社会交往产生重要影响。当幼儿体验到某种情绪时，如何表达情绪也是观察的重要方面。例如，对于激起自身愤怒等消极情绪的情绪体验对象，幼儿用什么方法释放情绪，或者能否控制好自己的行为以避免攻击性行为的发生。

三、情绪的消退

幼儿情绪的消退，尤其是消极情绪的消退是很值得教师关注的。随着年龄增长，幼儿的情绪调节能

---

① ［美］Janice J. Beaty. 幼儿发展的观察与评价［M］. 郑福明，费广洪，译. 北京：高等教育出版社，2011.

力逐渐增强,有些幼儿会主动采用转移注意力寻求情感支持等方式来调节情绪,也有些幼儿会压抑自己的情绪。教师须关注幼儿不同的情绪调节方式,并作适当引导,以促进其情绪管理能力的发展。教师可参考表 2-3-3[①] 对幼儿的情绪管理能力发展情况做初步的调查。

表 2-3-3　Shelia 的情绪管理能力发展检核表

姓名:Sheila	观察者:Cannie	
幼儿园班级:开端计划	日期:10 月 22 日	
指导语:在幼儿表现正常的项目上打√,在没有机会观察的项目上写 N,其他项目留空。		

项目	依据	日期
√用适当的方法释放压抑的情绪	贝斯拿她的蜡笔时,在教师的安抚下能平静下来	10 月 22 日
√用言语而不是消极行为表达愤怒	贝斯拿她的蜡笔时,她对贝斯说:"这不公平!"	10 月 22 日
√在困难或危险的情况下,能保持冷静	能在老师抚慰下平静下来	10 月 22 日
√用适当的方法消除忧伤情绪	妈妈离开时有些伤心,但能接受老师的引导	10 月 22 日
＿遇到突发事件不慌乱	不高兴时会哭鼻子或跑到教师那里去	10 月 22 日
√对他人表现出热情和关爱	靠近老师,接触老师	10 月 22 日
√对班级活动表现出兴趣,能集中注意	在活动室四处转,对艺术方面感兴趣	10 月 22 日
＿经常面带微笑,开心快乐	很少面露笑容,显得不开心	10 月 22 日

情境演练 2-3-1

观看纪录片《幼儿园》前 5 分钟,围绕幼儿情绪管理的观察要点,记录幼儿情绪和行为表现的信息细节。

《典型工作环节三》 评价幼儿表现

在第三个典型工作环节中,教师可以根据上个环节收集到的幼儿信息评价幼儿情绪管理能力的发展情况。教师须结合观察计划和幼儿情绪产生及消退时的行为表现记录,系统深入地去思考这些具体的行为是否指向自己所关切的幼儿发展,并有据可依地去分析幼儿情绪行为背后的原因和影响因素,客观地判断幼儿情绪管理能力的发展水平,解释幼儿当下发展情况背后的原因。对于幼儿情绪管理能力来说,幼儿自身的发展水平、家庭、教师和同伴共同影响着其表现和发展水平,因此教师要掌握幼儿情绪管理能力关键指标的发展轨迹,并综合其他影响幼儿情绪表现的因素来进行评价。

一、掌握幼儿情绪管理能力的发展轨迹

幼儿的情绪发展主要表现出三个一般性的规律:引发幼儿情绪的动因逐渐由生理需要转为社会需要;幼儿对于情绪情感的体验逐渐丰富而深刻;幼儿情绪调节能力不断增强。教师可以参考表 2-3-4[②] 高瞻课程中呈现的幼儿情绪发展水平,了解与梳理幼儿情绪管理能力的发展轨迹。

表 2-3-4　高瞻课程中幼儿情绪发展水平表

水平	情绪发展的关键性指标
水平 0	幼儿用面部表情或身体表达情绪 **解释**:这个水平的幼儿只能利用面部表情和身体来表达情绪,而不能通过语言。因此,身体僵硬、扭动、哭、笑都是最初的情绪信号

---

① ［美］Janice J. Beaty.幼儿发展的观察与评价[M].郑福明,费广洪,译.北京:高等教育出版社,2011.
② 高瞻教育研究基金会.高瞻课程:学前儿童观察与评价系统[M].霍力岩,等译.北京:教育科学出版社,2018.

（续表）

水平	情绪发展的关键性指标
水平1	幼儿开始通过与他人的身体接触来表达情绪 **解释**：幼儿通过与他人进行身体接触，如亲、咬、抱、打、拍或抚摸等来表达感受。情绪可以是积极的，也可以是消极的（注：如果幼儿第一次试图控制自己表达情绪，请参照水平4）
水平2	幼儿给情绪命名 **解释**：幼儿使用词语（如高兴、生气、难过）来表达基本情绪。幼儿谈论自己的或者别人的情绪也属于这一水平
水平3	幼儿解释情绪产生的原因 **解释**：幼儿描述一种情绪（可以是自己的情绪，也可以是别人的情绪），并说明原因
水平4	幼儿先试图控制自己表达情绪的方式，随后又用身体来表达 **解释**：幼儿起初尝试调节情绪的表达方式，如请求一名幼儿停止一个不受欢迎的动作而不是打这名幼儿。但是，那名幼儿没有停止不受欢迎的动作，于是，这名幼儿最终没能控制住情绪，比如动手打了那名幼儿
水平5	幼儿能够控制自己表达感受的方式 **解释**：这个水平的幼儿能够控制自己表达感受的方式。幼儿使用适当的词语或者行为而非不适宜的话语或是身体动作控制自己
水平6	幼儿用更丰富的词来描述自己的情绪 **解释**：幼儿用更丰富的词来表达自己的情绪，如沮丧、激动、受挫、暴怒、大吃一惊或尴尬等，而不仅限于悲伤、高兴、生气、愤怒和恐惧等
水平7	幼儿能够描述人们在相同情境下的不同感受并说出一个原因 **解释**：幼儿能站在别人的角度思考问题。幼儿能解释不同的人在相似的情境中可能有不同的感受

要点巩固

请根据所学，梳理幼儿情绪表达和管理能力的发展轨迹。

二、参照幼儿情绪管理能力相关的发展指标

教师可参考《指南》中（见表2-3-5）关于幼儿情绪管理能力发展的指标来分析在典型工作环节二中收集到的信息，评价幼儿情绪管理能力的发展情况。

表2-3-5 《指南》中关于幼儿不同年龄阶段幼儿情绪管理能力的指标

3～4岁	4～5岁	5～6岁
1. 情绪比较稳定，很少因一点小事哭闹不止 2. 有比较强烈的情绪反应时，能在成人的安抚下逐渐平静下来	1. 经常保持愉快的情绪，不高兴时能较快缓解 2. 有比较强烈的情绪反应时，能在成人提醒下逐渐平静下来 3. 愿意把自己的情绪告诉亲近的人，一起分享快乐或求得安慰	1. 经常保持愉快的情绪。知道引起自己某种情绪的原因，并努力缓解 2. 表达情绪的方式比较适度，不乱发脾气 3. 能随着活动的需求转换情绪和注意

三、综合考虑影响幼儿情绪管理能力发展的其他因素

首先，家庭因素是影响幼儿情绪能力发展的最初因素。在幼儿情绪理解的发展中，父母的作用至关重要，在与父母的日常交流中，幼儿会学习和练习情绪的理解与表达。

其次，教师的情绪管理和对待幼儿的态度也会影响幼儿情绪的发展。幼儿园是幼儿最主要的学习和活动场所，教师的一言一行都会影响幼儿对情绪的理解和表达。在情绪事件中，教师对幼儿表露情绪的反应和态度会影响幼儿对于情绪的表达和管理。如果教师能够以积极的态度回应幼儿的各种情绪，

尤其是幼儿的消极情绪,可以帮助幼儿深化对各种情绪的认识和理解,促进幼儿情绪调控能力的发展①。

最后,同伴关系会对幼儿情绪管理能力的发展有关键作用。同伴关系是指幼儿在社会交往过程中,与年龄相仿或心理发展水平相近的其他幼儿建立和发展的一种人际关系。同伴交往是幼儿社会化的一个重要方面,与亲子关系、师幼关系不同,在与同伴的交往中,幼儿能够更轻松自如地表达自己的情绪,尤其是同伴交往中的冲突能够为幼儿了解自己和他人的情绪需求、观察和理解情绪情境线索,以及解释情绪的前因后果提供更多机会,有助于幼儿管理自己的情绪。

情境演练 2-3-2

请观看纪录片《幼儿园》中豆豆和虫虫起冲突的片段,评价幼儿情绪管理能力的发展水平。

《典型工作环节四》 支持幼儿发展

情绪的知觉与理解是情绪管理的前提,情绪知觉能力又与认知能力有关。可以说,幼儿情绪管理能力的发展实质上是情绪与认知、情绪与意志的关系发展,体现着幼儿心理过程的协调发展。教师可结合观察与评价信息所得,参考以下建议提供适宜的指导与支持。

一、创设温馨的生活环境,提供良好的情绪示范

良好的生活环境,无压抑感、充满激励的氛围,可以使幼儿感到安全和愉快。为此,成人应尽可能为幼儿创造良好的生活环境,合理安排好幼儿的一日生活,使幼儿在生活中处处感受到轻松和愉快,以促进其情绪、情感的健康发展。在幼儿园的某个角落布置一个温馨、舒适的"心情角"或"悄悄话小屋",让幼儿有一个和同伴单独相处的小空间,在这里他们可以发泄自己的不良情绪,也可以和好朋友说说心里话。同时,考虑到幼儿情绪的易感染性以及幼儿爱模仿的特点,成人应为幼儿提供良好的情绪示范。成人的情绪也需要管理,教师须有意识地排解不良情绪,保持良好的情绪状态。元情绪理论认为,成年人如果反对情绪的感受和表达,就会通过批评、惩罚或以轻蔑、回避的方式对待儿童表达的情绪,甚至要求儿童压抑情绪②。作为教育者,当教师自己出现愤怒情绪时,要能够承认和接受,要敢于承担责任,并用直接而又非暴力的方式将其表达出来。这样做,就给幼儿树立了管理愤怒情绪的榜样。

二、允许幼儿体验、表达不同的情绪

无论幼儿体验什么样的情绪,当他觉得可以自由地表达并且知道自己能够被理解和接受,从中获得被接纳和被信任的信息,他就能够坦然面对这些情绪。在幼儿的情绪表达上,很多教师不喜欢甚至不允许幼儿表达消极情绪。事实上,通过对消极情绪的控制和调节,幼儿能够更好地理解情绪的产生、情绪的作用,以及提高情绪管理能力。

因此,教师须认可幼儿的情绪表达,尊重幼儿的情绪体验,包容幼儿的情绪发作,充分理解和正确对待幼儿的发泄行为,不要让幼小的心灵总受压抑。当幼儿有情绪时(不管是积极的情绪还是消极的情绪),教师应告诉幼儿,在遵照不伤害原则的情况下,他们可以按照自己喜欢的方式来宣泄情绪。教师还可以采用积极的方法,教导幼儿识别自己的情绪,引导其用语言把自己的情绪感受表达出来。

---

① 但菲,梁美玉,薛瞧瞧. 教师对幼儿情绪表达事件的态度及其意义[J]. 学前教育研究,2014(12):43.
② 凯瑟琳·济慈曼. 当前教育者对情绪社会化的培养:心理学中的概念模型[R]. PECERA 会议主题报告,2010.

三、采用多种途径提高幼儿的情绪知觉能力

幼儿情绪知觉能力的发展早于情绪的管理能力,也是情绪管理能力的发展基础。可以通过绘本、故事、角色游戏、音乐等活动来帮助幼儿认识、识别和解读自己或他人的情绪,理解各类情绪的起因和表现。比如,绘本《我的情绪小怪兽》就以非常形象生动的方式介绍了快乐、悲伤、生气、害怕、平静5种常见的情绪体验。美国康娜莉雅·史贝蔓2012年出版的"我的感觉"系列也是很好的绘本教学材料,这个系列图书包括《我好生气》《我好害怕》《我好嫉妒》《我好难过》《我想念你》《喜欢我自己》《我会关心别人》7本,通过小动物的故事,用简单而温暖的语言描述了每种情绪的由来、感觉以及处理方法。此外,在幼儿园音乐教育活动中,教师可以将幼儿情绪教育融于音乐感受和音乐表现之中,引导幼儿欣赏和感受不同的音乐对于各种情绪的表达,丰富幼儿的情绪体验,提高幼儿的情绪认知能力。

四、指导幼儿以合适的方式表达和控制情绪

为了帮助幼儿情绪情感的发展,教师须培养幼儿积极的情绪反应,并引导幼儿调节不良的情绪反应。幼儿情绪控制能力较弱,当幼儿在某一情境做出不恰当的行为时,成人应在可控的条件下,允许其有犯错的机会,接纳并理解孩子的消极情绪。同时,为幼儿创设发泄情绪的环境和情境,培养其多样化的发泄方法并引导其学习自我疏导。

如果幼儿哭闹,甚至出现非常强烈的叛逆,成人可以采取的策略有示范、认可和讨论。示范是指给幼儿良好的情绪示范,比如成人用自己的言行表明"你生气了,但我很冷静"。认可意味着成人认同幼儿此时表达情绪的正当需求,但同时附带条件和说明——"你可以发脾气,但不能打人、摔东西",即引导幼儿将情绪发泄转移到非破坏性行为上。讨论是指成人事后和幼儿谈论刚才的情绪事件,帮助幼儿认识到情绪产生的原因、感受,以及可以怎么做能够更好地控制情绪。幼儿将会在与成人的讨论中不断提升自己对于情绪的解释和分析能力,与此同时也习得他人对于冲突情境的解决方式,处理并应对好自己及别人的情绪。

《《《 典型工作环节五 》》 反思工作过程

在反思时,首先,教师要着重思考这一次观察是否关注了幼儿真实的情绪管理能力发展需求,尝试着回答这些问题来进行反思:①在面对幼儿突然出现的情绪和行为表现时,自己是否会在做好保教工作之后及时回顾与幼儿情绪管理能力发展相关的信息?②在评价幼儿情绪管理能力发展之前,是否已经熟练掌握了评价时可以运用的参考依据体系?③在提出支持策略时,是否基于前期对幼儿情绪的观察与评价?其次,教师应有意识地回顾自己在评价与支持过程中,是否关注到了常与幼儿接触的成人平时的情绪管理模式,幼儿和成人、同伴之间的关系和互动,当下所处的情境等,这些因素对幼儿的情绪及行为表现都有一定影响。最后,教师还应该持续评估支持策略和幼儿情绪管理能力发展之间的交互作用。具体来说,教师可以通过建立幼儿情绪管理能力发展档案袋,或者整理并保存好每一次的观察评价记录来完成这个持续的评估过程。通过间隔一段时间回溯观察评价记录表,可以帮助教师更好地把握幼儿情绪管理能力发展状况,并及时适宜地调整支持策略。

任务实践

下面是大(一)班崔老师在保教工作中做的观察记录,请结合"学习支持"所学,对幼儿的情绪管理能力进行评价,并提出发展支持建议。

观察记录:佳佳、明明和晓晓在表演区玩"三只蝴蝶",正在装扮,明明和晓晓都想拿仙女棒,佳佳建

议:"你们用'石头剪刀布'决定吧!"他俩点头后开始猜拳。最后晓晓胜出,晓晓从材料筐里拿起了仙女棒。这时,明明突然哭起来,抹着眼泪走到阅读区,嘴里哼着:"我不玩了!"佳佳说:"明明生气了,我们要怎么玩啊?"说着,和明明一起去安抚晓晓:"晓晓,玩第二次的时候就给你。""不要,我现在很伤心,你们快走开!"晓晓哭着说。于是他们就走开了。

评价反馈

为了更好地了解自己对本情境相关知识与能力的掌握情况,请参考表 2-3-6 对自己的学习过程进行评价与反思。

表 2-3-6　"幼儿情绪管理能力观察与支持"学习评价单

任务小组		组长:		
		组名:	得分:	
		组员:		
学习情境		观察、评价与支持幼儿情绪管理能力		
评价项目		评价要点	分值	自我评价
资讯		主动学习,获取关于"岗位任务"的知识,完成"岗课赛证"中的练习,正确率 80%以上;能完整梳理出幼儿情绪表达与管理能力的发展轨迹	15	
计划		小组成员间分工明确;能够积极参与小组活动,认真完成任务	5	
决策		积极参与小组讨论,对其他小组的方案提出建议;在修正计划中能积极发表自己的看法	5	
实施	制订观察计划	观察计划内容完整;观察目的和目标科学、合理;观察记录方法适用于观察目的	5	
	收集幼儿信息	能够记录幼儿情绪和行为表现;能多方收集幼儿信息	10	
	评价幼儿表现	能根据幼儿表现评价幼儿情绪管理能力发展水平,并合理分析影响幼儿表现的因素	20	
	支持幼儿发展	支持策略具有针对性、科学性;能从幼儿自身、幼儿园、家庭等多方面进行思考	20	
检查		能够自觉对任务实施过程中的小组合作或任务完成质量进行检查、反思,提出疑问或见解	5	
评价		能主动展示小组练习的结果;能认真记录点评与总结,积极参与完善小组练习	5	
思政融入		在学习过程中能够真正关怀幼儿身心健康发展,具有育人的使命与担当;观察幼儿时耐心、细心,关爱幼儿	10	

岗课赛证

习题测试

一、完成赛题

请从情绪管理能力发展的角度选择观察对象,完成 2019 年全国职业院校技能大赛学前教育专业技能竞赛(保教视频分析赛项)003 号题"中班——社会行为分析"。

二、教师资格证考试模拟演练

（一）单选题

1. 情绪发展经历了从简单到复杂，从生理诱因到（　　　），情绪调节能力由弱到强的变化。

    A. 同伴互动　　　　　　　B. 社会诱因　　　　　　　C. 学会管理　　　　　　　D. 自我调控

2. 面对幼儿出现的消极情绪，以下教师的做法不妥当的是（　　　）。

    A. 立刻制止幼儿发脾气和哭泣

    B. 接纳并允许幼儿表达消极情绪，肯定其真实的感受

    C. 主动为幼儿提供帮助，示范情绪管理的方法

    D. 事后主动和幼儿谈论事件中感受到的情绪

3. "表达的情绪比较适度，不乱发脾气"，是对哪一年龄段幼儿的期望？（　　　）

    A. 托班　　　　　　　　　B. 小班　　　　　　　　　C. 中班　　　　　　　　　D. 大班

（二）多选题

1. 幼儿情绪表现的观察要点包括（　　　）。

    A. 幼儿情绪不稳定　　　　　　　　　　　B. 情绪的发生情境

    C. 伴随情绪发生的行为模式　　　　　　D. 情绪的消退

2. 幼儿的情绪管理能力和许多外部因素有着紧密的联系，包括（　　　）。

    A. 父母和幼儿的互动模式　　　　　　　B. 成人的情绪管理示范

    C. 同伴关系　　　　　　　　　　　　　D. 父母对待幼儿情绪的态度

拓展阅读

[1] [西班牙]安娜·耶纳斯. 我的情绪小怪兽[M]. 叶淑吟，译. 济南：明天出版社，2016.

[2] 莫源秋. 幼儿情绪管理的方法与策略[M]. 北京：中国轻工业出版社，2018.

模块三

幼儿语言领域行为观察、评价与支持

学习情境一

观察、评价与支持幼儿口语表达

情境导学

《指南》指出，语言是交流和思维的工具。幼儿期是语言发展，特别是口语发展的重要时期。幼儿口语表达能力的发展，使得他们的交往方式从身体动作过渡到言语的协商沟通，从而帮助他们建立良好的人际关系；幼儿通过命名、描述自己对事物的认识，借助表达获得新的认知、愉悦的审美感受等，促进身心的全面发展。幼儿口语表达能力的发展离不开教师的支持。在幼儿的日常口语交流中，教师应该观察哪些内容？又如何评价幼儿的口语表达行为并给予合适的支持呢？请以一名幼儿教师的角色进入本学习情境，学习观察、评价并支持幼儿的口语表达。

学习目标

1. **知识目标：**了解观察与支持幼儿口语表达的典型工作环节；掌握幼儿口语表达的观察要点、评价维度和支持策略。

2. **能力目标：**能结合幼儿口语表达各典型工作环节要求，进行情境演练，学会观察记录、评价与支持幼儿的口语表达。

3. **素养目标：**在学习中增强分析、综合的能力；感受语言的多样性与规范表达的重要性，尊重幼儿语言发展的个体差异，热爱幼儿。

岗位任务

林老师想了解幼儿在娃娃家的口语表达情况，但不知道该怎么做。园长给林老师列出了以下任务要求。

任务要求：

1. 做好口语表达的观察计划。

2. 按照观察计划记录幼儿在娃娃家中的语言交流。

3. 评价幼儿口语表达。

4. 分析幼儿口语表达的影响因素。

5. 提出调整策略。

学习任务

结合"岗位任务"中园长的任务要求,林老师要完成任务,则须学习观察、评价与支持幼儿口语表达能力的相关知识与技能,具体的学习任务见表 3-1-1。请以林老师的角色完成"学习任务"。

表 3-1-1　"幼儿口语表达观察、评价与支持"学习任务单

任务小组	组名:
	组长:
	组员:
学习情境	观察、评价与支持幼儿口语表达
任务要求	1. 6~8 人为一组做好分工与合作 2. 围绕上述岗位任务要求,进行幼儿口语表达的观察、评价与支持 3. 学会反思与总结自己的学习过程
实施步骤	具体要求
资讯	学习【学习支持】板块,获取关于幼儿口语表达观察、评价与支持的相关知识;梳理幼儿口语表达的发展轨迹
计划	根据"资讯"阶段获取的信息,分析岗位任务要求,小组协作制订问题解决方案
决策	通过组间互评、教师指导,修正计划,确定问题解决方案
实施	按照方案实施"岗位任务"
检查	通过组内或组间相互监督与检查,及时发现实施过程中的困难或问题,并适当调整方案,以保障问题得到有效解决
评价	小组展示幼儿口语表达活动观察记录表,基于点评总结教学要点,进一步完善观察记录

学习支持

"老师老师,这周我和爸爸妈妈去动物园了,看到了好大好大的鳄鱼,它们都一动不动地张开嘴巴……""我要进烟囱,啪啦啪啦,哐当……"幼儿通过语言分享着自己的经验、诉说着自己的游戏内容。口语表达能力是幼儿在生活中逐步学习与发展起来的,丰富规范的语言环境有助于这一能力的发展。那么,在幼儿的交流中,教师应关注哪些口语表达能力要素呢?基于什么样的框架评价幼儿口语表达能力的发展情况,并提供相应支持呢?通过以下五个典型工作环节,可以系统学习如何观察、评价与支持幼儿的口语表达。

制订观察计划

一、确定观察目的和目标

先要确定观察目的,即观察幼儿口语表达的动因,是想要了解幼儿口语表达能力的发展现状,还是想解释幼儿某种口语表达表现背后的原因。接着明确观察目标,即根据观察目的列出具体的观察要点(观察要点可参考"典型工作环节二"中的相关知识点),做到心中有数。

二、明确观察对象

幼儿口语表达能力随着他们年龄的增长和经验的丰富不断增强。一般来说,在小班,教师要关注每一个幼儿在交往过程中的口语表达情况,听懂幼儿不太完整的表达并支持与鼓励他们清楚表达;到了中、大班,教师可有所侧重,重点关注那些有特定需求的幼儿,如对双关语感兴趣、需要进一步提升叙事能力的幼儿。

三、选择观察记录方法

口头语言关键经验是幼儿在听和说的过程中获得的,教师须详细记录幼儿在语言交往过程中语音、词汇、语用等方面的具体行为表现,所以描述记录法是比较适合的记录方法。但是如果只是想了解幼儿在口语表达某一方面的能力,可使用行为检核表进行记录,既方便又能大致了解幼儿相应能力的发展状况。可使用下文表 3-1-2 对幼儿掌握的词汇种类与数量进行观察记录。

四、选择观察情境

在确定观察情境之前,教师首先应该意识到,和幼儿其他方面不一样的是,口语表达伴随着幼儿日常生活中的各个环节。入园时与教师打招呼、进餐时偶尔会与同伴交流、游戏中与同伴的言语互动等,无不体现着幼儿的口语表达情况,因此教师面对的观察情境是非常多样化的。而幼儿在各环节的语言表达情况可能有所不同,教师可将对幼儿口语表达的观察贯穿在一日生活中,以便获取更全面、有效的信息。

收集幼儿信息

收集信息是获取被观察幼儿在口语表达中的行为表现,描述被观察幼儿"是什么样"的过程,是观察与支持幼儿口语表达的基础环节。口头语言包含发音、词汇和语用三个要素,下面分别介绍这些要素的观察记录要点。教师可结合这些要点重点收集相关信息。

一、语音的观察要点

对幼儿语音发展的观察,侧重在发音。3～6 岁是语音可塑性最强的时期,幼儿的语音会逐渐定型,发音的准确性会随年龄的增长而提高。总体上,在汉语语音中,韵母一般较易掌握,幼儿发声母比发韵母困难,错误较多。幼儿在说话时,容易出现的发音错误有 4 种[1]。

1. 增音

增音,即在音节中增加不该有的音素。例如,将"盘(pan)"发成"pang"。

---

[1]　潘月娟. 学前儿童观察与评价[M]. 北京:北京师范大学出版社,2015.

2. 遗漏

遗漏，即说话时漏掉某个或某些该有的音素。例如，将"剪刀（jian dao）"发成"jian ao"。

3. 歪曲

歪曲，即把一个音位发成该语音系统中没有的音位而出现走音现象。例如，把"日本（ri ben）"发成"ri men"，把"牛奶（niu nai）"发成"liu nai"。

4. 替换

替换，就是把一个音位发成该语音系统中的另一个音位。例如，将"害怕"发成"hai pia"。教师在观察时，应注意幼儿是否存在这些现象，准确记录幼儿的发音状况。

二、词汇的观察要点

对幼儿词汇发展的观察，侧重在幼儿对词汇内涵的理解、所掌握的词汇量和词汇类别三个方面的内容。

（一）词汇内涵

幼儿词汇内涵的理解能力包括对词汇意义的了解、词汇定义的能力，对同义词和反义词的应用、理解能力，说出词汇所表征概念之间的相似或相异关系、词汇误用的侦测与更正能力，理解与应用象征性语言的能力等。教师在观察幼儿使用和理解词汇时，应注意倾听并记录幼儿的言语，包括当时的情境、讨论的主题、幼儿正在做什么、说了什么、说话的对象是谁、在场的成人和同伴有谁等信息。在词汇内涵的理解上主要观察和记录以下信息：与当时的情境、讨论的主题等的相关度，是否在同一个话语体系中，能否理解词语字面以外的含义等。例如，教师记录了幼儿对"薄利多销"这一词语理解的表现，记录了交流的情境和对象：5 岁幼儿听到老师说"薄利多销"的时候，问："老师，薄利要削什么呀？我的铅笔断掉了……"

科恩提出了一些观察记录幼儿词汇理解能力的指导性问题：[①]

① 幼儿是否倾听、记忆并遵从教导。比如，当教师说"放好拼图后去洗手，然后回来吃午饭"后，该幼儿是如何做的？

② 该幼儿对教师朗读的故事有何反应：他理解故事中的概念和意义吗？他将故事同个人经历相联系了吗？他理解所有的词语吗？他对哪些词语不熟悉？在他这些不熟悉的词语中，哪些是日常词汇？哪些是文学词汇？哪些是个别文化的专有词汇？哪些是方言词汇？

③ 该幼儿是否恰当地要求借助图像来理解故事？

④ 该幼儿是否抓住了有意义的非言语提示？

⑤ 该幼儿会为了听得更清楚而闭上眼睛吗？或为了看得更清楚而捂上耳朵吗？（这些举动可能表明幼儿在感知处理中存在问题）

⑥ 该幼儿是否习得和使用来自故事和对话中的短语、歌谣或词语？

参考科恩的上述指导性问题，教师可以在故事活动中对幼儿词汇理解进行观察与记录。

（二）词汇量及词汇类别

在观察了解幼儿词汇量时可以聚焦以下 3 个方面：幼儿的词汇量是否足以表达个人的需求？幼儿的词汇是否反映出地域差异？幼儿的语言中是否包含对该年龄幼儿来说令人意外的词语？[②]

要了解幼儿所使用的词汇类别，可以在日常生活与游戏中进行观察与记录，并统计幼儿所掌握词汇的种类与数量。检核量表是进行观察与统计的较好方法，如表 3-1-2。

---

①② ［美］Dorothy H. Cohen，等. 幼儿行为的观察与记录（第五版）［M］. 马燕，马希武，译. 北京：中国轻工业出版社，2013.

表 3-1-2　幼儿掌握的词汇种类与数量检核表①

词汇类别		幼儿表现
1. 使用名词相关词汇		
使用具体名词	如"苹果、出租车"	
使用抽象名词	如"水果、交通工具"	
使用量词	如"棵、辆"	
使用方位词	如"上面、下面、前面"	
使用所有格"的"	如"壮壮的、毛毛的"	
2. 使用动词相关词汇		
使用动词介质	如"把、让"	
使用动态助词	如"戴着、吃过"	
使用动词补语	如"站起来、走出去"	
使用助动词	如"会、能"	
3. 使用代名词		
使用所有格人称代名词	如"我的、你的、他们的"	
使用人称代名词	如"我、你、他们"	
使用不定代名词	如"每个、有些"	
使用指示代名词	如"那个、这些"	
4. 使用描述性词汇		
使用连接词	如"因为、可是、既……也……"	
使用副词	如"很、正在"	
使用形容词	如"漂亮的、阳光灿烂的"	

三、语用的观察要点

语用是指幼儿在交际情境中以符合社会规范或约定俗成的方式得体、有效地使用语言进行表达和交流的能力,包括会话能力、叙事能力、通过语言手段表达字面以外的意义等内容。

(一) 会话能力

会话能力是指幼儿需要掌握的社会性谈话技能,教师在观察时应重点关注:幼儿如何表达沟通意图,如看到小朋友哭了问:"你怎么了?"通过目光接触、肢体动作,使用"知道吗?"等引起别人注意的词语或句子等方式吸引他人注意;幼儿开启、维持、改变、结束话题的过程;幼儿如何在听者、说者的角色间进行轮换,如在发表一个看法或问完一个问题后,会停下来等待对方的反应,暂停或倾听;幼儿如何修正、补充或调整自己的说话内容,对离题作出怎样的反应;在轮流讲话中是否尝试在倾听的同时记住对方想要表达的意图;在自己没听明白或有更多兴趣时,是否会提出问题要求澄清;当别人要求澄清、重复、修饰或确认时,幼儿如何提供相关信息,如幼儿说"我要去逛街",妈妈问"你想买什么?",幼儿回答"我要买漂亮的花裙子";幼儿能否根据不同的沟通对象与沟通情境,灵活调整会话的内容与方式;幼儿在会话中表现出的文化习惯;等等。②

---

①②　潘月娟.学前儿童观察与评价[M].北京:北京师范大学出版社,2015.

（二）叙事能力

叙事是一种脱离语境进行的语言组织和表达,完整的叙事包括叙事结构、叙事顺序、叙事观点。叙事结构指叙事内容的组织,包括摘要、人物时间地点背景、行动、观点、解决方法和结语这六要素,不过幼儿所叙述的生活故事中一般看不到如此完整的叙事结构。叙事顺序则通过时间、因果关系或连接所述时间的连词表达事件先后。叙事观点指幼儿在叙事中表达自己或故事中人物的感受、观点、情绪、认知及意愿等,如用"高兴""希望""很快"等词汇和语气表达自己的观点。教师在观察记录幼儿叙事时,应重点记录其所述事件的整体结构、先后顺序及感受等。

（三）通过语言手段表达字面以外意义的能力

幼儿理解和表达字面以外意义的能力主要是指幼儿能够理解双关语、隐喻、明喻、幽默以及使用这些方式进行表达的能力。教师在观察记录幼儿语用时,也要注意幼儿对话语本义之外隐含的意义的反应。在下面的案例中,教师记录了幼儿对教师隐含情绪的话语的反应,从而为下一步评价幼儿这一方面的能力提供了依据。

> **案例**
>
> **你们继续说啊,我不说了!**
>
> 　　教室里吵吵闹闹,教师对着吵闹的孩子说:"你们喜欢说话,是吗? 那你们继续说啊,我不说了!"于是,孩子们便说得更加肆无忌惮了。

典型工作环节三　评价幼儿表现

完成幼儿口语表达具体行为表现的收集后,则进入分析与评价幼儿口语表达的环节,即评价幼儿的口语表达(包括语音、词汇、语用等)能力及口语表达中所呈现的学习品质现状,解释其口语表达目前呈现这一表现背后的原因。要做到这些,教师须掌握幼儿口语表达这一关键经验的发展轨迹及各年龄段幼儿该能力的发展目标,并综合分析影响幼儿表现的各种因素。

一、熟悉幼儿口语表达关键指标的发展轨迹

口头语言关键经验是幼儿在听和说的过程中获得的,其中,幼儿日常交谈经验也称为在日常生活交往情境中使用语言的经验,是幼儿口头语言学习和发展水平的重要标志。教师可参考3～6岁幼儿日常交谈经验的关键指标(见表3-1-3[①]),判断幼儿的口语表达水平。

表3-1-3　3～6岁幼儿日常交谈经验的关键指标

年龄段	关键指标
3～4岁	1. 基本会说本民族或本地区的语言 2. 能听懂日常会话 3. 别人对自己说话时,能注意听并做出回应 4. 愿意在熟悉的人面前说话,能大方地与人打招呼 5. 愿意表达自己的需要和想法,必要时能配以手势动作 6. 与别人讲话时知道眼睛要看着对方 7. 说话自然,声音大小适中 8. 能在成人的提醒下,使用恰当的礼貌用语

---

① 余珍有.幼儿园语言领域教育精要——关键经验与活动指导[M].北京:教育科学出版社,2015.

（续表）

年龄段	关键指标
4～5岁	1. 在群体中能有意识地听与自己有关的信息 2. 能结合情境感受到不同语气、语调所表达的不同意思 3. 方言地区和少数民族聚居地区幼儿能基本听懂普通话 4. 愿意与他人交谈，喜欢谈论自己感兴趣的话题 5. 会说本民族或本地区的语言，基本会说普通话。少数民族聚居地区幼儿会用普通话进行日常会话 6. 当别人对自己讲话时，能回应 7. 能根据场合调节自己说话声音的大小 8. 能主动使用礼貌用语，不说脏话、粗话
5～6岁	1. 在集体中能注意听教师或其他人讲话 2. 当听不懂或有疑问时，能主动提问 3. 能结合情境理解一些表示因果、假设等结构相对复杂的句子 4. 愿意与他人讨论问题，敢于在众人面前说话 5. 会说本民族或本地区的语言，基本会说普通话。少数民族聚居地区幼儿会用普通话进行日常会话 6. 当别人讲话时，能积极主动地回应 7. 能根据谈话对象和需要，调整说话的语气 8. 懂得按次序轮流讲话，不随意打断别人 9. 能依据所处情境使用恰当的语言，如在别人难过时会用恰当的语言表示安慰

二、参照幼儿口语表达发展目标

《指南》明确了我国3～6岁儿童语言学习与发展的目标要求，提出的幼儿园阶段幼儿语言学习与发展须获得的基本能力，可作为评价幼儿语言发展水平的参照指标。《指南》中关于幼儿"倾听与表达"的发展目标，即对幼儿口头语言表达能力的发展要求。从表3-1-4可以看到，对于幼儿的"倾听与表达"，具体可以从"认真听并能听懂常用语言""愿意讲话并能清楚地表达""具有文明的语言习惯"这三个方面（倾听、表达、语言习惯）进行评价。

表 3-1-4　《指南》中关于幼儿倾听与表达的发展目标

目标		3～4岁	4～5岁	5～6岁
目标1	认真听并能听懂常用语言	1. 别人对自己说话时能注意听并做出回应 2. 能听懂日常会话	1. 在群体中能有意识地听与自己有关的信息 2. 能结合情境感受到不同语气、语调所表达的不同意思 3. 方言地区和少数民族幼儿能基本听懂普通话	1. 在集体中能注意听老师或其他人讲话 2. 听不懂或有疑问时能主动提问 3. 能结合情境理解一些表示因果、假设等相对复杂的句子
目标2	愿意讲话并能清楚地表达	1. 愿意在熟悉的人面前说话，能大方地与人打招呼 2. 基本会说本民族或本地区的语言 3. 愿意表达自己的需要和想法，必要时能配以手势动作 4. 能口齿清楚地说儿歌、童谣或复述简短的故事	1. 愿意与他人交谈，喜欢谈论自己感兴趣的话题 2. 会说本民族或本地区的语言，基本会说普通话。少数民族聚居地区幼儿会用普通话进行日常会话 3. 能基本完整地讲述自己的所见所闻和经历的事 4. 讲述比较连贯	1. 愿意与他人讨论问题，敢在众人面前说话 2. 会说本民族或本地区的语言和普通话，发音正确清晰。少数民族聚居地区幼儿基本会说普通话 3. 能有序、连贯、清楚地讲述一件事情 4. 讲述时能使用常见的形容词、同义词等，语言比较生动

（续表）

目标	3～4 岁	4～5 岁	5～6 岁
目标3　具有文明的语言习惯	1. 与别人讲话时知道眼睛要看着对方 2. 说话自然,声音大小适中 3. 能在成人的提醒下使用恰当的礼貌用语	1. 别人对自己讲话时能回应 2. 能根据场合调节自己说话声音的大小 3. 能主动使用礼貌用语,不说脏话、粗话	1. 别人讲话时能积极主动地回应 2. 能根据谈话对象和需要,调整说话的语气 3. 懂得按次序轮流讲话,不随意打断别人 4. 能依据所处情境使用恰当的语言。如在别人难过时会用恰当的语言表示安慰

教师须熟悉与掌握这些评价的依据,做到心中有数,以便在评价幼儿的口语表达能力时做到客观完整。如后文案例分析"三只小猪盖房子"中,教师在对幼儿口语表达能力进行评价时,分别从口语表达中的语音、语汇及交谈技能三个方面展开,并参照《指南》判断其表现。

要点巩固

请根据所学知识,梳理幼儿谈话活动、讲述活动的发展轨迹。

情境演练 3-1-1

以下是幼儿(中班)在日常生活中的一段对话①,请根据对话提供信息,评价幼儿的口语表达能力发展水平。

对话一:幼儿园过渡环节,教师帮助陈威整理衣服

陈威:"老师,我爸爸说,穿白鞋太老土了。"

教师:"什么?"

陈威:"我爸爸说,穿白鞋太老土了。"

教师:"老土啊……"

陈威:"嗯。"

教师:"这样整齐,看起来很清爽。"

……

对话二:孙子跟爷爷打电话

爷爷:"你几岁了?"

孙子(伸出四根手指):"就这么大。"

爷爷:"啊?"

孙子(还是伸出四根手指):"就这么大。"

爷爷:"那是几呀?"

孙子:"四。我要换一个耳朵了,好不好?"

爷爷:"好的。你的耳朵累了吗?"

孙子(指着左耳朵):"是的,就这个。"

---

① 余珍有.幼儿园语言领域教育精要——关键经验与活动指导[M].北京:教育科学出版社,2015.

三、关注幼儿表现出的学习品质

在评价幼儿口语表达的时候,除了看幼儿的口语表达能力,还要关注幼儿在口语表达过程中体现出的学习品质,具体可参考表 3-1-5①。如本页案例分析中,教师在分析幼儿行为表现时关注到了幼儿专注性、主动性、合作性的学习品质。

表 3-1-5 幼儿口语表达中的学习品质要素及表现

要素	表 现
兴趣	喜欢与人交谈,愿意清楚表达自己的想法
专注性	持续参与一项感兴趣的活动(如集中注意力耐心倾听他人讲话,自己讲话时始终围绕主题等)
主动性	能积极与他人交流
计划性	在发表自身观点前能对发言进行预先的构思,并尝试完整表达
合作性	遇到困难必要时能与同伴讨论,寻求同伴、教师的帮助 主动与他人互助或合作,并愿意分享自己的经验或意见
反思能力	能够发现自己讲话的优点和缺点,并在后期活动中改善 能够对自己和他人的发言进行公正、积极的评价
语言习惯	能使用礼貌用语,规范表达,交流过程中眼睛看向对方

四、分析影响幼儿表现的因素

幼儿口语表达受个体因素、内容难度、环境因素、文化和地域因素等的影响,发展的路径及情况均有个体差异。因此,在评价幼儿的口语表达时,也应把这些因素考虑在内。例如,幼儿对不同谈话话题的兴趣及已有经验不尽相同,不同幼儿的家庭也有着不同的语言经验(除使用普通话交流以外,不少家庭在家庭生活中会用方言交流)……这些因素都可能会影响幼儿的口语表达,从而影响评价信息。如下面的案例分析中,幼儿数数时"s""shi"不分,这可能与其成长所处的语言环境有关。

案例分析

三只小猪盖房子

观察记录:两名幼儿在围绕《三只小猪盖房子》这一故事进行表演游戏(见图 3-1-1),游戏中幼儿有对话,并且对话是发生在摆弄游戏材料的过程中,如小女孩一边摆弄老狼,一边说:"我要进烟囱……"紧接着,小男孩说:"烟囱掉了,巴拉巴拉……"视频的最后两名幼儿还在数数"一、二、三、四",而在数到"四"的时候将"si"发成了"shi"音。

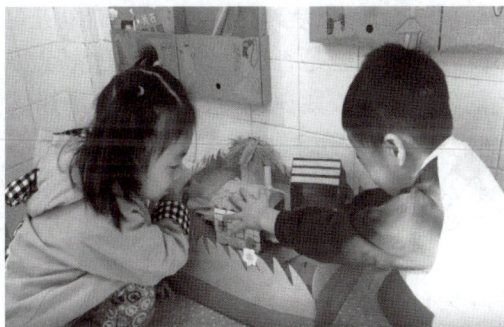

图 3-1-1 幼儿在进行故事表演

---

① [美]安·S.爱泼斯坦.学习品质:关键发展指标与支持性教学策略[M].霍力岩,等译.北京:教育科学出版社,2018.

分析解读：

1. 口语表达能力的发展

幼儿语音方面出现了"s""sh"不分，词汇方面出现了名词"烟囱"、代词"我""它"、动词"进""掉"等，语汇方面主要表现了"会话能力"，两名幼儿之间的社会性谈话技能足以支持他们的游戏开展。

两名幼儿的表现基本符合《指南》对4～5岁幼儿的发展期待：愿意与他人交谈，喜欢谈论自己感兴趣的话题，能及时回应他人的言论，能基本完整讲述自己的想法。

2. 学习品质

在整个活动中，两名幼儿一直围绕话题进行游戏对话，使用表演游戏材料表现故事情节，体现出对谈话的兴趣以及专注性、主动性、合作性等学习品质。

3. 幼儿表现的影响因素

活动中两名幼儿对话顺畅，其中一名幼儿数数时"s""shi"不分，这可能与幼儿生理因素、成长所处的语言环境有关。

典型工作环节四　支持幼儿发展

观察和记录幼儿的口语表达可以帮助教师认识幼儿理解世界、表达认知的独特方式，评价则有助于教师了解幼儿运用自身已掌握的语言进行口语表达与交往的水平，进而更好地促进幼儿口语表达能力的发展。教师可结合观察与评价信息所得，参考以下建议提供适宜的指导与支持。

一、支持幼儿日常生活中的语言交往

幼儿语言学习与发展的首要任务是帮助幼儿成为积极的语言运用者，在交往中逐渐学习理解和表达[1]。幼儿日常生活中的语言交往是其口语表达交往能力发展的重要途径。教师可在一日生活中设置必要的谈话环节，如在过渡环节，可与幼儿谈论今日计划、幼儿自己的发现等，通过提问激发幼儿参与谈话，基于观察推进幼儿的谈话。教师还应注意通过家园联系，了解幼儿的兴趣和日常交流能力发展的特点，鼓励家长多创设机会让幼儿参与各种活动，丰富幼儿的经验，同时在过程中积极与幼儿互动。

二、根据幼儿口语表达的经验和特点，选择适合的教育内容

口语表达的活动内容应适合幼儿，这是影响幼儿积极参与表达的关键。教师通过观察与评价，了解幼儿已有的相关口语表达关键经验和学习特点后，应据此选择适合幼儿的语言教育内容，帮助幼儿积累相应的语言学习经验。如在讲述活动中，命题是否适合幼儿的年龄特点及生活经验，关系到幼儿能否产生讲述的兴趣、能否联想到相关的生活经验或知识经验、是否具备讲述该话题所需的语言经验等问题，从而影响幼儿在活动中参与讲述的程度以及幼儿讲述的质量[2]。因此，教师在选择命题前，应通过观察与评价，了解幼儿的已有知识经验及讲述能力等，据此生成适合幼儿年龄特点及生活经验的讲述命题，以便幼儿"有备而讲"。

三、营造安全积极的语言交往环境

《指南》指出，"幼儿的语言能力是在交流和运用的过程中发展起来的，应为幼儿创设自由、宽松的语言交往环境，鼓励和支持幼儿与成人、同伴交流，让幼儿想说、敢说、喜欢说并能得到积极回应"。刘宝根

---

[1][2]　周兢. 学前儿童语言学习与发展核心经验[M]. 南京：南京师范大学出版社，2014.

等指出了安全、积极谈话氛围的内涵。安全的谈话氛围表现为幼儿的谈话在规则范围内不会被限制,有在闲暇时间谈话的自由,并且教师不加以禁止。在谈话过程中若出现错误,幼儿从反馈中获得的应该是示范和鼓励,而不是批评和嘲笑。积极的谈话氛围指的是师幼都会积极寻找时间和空间进行多方交流,这种交流不是检查,更不是否定,而是真诚地倾听、用心地交流,尤其表现为教师的语言所营造出来的是积极的语言环境。这就需要教师根据自己的观察了解幼儿运用语言的特点,充分接纳与尊重幼儿不同的发展水平,鼓励、支持幼儿,帮助幼儿做好终身学习的准备。

四、引导家长理解与支持幼儿的口语发展

幼儿口语表达的学习与发展同样需要家长在家庭中做好正确引导和示范。借助观察与评价内容,教师可以有针对性地与幼儿家长交流幼儿的口语表达情况。例如,当教师观察到幼儿出现语音不清、不文明用语、讲话不看对方等情况,可以与家长沟通幼儿的口语表达情况,引导家长在家庭生活中做好语言示范。

表 3-1-6 完整呈现了幼儿口语表达的观察计划内容、行为记录、评价与支持,是以上四个典型工作环节的实践,可边看边思考案例如何体现以上所学习的理论。

表 3-1-6　对幼儿口语表达的观察

观察日期	××××年××月××日
观察者	×××老师
幼儿姓名	幼儿 A、幼儿 B
幼儿年龄	5～6 岁
观察目的	幼儿在口语表达中所展现的发展水平
观察目标	口语表达中的叙事讲述
观察情境	大班看图讲述活动
观察记录	小 A 和小 B 在参加讲述活动。 教师请幼儿给下面四幅小图(图 3-1-2)排序后自主讲述,以下是两名大班幼儿的讲述。 图 3-1-2　讲述素材 幼儿 A:有个小男孩在河边看书,帽子吹掉了。有只天鹅捡起帽子,因为不知道是小男孩的,就扔到水里去了。 幼儿 B:从前,有一个小朋友戴着帽子在河边坐着。突然,一阵风刮来,把小朋友的帽子吹掉了。后来,帽子掉河里了。小朋友很难过,最后,白鹅把他的帽子叼来了,所以他很高兴。

（续表）

分析与评价	1. 口语表达能力的发展 幼儿 A 能够根据自己的理解对画面进行排序，并根据连续画面提供的信息，说出图中有什么，发生了什么事，能大致说出故事的情节且语句连贯。 幼儿 B 叙事有序、连贯、清楚，讲述时能使用形容词、动词等描述细节，语言比较生动。能够运用连接词表示叙事顺序和结构。 2. 学习品质 两名幼儿都能集中注意力观察画面，观察力和专注力较好，体现了对看图讲述活动的兴趣与主动学习的能动性。 3. 幼儿口语表达的影响因素 两名幼儿的表现主要与其年龄特点及讲述经验有关，大班幼儿能连贯、完整、有序地讲述故事的基本情节，但幼儿 B 同时还体现了语言的生动性。
发展支持	1. 依据幼儿的兴趣和口语表达经验，在后期的语言活动中进一步丰富幼儿的词汇(形容词、动词、连接词等)和语句 2. 在日常生活中多途径促进其口语能力的发展，包括投放适宜的图书在阅读区，引导家长使用丰富的词汇和语句与幼儿交流

📖 **情境演练 3-1-2**

根据情境演练 3-1-1 的评价信息，你认为下一步应如何支持幼儿口语表达的进一步发展？

典型工作环节五 反思工作过程

在观察和干预之后，教师还应对整个观察、评价与支持的过程进行反思。在反思时，教师须着重思考此次观察是否关注了幼儿真实的口语表达发展需求。教师可以通过尝试回答以下问题进行反思：第一，教师收集的幼儿信息是否齐全，并且是否重点收集了有关幼儿口语表达的相关信息，如在家庭中幼儿的亲人和其自身使用语言的情况；幼儿自身的生理成熟，如舌头、牙齿、吞咽能力的状况，排除先天性语言障碍等。第二，教师设计的口语活动是否基于幼儿的兴趣并处于幼儿口语的最近发展区，设计的口语表达活动形式是否满足幼儿个体差异发展的需要。第三，教师所创设的语言环境是否满足幼儿口语表达的需要。语言环境是促进幼儿口语表达的重要因素，教师在调整环境与材料后应通过进一步的观察来反思环境和材料是否符合幼儿口语表达的兴趣、需求，从而有效地创设、调整和利用环境与材料，进一步支持幼儿语言的学习与发展。例如，教师在大班辩论活动"晴天好还是雨天好"中以晴天和雨天的图片为辩论材料，观察发现幼儿提出的论据基本局限在教师呈现的图片里。于是，教师增加了论据墙，在论据墙上分类呈现幼儿提出的想法，从而帮助幼儿审视自己思考的角度，不断激发幼儿表达的欲望。

📁 **任务实践**

林老师在幼儿玩角色游戏时，重点关注幼儿的口语表达能力。视频 3-1-1(大班)是林老师拍摄的一段角色游戏视频，请根据"岗位任务"中的"任务要求"，结合"学习支持"所学，使用表 2-2-14(幼儿观察记录表)完成对视频 3-1-1(大班)的观察记录。完成后，向家长了解幼儿的语言发展情况，比较自己的评价与家长评价间的差异。

视频 3-1-1
（大班）①

---

① 来自上海市武宁新村幼儿园。

评价反馈

为了更好地了解自己对本情境相关知识与能力的掌握情况,参考表 3-1-7 对自己的学习过程进行评价与反思。

表 3-1-7　"幼儿口语表达观察、评价与支持"学习评价单

任务小组	组长:			
	组名:		得分:	
	组员:			
学习情境	观察与支持幼儿口语表达			
评价项目	评价要点		分值	自我评价
资讯	主动学习,获取关于"岗位任务"的知识,完成"岗课赛证"中的练习,正确率 80% 以上;能完整梳理出幼儿谈话能力、讲述能力的发展轨迹		15	
计划	小组成员间分工明确;能够积极参与小组活动,认真完成任务		5	
决策	积极参与小组讨论,对其他小组的方案提出建议;在修正计划中能积极发表自己的看法		5	
实施	制订观察计划	观察计划内容完整;观察目的和目标科学、合理;观察记录方法适用于观察目的	5	
	收集幼儿信息	能够记录幼儿口语表达的过程和结果信息;能多方收集幼儿信息	10	
	评价幼儿表现	能根据幼儿表现评价幼儿口语表达水平,发现幼儿口语表达中表现出的学习品质,并合理分析影响幼儿表现的因素	20	
	支持幼儿发展	支持策略具有针对性、科学性;能从幼儿自身、幼儿园、家庭等多方面进行思考	20	
检查	能够自觉对任务实施过程中的小组合作或任务完成质量进行检查、反思,提出疑问或见解		5	
评价	能主动展示小组练习的结果;能认真记录点评与总结,积极参与完善小组练习		5	
思政融入	感受语言的多样性与规范表达的重要性,尊重幼儿语言发展的个体差异;观察幼儿时耐心、细心,关爱幼儿		10	

岗课赛证

习题测试

一、单选题

1. 语言是什么?(　　)

A. 符号　　　　　　　B. 言语　　　　　　　C. 交流　　　　　　　D. 文字

2. 幼儿语言的发展经历简单发音阶段、连续音节阶段、学语萌芽阶段、理解语言阶段、爆炸式增长阶段和持续增长阶段,其中,连续音节阶段出现在(　　)。

A. 0~4 个月　　　　　B. 4~9 个月　　　　　C. 9~12 个月　　　　　D. 1~1.5 岁

3.《指南》中将语言领域的内容分为倾听与表达和(　　)。

A. 感受与欣赏 　　　　　　　　　　B. 阅读与书写

C. 表现与创造 　　　　　　　　　　D. 阅读与书写准备

4. 在收集完幼儿的语言信息后，应及时结合《指南》识别、判断幼儿的语言发展情况，并且要关注幼儿在运用语言中所表现出的学习品质，以及考虑幼儿语言学习和发展会受到的（　　　）影响。

A. 环境、文化和个体差异 　　　　　　B. 环境和文化

C. 环境、文化和社会差异 　　　　　　D. 社会差异、个体因素

二、多选题

1. 幼儿口语表达的观察要点包括（　　　　）。

A. 语音 　　　　　　B. 语调 　　　　　　C. 词汇 　　　　　　D. 语用

2. 支持幼儿语言交流的策略有（　　　　）。

A. 支持幼儿日常生活中的语言交往 　　B. 营造安全积极的语言交往环境

C. 多背书 　　　　　　　　　　　　　D. 引导家长理解与支持幼儿的口语发展

拓展阅读

[1] 周兢.学前儿童语言学习与发展核心经验[M].南京：南京师范大学出版社，2014.

[2] 余珍有.幼儿园语言领域教育精要——关键经验与活动指导[M].北京：教育科学出版社，2015.

学习情境二

观察、评价与支持幼儿阅读表现

情境导学

"儿童阅读的发展实际上可以分为两个部分，即阅读习得部分以及实际阅读部分。当然，儿童阅读发展的最终阶段是实际阅读，而阅读习得与实际阅读之间也必然存在密切的联系。"[1]无论是阅读习得部分还是实际阅读部分，在幼儿阅读发展的过程中，视觉注意起到重要的作用。那么，幼儿在阅读时看什么，会有什么样的表现，教师应依据什么框架评价幼儿的阅读表现，并给予适宜的支持呢？请以一名幼儿教师的角色进入本学习情境，学习如何观察、评价并支持幼儿阅读能力的发展。

学习目标

1. **知识目标**：了解观察与支持幼儿阅读发展的典型工作环节；掌握幼儿阅读表现的观察要点、评价维度和支持策略。

2. **能力目标**：能结合幼儿阅读表现的各典型工作环节要求进行情境演练，学会观察记录、评价与支持幼儿的阅读表现。

3. **素养目标**：养成良好的阅读习惯；感受阅读的重要性，强化担当育人使命的责任感。

---

① 张厚粲,李文玲,舒华.儿童阅读的世界Ⅰ——早期阅读的心理机制研究[M].北京:北京师范大学出版社,2016.

岗位任务

刘老师想在阅读区了解幼儿的阅读情况,但不知道该怎么做。查阅了相关资料后,刘老师对自己列出了以下任务要求。

任务要求:

1. 做好幼儿阅读的观察计划。
2. 按照观察计划记录幼儿在阅读区中的阅读表现。
3. 评价幼儿的阅读表现。
4. 分析影响幼儿阅读表现的因素。
5. 提出调整策略。

学习任务

结合"岗位任务"中的任务要求,刘老师要完成任务,则须学习观察、评价与支持幼儿阅读表现的相关知识与技能,具体的学习任务见表 3-2-1。请以刘老师的角色完成"学习任务"。

表 3-2-1　"幼儿阅读表现观察、评价与支持"学习任务单

任务小组	组名:
	组长:
	组员:
学习情境	观察、评价与支持幼儿的阅读表现
任务要求	1. 6～8 人为一组做好分工与合作 2. 围绕上述岗位任务要求,进行幼儿"阅读表现"的观察、评价与支持 3. 学会反思与总结自己的学习过程
实施步骤	具体要求
资讯	学习【学习支持】板块,获取关于幼儿"阅读表现"观察、评价与支持的相关知识;梳理幼儿口语表达的发展轨迹
计划	根据"资讯"阶段获取的信息,分析岗位任务要求,小组协作制订问题解决方案
决策	通过组间互评、教师指导,修正计划,确定问题解决方案
实施	按照方案实施"岗位任务"
检查	通过组内或组间相互监督与检查,及时发现实施过程中的困难或问题,并适当调整方案,以保障问题得到有效解决
评价	小组展示幼儿阅读表现的观察记录表,基于点评总结教学要点,进一步完善观察记录

学习支持

幼儿的阅读不同于成人的阅读,幼儿在阅读时更多的是视觉注意的参与,阅读是其从书面语言材料中获取信息、建构意义的过程。因此,幼儿主要阅读以画面为主的图画书。幼儿的阅读能力包括前阅读、前识字、前书写能力三个方面。通过以下五个典型工作环节,可以系统学习如何观察、评价与支持幼儿的阅读表现。

《《典型工作环节一》》　**制订观察计划**

一、确定观察目的和目标

先要确定观察目的,即观察幼儿阅读表现的动因,是想要了解幼儿阅读能力的发展现状,还是想解释幼儿阅读发展及其背后的原因,或是想了解语言活动(文学作品学习活动/早期阅读活动)实施的进展。接着明确观察目标,即根据观察目的列出具体的观察要点(观察要点可参考"典型工作环节二"中的相关知识点),做到心中有数。

二、明确观察对象

幼儿园的早期阅读活动有集体阅读活动,也有自主阅读活动,教师可根据观察情境和目的确定观察对象。在早期阅读集体活动中,教师应关注每个幼儿对活动的兴趣、对阅读材料的理解等,也需要重点关注往常阅读能力较弱的幼儿;在自主阅读活动中,教师可有计划地关注阅读区,一次观察一名或两名幼儿。

三、选择观察记录方法

幼儿的阅读包括以文字为主如散文、诗歌的阅读和早期绘本阅读。以文字为主的阅读,主要是以口头语言的形式呈现,即成人阅读文学作品,幼儿倾听、理解与表达,教师可根据需要设计科学的等级评定量表对幼儿的行为表现进行记录,如表3-2-2。

表 3-2-2　大班幼儿文学作品阅读理解能力量表[①]

幼儿姓名:　　　　　　　　　　　　　　　　　　　　　　　　　　　　　　　　日期:

1	2	3	4	5
习惯于听老师或和其他人一起读故事;	独立地阅读故事,习惯于与其他人一起读故事;			独立地阅读;
能简单复述故事,编简单的故事;	用自己的话复述故事;			准确地复述故事;
总结时遗漏推论信息;	在总结中开始注意推论信息;			总结故事时包括推论信息;
不能区分现实和虚构;	区分现实和虚构;			区分现实和虚构;
不能将故事情节和自己的生活相联系	将故事情节和自己的生活相联系			将故事情节和自己的生活相联系,并详细阐述
评论:				

注:"1、2、3、4、5"表示等级,评价指标分别对应1、3、5,2介于1和3之间,4介于3和5之间,教师在记录时,根据幼儿表现进行评定并具体评论。

早期绘本阅读以幼儿主动阅读为主,须详细了解幼儿阅读行为表现的背景和情境、阅读过程中所使用的阅读材料、言语表达情况等。因此,须用描述记录法记录这些具体的行为表现。

四、选择观察情境

以文字为主的阅读主要通过集体教学活动的形式来组织,教师若想了解幼儿这方面的行为表现,可提前做好计划,重点关注教师组织的相关教学活动。而早期绘本阅读作为幼儿自主阅读的一种重要形式,较多地出现在阅读区,教师可根据观察目的需要定点在阅读区做观察记录。

---

① ［美］苏·克拉克·沃瑟姆.学前教育评价(第五版)［M］.向海英,译.北京:北京师范大学出版社,2013.

情境演练 3-2-1

请扫码观看视频 3-2-1(小班),根据幼儿表现,制订一份观察计划。

视频 3-2-1
(小班)①

《《《典型工作环节二》》》　收集幼儿信息

收集信息是获取被观察幼儿在阅读中的行为表现,描述被观察幼儿"是什么样"的过程,是观察与支持幼儿阅读发展的基础环节。在此环节须收集幼儿阅读的典型表现,这些典型表现便是教师需要关注的观察要点。下面分别介绍幼儿阅读能力发展中的三个核心内容,即前阅读、前识字、前书写的观察要点。

一、幼儿前阅读行为的观察要点

前阅读经验是支持幼儿在终身学习中成为一个成功阅读者必备的经验,是一个有着良好阅读能力的幼儿应该具备的态度、行为和能力②。由此可见,在观察幼儿进行前阅读活动时,应重点关注幼儿对阅读活动的兴趣、阅读理解、前阅读技能等,教师可对应这样的观察要点添加"幼儿表现"一栏,指引自己的观察记录,详见表 3-2-3③。

表 3-2-3　早期阅读观察记录表

观察内容	幼儿行为示例	幼儿表现
对阅读活动的兴趣	* 要求成人读生活中的阅读材料,如指着牛奶盒上的字问:"这是什么牌子的牛奶?" * 谈论自己看过或听过的故事中的人物、情节,或提出问题,如给老师讲在家里看过书里有活火山、死火山和休眠火山 * 经常独自看书或要求成人念书	
阅读理解	* 根据色彩、画面等信息理解阅读材料的含义,如根据画面上跳起的儿童,理解电梯里张贴的这个标志是不允许小朋友在电梯里乱跳 * 根据图画讲故事 * 识别经常接触的一些汉字,如读其他图书的过程中发现"长",说《黑猫警长》里也有这个字" * 能正确复述、预测、推论及概括故事 * 能辨认故事中的元素或结构(开始、中间、结尾、场景、角色、待解决的问题、情节等) * 能修正故事内容并预测改变后的结果	
前阅读技能	* 能正确拿书 * 能从前往后逐页翻书 * 按照正确的方向转动眼睛(通常是从左到右、从上到下)浏览书上的字	

---

① 来自广西稚慧明珠幼儿园。
② 周兢.学前儿童语言学习与发展核心经验[M].南京:南京师范大学出版社,2014.
③ 潘月娟.学前儿童观察与评价[M].北京:北京师范大学出版社,2015.

二、幼儿前识字行为的观察要点

幼儿前识字能力是指幼儿在接受学校教育之前，获得的有关符号和文字在功能、形式和规则上的意识，并在有目的、有意义的情境中初步习得符号与文字经验的能力①。

1. 获得符号与文字功能的意识

主要指幼儿获得对文字与符号在表达意义、传递信息这一功能上的理解，具体表现为：知道文字与符号能够表达一定的意义；知道文字有记录作用，能够将口头语言或信息记录下来；理解文字与符号和口头语言之间一一对应的关系。

2. 发展符号与文字形式的意识

具体表现为：知道文字与图画和其他视觉符号有区别；知道汉字是方块字，由不同部件构成。

3. 形成符号与文字规则的意识

具体表现为：知道文字阅读要从左到右、从上到下阅读，文字之间有间隔；初步了解汉字的组成规律；发展利用汉字组成规律认识新字的策略，包括猜测、利用情境线索、语法线索和部件线索等。

教师可设计如表3-2-4②的观察记录表对幼儿的文字意识进行观察记录。

表3-2-4　幼儿文字意识观察记录表

观察内容	幼儿行为示例	幼儿表现
1. 关注环境中的文字，表现出对文字的兴趣	指着井盖上的"暖""废""水"等字问是什么意思	
2. 能区别文字与图画的不同	拿着成人的书说："这上面都是字，我不认识，小朋友就是看画的。"	
3. 对汉字细微差别的感知与识别	在走廊排队时指着灭火箱的"灭"字说："我认识这个字，这个是天。"	
4. 知道文字之间有间隔	"我给爸爸写信：'爸爸，生日快乐。'"	
5. 理解文字是用来读的，知道可以用文字记录所说的话	与同伴讨论书上的字，如在看书时指着书名说："这是什么书？" 下午离园时告诉妈妈："你写下来'回家看《西游记》的书'，你别忘了。"	

三、幼儿前书写行为的观察要点

"前书写"是指儿童在未接受正式的书写教育之前，根据从环境中习得的书面语言知识，通过涂鸦、图像、像字非字的符号、接近正确的字等形式进行的书写。幼儿期主要建立的"前书写"经验包括书写行为习惯的经验、感知理解汉字结构的经验、学习创意书写表达的经验。③教师在观察时可重点关注幼儿以下方面的表现。

1. 书写的行为习惯

书写的行为习惯指的是幼儿和纸笔互动的经验，包括涂写、用符号表达自己的想法、涂写的姿势等。

2. 感知理解汉字的结构经验

感知理解汉字的结构经验，包括理解文字的意义、发现汉字书写的特点等。

3. 学习创意书写表达的经验

学习创意书写表达的经验是指使用图画、符号、文字等多种形式，有创意地表达自己的想法。

---

①③　周兢.学前儿童语言学习与发展核心经验[M].南京：南京师范大学出版社，2014.
②　潘月娟.学前儿童观察与评价[M].北京：北京师范大学出版社，2015.

评价幼儿表现

评价幼儿阅读表现，须科学谨慎地判断幼儿的阅读水平，全方位解释幼儿阅读能力的由来，有效预判幼儿阅读的潜在水平。要做到这些，教师须熟悉幼儿阅读这一关键经验的发展轨迹、各年龄段该能力的发展目标以及分析影响幼儿表现的各种因素，作为评价幼儿阅读表现的参考。

一、熟悉幼儿阅读能力发展关键指标的发展轨迹

教师在评价幼儿表现之前，需要对幼儿阅读能力的发展脉络进行系统的梳理，做到心中有数。幼儿的阅读经验主要表现在图画书阅读、早期识字和早期书写三个方面，表 3-2-5[①] 对各年龄段幼儿在这三个方面的经验作出了具体化的阐释，教师可以参考此表来梳理幼儿阅读的发展轨迹。

表 3-2-5　早期读写经验的关键指标

年龄段	关键指标
3～4 岁	1. 主动要求成人讲故事、读图书 2. 会看图画，能根据画面说出图中有什么、发生了什么事情等 3. 能理解图书上的文字和画面是对应的，是用来表达画面意义的 4. 喜欢用涂涂画画表达一定意思 5. 爱护图书，不乱撕、乱扔 6. 反复看自己喜欢的图书
4～5 岁	1. 对生活中常见的标识、符号感兴趣，知道它们表示一定的意义 2. 喜欢把看过的图书讲给别人听 3. 能根据连续画面提供的信息，大致说出故事的情节或图书的主要内容 4. 愿意用图画和符号表达自己的愿望和想法 5. 在成人的提醒下，在写写画画时保持基本正确的姿势
5～6 岁	1. 专注地阅读图书 2. 对图书和生活情境中的文字符号感兴趣，知道文字表示一定的意义 3. 对看过的图书能说出自己的看法 4. 能说出所阅读的图书的主要内容 5. 愿意用图画和符号表现事物或故事 6. 会正确书写自己的名字，写(画)时姿势正确

二、参照幼儿阅读发展目标

《指南》明确了我国 3～6 岁儿童语言学习与发展的目标要求，提出的幼儿园阶段幼儿语言学习与发展须获得的基本能力，可作为评价幼儿语言发展水平的参考指标。《指南》中的"阅读与书写准备"目标是对幼儿前阅读和前书写能力的发展要求，具体如表 3-2-6 所示。从表中可以看到，对幼儿"阅读与书写准备"的评价，可以从"喜欢听故事、看图书""具有初步的阅读理解能力""具有书面表达的愿望和初步技能"这三个方面(阅读兴趣、阅读理解、阅读技能)入手。

表 3-2-6　《指南》关于幼儿阅读与书写准备的发展目标

目标领域	3～4 岁	4～5 岁	5～6 岁
目标1　喜欢听故事、看图书	1. 主动要求成人讲故事、读图书 2. 喜欢跟读韵律感强的儿歌、童谣 3. 爱护图书，不乱撕、乱扔	1. 反复看自己喜欢的图书 2. 喜欢把听过的故事或看过的图书讲给别人听 3. 对生活中常见的标识、符号感兴趣，知道它们表示一定的意义	1. 专注地阅读图书 2. 喜欢与他人一起谈论图书和故事的有关内容 3. 对图书和生活情境中的文字符号感兴趣，知道文字表示一定的意义

---

① 余珍有.幼儿园语言领域教育精要——关键经验与活动指导[M].北京:教育科学出版社,2015.

（续表）

目标领域		3～4 岁	4～5 岁	5～6 岁
目标2	具有初步的阅读理解能力	1. 能听懂短小的儿歌或故事 2. 会看画面，能根据画面说出图中有什么、发生了什么事等 3. 能理解图书上的文字和画面是对应的，是用来表达画面意义的	1. 能大体讲出所听故事的主要内容 2. 能根据连续画面提供的信息，大致说出故事的情节 3. 能随着作品的展开产生喜悦、担忧等相应的情绪反应，体会作品所表达的情绪情感	1. 能说出所阅读的幼儿文学作品的主要内容 2. 能根据故事的部分情节或图书画面的线索猜想故事情节的发展，或续编、创编故事 3. 对看过的图书、听过的故事能说出自己的看法 4. 能初步感受文学语言的美
目标3	具有书面表达的愿望和初步技能	喜欢用涂涂画画表达一定的意思	1. 愿意用图画和符号表达自己的愿望和想法 2. 在成人提醒下，写写画画时姿势正确	1. 愿意用图画和符号表现事物或故事 2. 会正确书写自己的名字 3. 写画时姿势正确

要点巩固

请根据所学，梳理幼儿早期阅读活动的发展轨迹。

情境演练 3-2-2

观看幼儿阅读活动视频 3-2-1（小班）、3-2-2（中班），评价幼儿阅读能力的发展水平，思考幼儿表现与上述发展轨迹的异同，以及所带来的启示。

视频 3-2-2
（中班）[①]

三、关注幼儿表现出的学习品质

教师在评价幼儿的阅读表现时，还应重点关注幼儿在阅读中体现的学习品质。例如，主动要求阅读、阅读绘本时的专注状态、一页一页翻读的耐心、愿意结合绘本故事进行积极想象、阅读后将绘本放回原位、保持正确的姿势阅读、安静阅读不吵闹等，具体可参考表 3-2-7[②]。

表 3-2-7　幼儿阅读中的学习品质要素及表现

要素	表现
兴趣	喜欢看图书，愿意分享图书给别人
专注性	持续参与一项感兴趣的活动（如集中注意力阅读图书）
主动性	能积极参与阅读活动
合作性	遇到困难时如有必要能与同伴讨论，寻求同伴、教师的帮助； 主动与他人互助或合作，并愿意分享自己的经验或意见

---

① 由本书编写人员提供。
② ［美］安·S. 爱泼斯坦. 学习品质：关键发展指标与支持性教学策略［M］. 霍力岩，等译. 北京：教育科学出版社，2018.

（续表）

要素	表现
反思能力	能够发现自己阅读和分享图书中的优点和缺点，并在后期活动中改善； 能够对自己和他人的发言进行公正、积极的评价
阅读习惯	能按顺序依次翻读图书，爱惜图书，阅读完后将图书放回原位

情境演练 3-2-3

再次观看视频 3-2-2，说一说幼儿表现出了哪些学习品质。

四、分析影响幼儿表现的因素

评价幼儿的阅读发展不能仅仅判断其阅读水平，还应分析幼儿阅读表现的影响因素，以便提供更具有针对性的发展支持。幼儿的阅读表现受个体因素、内容难度、环境因素、文化和地域因素等的影响，发展的路径及情况均有个体差异。因此，在评价幼儿的阅读表现时，也应把这些因素考虑在内。例如，幼儿对不同图书的兴趣及已有经验不尽相同，不同幼儿的家庭也有着不同的阅读经验（有的家庭有专门的书房/书架，有的家庭中极少出现图书）……这些因素都可能会影响幼儿的阅读表现，从而影响评价信息。

典型工作环节四　支持幼儿发展

观察和记录幼儿的阅读表现可以帮助教师认识幼儿理解世界、解决问题的独特方式，评价则有助于教师理解幼儿如何运用自身已掌握的阅读经验，进而为幼儿提供适宜的支持。依据观察、评价的相关信息，教师可通过以下三个方面提供支持。

一、根据幼儿的阅读经验和特点，选择适合的教育内容

阅读内容是否适合幼儿影响着幼儿能否积极阅读。教师通过观察与评价，了解幼儿已有的阅读经验和阅读特点后，应据此选择适合的阅读材料，帮助幼儿积累相应的阅读经验。并不是所有的图画书或绘本都适合幼儿阅读，也并不是所有自称为"图画书"或"绘本"的读物都是适宜的，低质量的幼儿读物不仅不利于幼儿阅读能力的发展，还有可能消磨他们对图画书的兴趣，造成幼儿审美认知、审美情感、文学想象等方面发展的缺失。高质量的读物有着优秀的文字内容（文学性特征、语言特征）、优美的图画、相辅相成的图文合奏、用心的版面设计[①]。因此，教师在选择幼儿读物时，应通过观察与评价，了解幼儿的已有知识经验与阅读理解能力等，据此生成适合幼儿年龄特点及生活经验的阅读活动，支持幼儿阅读能力的发展。

二、依托观察与评价内容，营造丰富、适宜的阅读环境

环境是幼儿的"第三位教师"，幼儿阅读经验的发展需要以丰富、适宜的阅读环境为支撑。《指南》在"语言"领域中指出，要"为幼儿提供丰富、适宜的低幼读物，经常和幼儿一起看图书、讲故事，丰富其语言表达能力，培养阅读兴趣和良好的阅读习惯"。因此，家长和教师要为幼儿提供高质量的低幼读物，重视阅读区角的创设与指导。创设适宜的阅读区角，一方面，要选好阅读区角的位置（一般要远离进口、过道、嘈杂区域，可以和美工区、表演区等区域打通共享），阅读区中投放的图书数量应是班级人数的 3～

---

① 周兢.幼儿语言教育与活动指导[M].北京：高等教育出版社，2015.

5倍,书的形状和颜色应贴合幼儿的认知发展特点,提供幼儿独立阅读的空间和坐垫靠垫,制定适宜的阅读区角的规则等。[①] 另一方面,还需要教师根据自己的观察及对幼儿阅读特点的了解调整材料。例如,如果幼儿在阅读图书后有表演图画书内容的欲望,那么教师应添加相关表演材料,支持幼儿表达自己对图画书的理解。

三、借助观察与评价内容,引导家长理解与支持幼儿的阅读发展

家长作为幼儿的第一任教师,对幼儿的学习与发展起到至关重要的作用。教师应借助观察与评价内容,有针对性地与幼儿家长沟通交流幼儿的阅读表现。例如,当教师观察到幼儿阅读时出现眼睛过于靠近书本、喜欢躺着看书、扔书本等行为,教师可以与家长沟通幼儿的阅读表现,引导家长在家庭生活中关注幼儿的阅读行为,及时纠正幼儿的不良阅读习惯。

情境演练 3-2-4

> 根据情境演练 3-2-2 的评价信息,提出适宜的支持策略。

《典型工作环节五》 反思工作过程

反思对幼儿阅读表现的观察、评价与支持,首先,教师应该考虑幼儿已有的阅读经验,切忌单一地横向比较和简单地参照按年龄划分的阅读发展目标,教师应更关注幼儿自身的阅读兴趣和已有的阅读水平。其次,教师应该重点关注幼儿阅读的过程性表现,重视幼儿良好阅读习惯的养成以及其他学习品质的培养。再次,教师应该反思阅读活动的适宜性。教师应关注幼儿的阅读反应,思考"我的活动设计是否有效? 是否适宜?""幼儿哪些表现说明我的指导有效? 哪些表现又说明我的介入无效?""应当如何改进?"由此,将活动设计与反馈的起点转向幼儿,通过持续、动态地观察与评价,选择适宜的语言教育内容和途径,提升和扩展幼儿的经验,最终促进幼儿阅读能力的发展。最后,教师应该反思幼儿阅读环境和材料的丰富性。阅读环境是促进幼儿阅读能力发展的重要因素,环境中丰富的阅读材料则能满足幼儿阅读的需要。教师在调整环境与材料后应通过进一步的观察来反思环境和材料是否符合幼儿阅读的兴趣、需求,从而有效地创设、调整和利用环境与材料,进一步支持幼儿语言的学习与发展。例如,教师在大班绘本阅读活动"幸运的一天"中以绘本《幸运的一天》作为主要的阅读材料,通过观察发现幼儿的阅读兴趣集中在大野狼和小猪的互动语言和动作上,教师可以在后续的延伸活动中将绘本投放至阅读区。同时,在阅读区旁边投放大野狼和小猪的头饰/臂章,从而帮助幼儿在表演游戏中进一步理解角色的情感变化。

任务实践

视频 3-2-3(大班)是李老师记录的幼儿前书写表现,请根据"岗位任务"中的"任务要求",结合"学习支持"所学,使用表 2-2-14(幼儿行为观察记录表)完成对视频 3-2-3(大班)的观察记录。

视频 3-2-3
(大班)[②]

---

① 周兢. 幼儿语言教育与活动指导[M]. 北京:高等教育出版社,2015.
② 由本书编写人员提供。

评价反馈

为了更好地了解自己对本情境相关知识与能力的掌握情况,参考表 3-2-8 对自己的学习过程进行评价与反思。

表 3-2-8 "幼儿阅读表现观察、评价与支持"学习评价单

任务小组	组长:			
	组名:		得分:	
	组员:			
学习情境	观察、评价与支持幼儿阅读表现			
评价项目		评价要点	分值	自我评价
资讯		主动学习,获取关于"岗位任务"的知识,完成"岗课赛证"中的练习,正确率 80% 以上;能完整梳理出幼儿早期阅读能力的发展轨迹	15	
计划		小组成员间分工明确;能够积极参与小组活动,认真完成任务	5	
决策		积极参与小组讨论,对其他小组的方案提出建议;在修正计划中能积极发表自己的看法	5	
实施	制订观察计划	观察计划内容完整;观察目的和目标科学、合理;观察记录方法适用于观察目的	5	
	收集幼儿信息	能够记录幼儿阅读的过程和结果信息;能多方收集幼儿信息	10	
	评价幼儿表现	能根据幼儿表现评价幼儿的阅读水平,发现幼儿阅读中表现出的学习品质,并合理分析影响幼儿表现的因素	20	
	支持幼儿发展	支持策略具有针对性、科学性;能从幼儿自身、幼儿园、家庭等多方面进行思考	20	
检查		能够自觉对任务实施过程中的小组合作或任务完成质量进行检查、反思,提出疑问或见解	5	
评价		能主动展示小组练习的结果;能认真记录点评与总结,积极参与完善小组练习	5	
思政融入		热爱阅读;观察幼儿时耐心、细心,关爱幼儿	10	

岗课赛证

习题测试

一、完成赛题

请完成 2019 年全国职业院校技能大赛学前教育专业技能竞赛(保教视频分析赛项)007 号题"中班阅读——鸭子骑车"。

二、教师资格证考试模拟演练

(一)单选题

1. 以下不属于早期阅读中的学习品质的是(   )。

A. 阅读兴趣   B. 阅读习惯   C. 乐于想象   D. 撕书

2. 由于思维方式的不同，幼儿阅读以（　　　）。

  A. 文字为主、画面为辅　　　　　　　　B. 画面为主、文字为辅

  C. 文字为主、符号为辅　　　　　　　　D. 画面为主、符号为辅

（二）多选题

1. 幼儿早期阅读能力包括（　　　　　）。

  A. 前阅读　　　　　　B. 前识字　　　　　　C. 前书写　　　　　　D. 会写字

2. 幼儿早期阅读的观察要点包括（　　　　）。

  A. 阅读环境　　　　　B. 阅读兴趣　　　　　C. 前阅读技能　　　　D. 阅读理解

3. "阅读与书写准备"的三个子目标是（　　　）。

  A. 喜欢听故事、看图书　　　　　　　　B. 具有初步的阅读理解能力

  C. 具有书面表达的愿望和初步技能　　　D. 具有初步的阅读技能

拓展阅读

[1] 周兢. 学前儿童语言学习与发展核心经验[M]. 南京：南京师范大学出版社，2014.

[2] 余珍有. 幼儿园语言领域教育精要——关键经验与活动指导[M]. 北京：教育科学出版社，2015.

幼儿社会领域行为观察、评价与支持

学习情境一

观察、评价与支持幼儿人际交往

情境导学

人际交往具有交流信息、组织共同活动、形成和发展人与人之间的关系等功能,幼儿在交往中分享信息,感受自己的主体性;通过人际交往,合作意识、协调与调节能力能够获得一定程度的发展。良好的人际交往能够使幼儿表现出更多的亲社会行为,但是幼儿人际交往能力较弱,需要教师基于对幼儿交往能力的了解给予适宜的支持。那么,教师应如何有效观察、评价并且给予适宜的支持呢?请以一名幼儿教师的角色进入本学习情境,学习如何观察幼儿、评价幼儿的人际交往行为并支持幼儿人际交往能力的发展。

学习目标

1. **知识目标:**了解观察与支持幼儿人际交往的典型工作环节;掌握幼儿人际交往的观察要点、评价维度和支持策略。

2. **能力目标:**能结合幼儿人际交往各典型工作环节要求进行情境演练,学会观察记录、评价与支持幼儿的人际交往行为。

3. **素养目标:**提升自我管理的能力;养成良好的人际交往态度,感受待人接物的重要性;注意在幼儿心中厚植爱国、文明、友善的种子。

岗位任务

陈老师想在扮演游戏中了解幼儿人际交往的情况,但不知道该怎么做。园长给陈老师列出了以下任务要求。

任务要求:

1. 做好幼儿人际交往的观察计划。

2. 按照观察计划记录幼儿在角色游戏中的人际交往情况。

3. 评价幼儿的人际交往。

4. 分析幼儿人际交往的影响因素。

5. 提出调整策略。

学习任务

结合"岗位任务"中园长的"任务要求"，陈老师要完成任务，则须学习观察、评价与支持幼儿人际交往的相关知识和技能，具体的学习任务见表4-1-1。请以陈老师的角色身份完成"学习任务"。

表4-1-1 "幼儿人际交往观察、评价与支持"学习任务单

任务小组	组名：	
	组长：	
	组员：	
学习情境	观察、评价与支持幼儿人际交往	
任务要求	1. 6～8人为一组做好分工与合作 2. 围绕上述岗位任务要求，进行幼儿人际交往的观察、评价与支持 3. 学会反思与总结自己的学习过程	
实施步骤	具体要求	
资讯	学习【学习支持】板块，获取关于幼儿人际交往观察、评价与支持的相关知识；梳理幼儿人际交往的发展轨迹	
计划	根据"资讯"阶段获取的信息，分析岗位任务要求，小组协作制订问题解决方案	
决策	通过组间互评、教师指导，修正计划，确定问题解决方案	
实施	按照方案实施"岗位任务"	
检查	通过组内或组间相互监督与检查，及时发现实施过程中的困难或问题，并适当调整方案，以保障问题得到有效解决	
评价	小组展示幼儿人际交往活动观察记录表，基于点评总结教学要点，进一步完善观察记录	

学习支持

交往是幼儿社会性发展的主要内容，学习适宜的交流方式和交往手段，可让幼儿在社会交往中保持积极的情感体验，从而产生良好的社会交往习惯。教师是影响幼儿交往能力的重要因素，应敏感察觉幼儿的交往需求并给予适宜的支持。那么，教师需要怎样观察幼儿交往中的行为表现，基于什么样的框架评价幼儿交往能力发展现状，进而支持他们交往能力的不断发展呢？通过以下五个典型工作环节，可以系统学习如何观察、评价幼儿的交往行为并支持幼儿人际交往能力的发展。

典型工作环节一　制订观察计划

一、确定观察目的与目标

先要明确观察目的，即观察幼儿人际交往的动因，是想要了解幼儿人际交往能力的发展现状，还是想解释幼儿某种交往行为背后的原因。接着明确观察目标，即根据观察目的列出具体的观察要点（观察要点可参考"典型工作环节二"中的相关知识点），做到心中有数。

二、明确观察对象

观察目的和目标确定之后，就可以根据这两者系统地考虑观察对象。教师选择观察对象时既不能遗漏或者疏忽任何一个幼儿的人际交往状况，也要有侧重地关注到幼儿在该领域中表现出的特定发展需求。如教师发现大班幼儿在游戏中的合作行为增多，特别是佳佳，他在游戏中经常尝试给小组中的同伴分配任务，有着合作游戏需求，但是由于交往技能不足而以"失败"告终，于是教师便重点观察佳佳交往中的合作行为。

三、选择观察记录方法

人际交往是人与人之间的交流活动，往往有着较为复杂的起因和背景，只有通过翔实的描述，才能了解幼儿在具体情境中与同伴交往的行为表现，从而更客观地评价幼儿人际交往的发展情况与了解幼儿的需求，因此，描述记录法是比较合适的方法。若教师在计划时，明确了自己想记录的专门的幼儿人际交往事件，则可用事件取样法，持续记录此类事件，以便了解行为发生的前因后果。如教师可用模块一中的表1-7对幼儿争执事件的起因、过程、结果进行记录。

四、选择观察情境

幼儿的人际交往通常融合在各种活动中，幼儿一日生活的各环节都有可能出现人际交往，幼儿在自由活动中与同伴分享自己喜欢的玩具，在小组活动中协作解决问题，在排队时的自我控制与调节等，无不体现出幼儿的人际交往行为，教师根据观察目的和具体的观察目标有侧重地选择观察情境即可。如教师想了解幼儿在建构游戏中的合作行为的发生与发展，可重点以建构区为观察情境。

典型工作环节二　收集幼儿信息

收集信息，即获取被观察幼儿在人际交往中的言行表现，描述被观察幼儿"是什么样"的过程，是观察与支持幼儿人际交往的基础环节。那么在此环节须收集幼儿哪些行为表现呢？观察要点就是收集信息时的参照，对幼儿人际交往行为的观察可以从以下三个方面进行。

一、交往的背景

交往的背景，即幼儿人际交往行为在什么情境下发生，是在生活活动、游戏活动、集体教学活动中，还是在过渡活动（活动环节之间的转换环节）时。另外，要注意观察记录人际交往互动的发起者是谁，发起的方式是言语的还是非言语的。

二、交往的主题

交往的主题是指幼儿人际交往互动所聚焦的主要内容，通过观察记录幼儿人际交往的主题可以了解幼儿在某些方面的兴趣与需求。一次交往的主题可能只有一种，也可能有两种或两种以上。

三、交往的过程与结果

教师应观察记录幼儿人际交往互动的整个过程，须记录幼儿或教师开启互动后，教师或幼儿是如何回应的，交往过程是否出现问题，当出现问题时，他们又是如何应对的，幼儿的情绪状态如何，等等。

典型工作环节三 **评价幼儿表现**

　　在这一环节，教师要结合幼儿人际交往的行为表现进行记录，系统深入地去思考这些具体的行为所蕴含的学习与发展状况，并有据可依地去分析幼儿行为背后的原因和影响因素，客观地判断幼儿人际交往能力的发展水平。为做好以上工作，观察者要掌握幼儿人际交往能力关键指标的发展轨迹，并综合其他影响幼儿人际交往表现的因素来进行评价。

一、熟悉幼儿人际交往关键指标的发展轨迹

　　3～4岁幼儿人际交往能力的发展特点集中表现为"自我中心、被动交往、肢体语言占优"。受到认知和思维发展水平的影响，行事往往我行我素，喜欢平行游戏或独自玩耍；喜欢和熟悉的人交往，交往比较被动，需要在成人指导下主动与人打招呼；在交往过程中肢体语言占据很大比重，由于语言仍在发展中，往往出现行动快于语言的现象，交往中出现问题时常常用动作来解决，容易出现"喜欢动手""不讲理"的情况。

　　4～5岁幼儿人际交往能力的发展特点集中表现为"喜欢结伴合作活动、尝试主动交往、出现积极的交往行为、交往能力仍较欠缺"。4～5岁幼儿开始逐渐去自我中心化，能够逐渐站在他人的角度揣测他人的想法；随着自信心增强和参与游戏活动技能的提高，群体游戏逐渐增加；开始有主动交往的动机，能主动参与自己感兴趣的活动，同伴关系开始显现多种类型——受欢迎型、被拒绝型、被忽视型、矛盾型、一般型；开始出现一些积极交往策略，如帮助、分享、轮流和交换等亲社会行为；缺乏交往技能，已有的技能使用也并不熟练，频繁出现"告状"现象。

　　相较于3～4岁和4～5岁幼儿，5～6岁幼儿人际交往能力的特点更为显性和丰富，具体表现为"有固定的伙伴、能主动发起或参加同伴的游戏或活动、能与同伴协商和讨论、开始显现正义感"。5～6岁幼儿开始尝试建立友谊，常常用各种方式和自己喜欢的伙伴建立起朋友关系，性别意识增强，逐渐出现"随大流"情况，如男孩与男孩玩，女孩和女孩玩。随着交往能力的发展，幼儿开始从被动交往转变为主动交往；遇到问题时也逐渐能自己解决，不需要成人的帮助；开始出现正义感，保护自己和判断是非成为该年龄段幼儿人际交往能力发展的两项重要发展指标。[①]

　　人与人的关系通过社会交往而实现，《指南》将"愿意与人交往""能与同伴友好相处""具有自尊、自信、自主的表现""关心尊重他人"四个目标列入了人际交往领域。可见，在交往中无不体现着幼儿对人对己的态度。白爱宝关于幼儿社会性发展水平等级标准也正包含了幼儿在人际交往中的自我、自我与他人的关系等指标（表4-1-2[②]），教师在评价幼儿人际交往能力时，也可作为参考。

表4-1-2　幼儿社会性发展水平等级标准

项目	内容	等级标准		
		一	二	三
自我系统	自我认识	知道自己的姓名、性别、年龄	知道自己的爱好	知道自己的优缺点
	自信心	完成简单事情或任务时有信心	完成稍有难度的任务时有信心	完成没有做过或有较大难度的任务时有信心
	独立性	在教师鼓励和要求下能独立做事	自己能做的事情不请求帮助	喜欢独立做事情和独立思考问题
	坚持性	能有始有终地做完一件简单的事	能坚持一段时间完成稍有难度的任务	经常能在较长时间内主动克服困难，实现活动目的

---

　　① 张明红.学前儿童社会学习与发展核心经验[M].南京:南京师范大学出版社,2018.
　　② 白爱宝.幼儿发展评价手册[M].北京:教育科学出版社,1999.

（续表）

项目	内容	等级标准		
		一	二	三
自我系统	好胜心	在感兴趣的活动中努力做好	在竞赛情景及与他人同时进行的活动中,努力争取好成绩	做任何事都努力争取好结果
情绪情感	表达与控制情绪情感	一般情绪较稳定,经劝说能控制消极情绪	一般情绪状态较好,能用较平和的方式表达情绪;一般能自己调节与控制消极情绪	一般情绪状态良好,能用恰当的方式对不同情景做出适宜的情绪反应
	爱周围人	热爱、尊敬父母	亲近班里的老师和小朋友	关心父母、老师和小朋友,喜欢帮助他们做力所能及的事
	爱集体	喜欢幼儿园,愿意参加集体活动	在教师引导下,能关心班里的事,为集体做好事	能主动关心班里的事,为集体做好事,维护集体荣誉
文明礼貌	礼貌	在成人的提醒下能使用礼貌用语	能主动使用礼貌用语	能在不同情景下主动使用礼貌用语,举止文明
	诚实	不说谎话,不随便拿别人东西	做错事能承认,拾到物品主动交还	做错事能承认并努力改正,不背着成人做被禁止的事
	合作	能与小朋友一起游戏	喜欢与小朋友合作游戏和做事	能成功地与小朋友合作游戏和做事
	遵守规则	经提醒能遵守规则	能自觉遵守规则	能自觉遵守并维护规则
交往行为	与教师交往	对教师的主动交往能做出积极反应	有时能主动与教师交往	常主动发起与教师的交往
	与小朋友交往	对小朋友的主动交往能做出积极反应	有时能主动与小朋友交往	经常主动发起与小朋友的交往
	与客人交往	见到客人不害怕、不回避	对客人的主动交往有积极反应	能主动与客人交往
	解决冲突	与小朋友发生冲突时,经教师帮助能和解	能用适宜的方式自己解决与小朋友的冲突	能帮助解决其他小朋友之间的冲突

二、参照幼儿人际交往发展目标

《指南》指出了3～6岁儿童在人际交往及其相关能力上所要达到的目标(见表4-1-3)。3～4岁幼儿开始有初步的规则意识,能够进行简单的道德判断;对父母有强烈的依恋;喜欢与人交往,但由于多以自我为中心,且情感和行为都较为冲动,易发生纠纷,需成人给予帮助和指导。4～5岁幼儿社会认知能力有所提高,懂得更多的社会规则和行为规范;能关心他人的情感反应;合作行为增强,能以他人的要求对自己的行为进行调控。5～6岁幼儿形成初步的品德行为,在与同伴交往中逐渐形成自己的交往方式;开始理解他人不同的情感和需要;重视别人对自己的评价,渴望被接纳,学会有意识地调控自己的情绪和行为。

表4-1-3　《指南》中关于幼儿人际交往的发展目标

目标		3～4岁	4～5岁	5～6岁
目标1	愿意与人交往	1. 喜欢和小朋友一起游戏 2. 愿意和熟悉的长辈一起活动	1. 喜欢和小朋友一起游戏,有经常一起玩的小伙伴 2. 喜欢和长辈交谈,有事时愿意告诉长辈	1. 有自己的好朋友,也喜欢结交新朋友 2. 有问题愿意向别人请教 3. 有高兴的或有趣的事愿意与大家分享

（续表）

目标		3～4 岁	4～5 岁	5～6 岁
目标 2	能与同伴友好相处	1. 想加入同伴的游戏时,能友好地提出请求 2. 在成人的指导下,不争抢、不独霸玩具 3. 与同伴发生冲突时,能听从成人的劝解	1. 会运用介绍自己、交换玩具等简单技巧加入同伴游戏 2. 对大家都喜欢的东西能轮流、分享 3. 与同伴发生冲突时,能在他人的帮助下和平解决 4. 活动时愿意接受同伴的意见和建议 5. 不欺负弱小	1. 能想办法吸引同伴和自己一起游戏 2. 活动时能与同伴分工合作,遇到困难能一起克服 3. 与同伴发生冲突时能自己协商解决 4. 知道别人的想法有时和自己不一样,能倾听和接受别人的意见,不能接受时会说明理由 5. 不欺负别人,也不允许别人欺负自己
目标 3	具有自尊、自信、自主的表现	1. 能根据自己的兴趣选择游戏或其他活动 2. 为自己的好行为或活动成果感到高兴 3. 自己能做的事情愿意自己做 4. 喜欢承担一些小任务	1. 能按自己的想法进行游戏或其他活动 2. 知道自己的一些优点和长处,并对此感到满意 3. 自己的事情尽量自己做,不愿意依赖别人 4. 敢于尝试有一定难度的活动和任务	1. 能主动发起活动或在活动中出主意、想办法 2. 做了好事或取得了成功后还想做得更好 3. 自己的事情自己做,不会的愿意学 4. 主动承担任务,遇到困难能够坚持而不轻易求助 5. 与别人的看法不同时,敢于坚持自己的意见并说出理由
目标 4	关心尊重他人	1. 长辈说话时能认真听,并能听从长辈的要求 2. 身边的人生病或不开心时表示同情 3. 在提醒下能做到不打扰别人	1. 会用礼貌的方式向长辈表达自己的要求和想法 2. 能注意到别人的情绪,并有关心、体贴的表现 3. 知道父母的职业,能体会到父母为养育自己所付出的辛劳	1. 能有礼貌地与人交往 2. 能关注别人的情绪和需要,并给予力所能及的帮助 3. 尊重为大家提供服务的人,珍惜他们的劳动果实 4. 接纳、尊重与自己的生活方式或习惯不同的人

要点巩固

请根据所学,梳理幼儿人际交往能力的发展轨迹。

三、关注幼儿的社会性品质

社会性品质是影响幼儿人际交往行为的重要因素,在评价幼儿人际交往能力的发展状况时,除了看幼儿的人际交往能力如何,还应关注幼儿在与人交往过程中体现出的社会性品质,具体可参考表 4-1-4。如案例 4-1-1,活动中妍妍极力争取当"妈妈"参与娃娃家游戏,这体现了妍妍有一定的坚持性和意志力。她在遭到拒绝后以扔炒锅的方式表达自己的情绪,最后在老师的调节下,采取轮流、礼貌等待的方式,这体现了妍妍有一定的自制力,但是情绪自控能力较弱,教师和家长在应对时,可从"情绪"上着手。

表 4-1-4　幼儿社会性品质要素及表现

要素	表现
兴趣	愿意与人交往,一起游戏
同情心（核心）	知道别人生病时能表示同情,注意到别人不开心时能体贴、关心别人
自制力（核心）	在与他人交往时能克服不利于自己的恐惧、犹豫、懒惰等心理
责任心	具有责任感,勇于担当,不做损害他人和集体的事情

（续表）

要素	表现
自信心	面对新任务有信心,敢于尝试
克服困难的勇气 与意志力	当别人拒绝自己加入活动时能想方设法加入,迎难而上,不轻言放弃

情境演练 4-1-1

　　观看视频 4-1-1(小班),记录幼儿人际交往行为的全过程,并全面分析幼儿人际交往能力的发展状况。

视频 4-1-1
(小班)①

四、分析影响幼儿表现的其他因素

案例

　　姓名:妍妍　性别:女　编号:27　年龄:5 岁 4 个月

　　观察目的:了解幼儿的社会交往行为

　　观察情境:"娃娃家"游戏

　　观察者:小李老师

　　观察日期:2022 年 10 月 12 日　　　　开始:9:45　　　　结束时间:10:05

　　观察记录:今天早上进行区角游戏的时候,有 5 个小朋友选择玩"娃娃家"游戏。正当大家很投入地吃着"妈妈"为他们做的大餐时,忽然"哐"的一声,妍妍把"娃娃家"里厨房中的炒锅扔到了地上,还顺势把桌上的"饭菜"也推到了地上,嘴里还嘀咕着:"让你们吃!这下看你们还怎么吃!"注意到这边的情况,我平静地走过去,问道:"怎么了,这是?饭菜不好吃吗?"妍妍看着我,噘着小嘴说道:"老师,她们不让我当'妈妈'烧菜,也没有我吃的饭!我生气了!哼!"

　　看到妍妍那一脸不高兴的样子,我走到她身边,蹲下身,摸了摸她的头问道:"她们不带着你一起玩,是吗?""是的,我也想烧菜,可是她们不让我当'妈妈'!""那你有问问她们为什么不让你当'妈妈'吗?说不定其他小朋友都是轮流当'妈妈'的,还没轮到你呢。不要着急,去找她们商量一下吧。"

　　我牵着妍妍的手来到她的同伴旁边,说:"一家人要相亲相爱的,每个人都是家里不可缺少的,妍妍也是'娃娃家'的一员啊。还有,就是遇到事情要一家人好好商量,发脾气是解决不了问题的,只会让大家不喜欢你,大家一起把餐具捡起来,合作做一顿更加丰盛的大餐怎么样?"

　　话音刚落,妍妍像想到了什么,和大家说道:"我也想一起玩,你们带我玩吧,我不发脾气了,我会当一个听话的乖宝宝!"说完便和同伴们一起把地上的东西捡起来重新玩"娃娃家"游戏去了。

　　人际交往是复杂的,它往往受个体个性特征、移情能力、情绪监控能力、父母的养育方式和交往环境等因素的影响。如上面案例中的妍妍对同伴不让自己参与游戏产生了不满,并采用破坏性的方式进行宣泄,且当别人的想法与自己不一致时,未能主动协商。在教师的参与下,妍妍认识到原来的方式不可取,重新选择了一种同伴认可的方式,最终解决了冲突。妍妍此种表现可能和家长的教养方式有关,也可能受到其个性的影响。再如,当教师发现某幼儿在集体游戏中不遵守规则而受到同伴排斥时,会运用

---

　　①　来自内蒙古正翔民族幼儿园。

攻击的方式来进行反抗,除了应该从人际交往技能的角度对幼儿行为进行分析,还应评估和反思家庭成员之间的互动模式中是否充满攻击性,成人在面对幼儿的攻击性表现时通常是否采用强制控制和惩罚的措施,幼儿在和同伴的交往中是否过多地参与了攻击性较强的游戏,等等。只有综合考虑这些因素,从整体上分析幼儿的表现,才能有效支持幼儿人际交往能力的发展。

典型工作环节四　支持幼儿发展

幼儿在一步步接触他人、进行交往的过程中,其自身在消化吸收所见所闻的同时也在建构属于自己的行为模式。但是,由于幼儿身心发展水平、教育和环境等的影响使得这一过程变得较为复杂。教师可结合观察与评价信息所得,参考以下建议提供适宜的指导与支持。

一、评价以促进幼儿发展为目的,支持与鼓励幼儿的人际交往行为

幼儿早期在处理人际关系方面的问题时多是在积累经验,在这一过程中难免会犯很多错误,但只要不是原则性的错误,教师应以正面鼓励的方式让幼儿自行处理交往中遇到的问题,给予幼儿一定的自主决定的机会,并适时做好引导工作。如果对幼儿在处理问题过程中的失败行为多是直接批评教育,可能会造成幼儿积极主动交往行为的减少,久而久之可能使得幼儿出现更糟的问题行为。教师在评价中应综合考虑各方面的因素,与家长沟通,全面了解幼儿行为表现背后的原因,进而提出适宜的支持策略,促进幼儿交往能力的发展。

二、基于幼儿人际交往行为表现调整环境

人并非独自生存,而是随时都处于与他人相联系的关系环境中,在这当中有的扮演主角,有的扮演配角,只有相互配合才能将人生这一出戏演好。教师应根据幼儿的交往行为表现有意识地注意班级环境或材料投放是否与幼儿的行为表现相关,以便及时调整。例如,小班幼儿经常出现争抢同一种玩具的行为时,教师应反思自己投放的同种类材料数量是否太少,导致不能满足小班幼儿以自我为中心的心理需求。又如大班幼儿在玩区域活动时,各区域间的交流较少,教师应注意自己是否封闭了各区域间的开放与流通路径。精神环境也是幼儿交往行为表现的重要影响因素,轻松自由的环境能让幼儿保持积极的情感体验,从而产生一种良好的社会交往习惯。因此,当幼儿表现出明显的焦虑与紧张或破坏行为时,教师除了从家长身上找原因,还得反思自身对待幼儿是否过于严苛,班级氛围是否是和谐的、平等的和友爱的。总之,教师应创设充满关爱、温暖、尊重的精神环境,让幼儿在体验被尊重的同时,也习得尊重他人的态度。

三、组织适宜的社会领域活动,支持幼儿交往能力的发展

幼儿交往技能的学习具有较强的综合性。教师应在观察与评价的基础上,根据幼儿的需要组织相应的活动,促进幼儿交往能力的发展。例如,教师发现有一段时间幼儿(大班)特别在乎别人的看法,对自己不擅长的活动采取回避的态度,不愿意参与集体活动,这说明该班幼儿没有建立好积极的自我概念。大班幼儿重视他人的评价,这是幼儿发展到一定阶段的表现,但是如何引导幼儿正确对待他人的评价以及正确评价他人,对幼儿形成自尊和自信有着重要影响。该班教师据此以《鸭子骑车记》为载体,组织戏剧活动、游戏活动等,让幼儿从行为和心理情感上去体验动物们的心理变化过程,感受鸭子克服他人嘲讽、大胆尝试后获得成功的喜悦,逐步建立积极的自我概念。

典型工作环节五　反思工作过程

在反思时,首先,教师须回顾幼儿信息的收集工作,收集的信息是否齐全直接影响教师对幼儿人际

交往时的表现的理解与判断。其次,教师须回顾所选的观察记录方法和观察情境的适宜性。人际交往环境是促进幼儿人际交往的重要因素,真实丰富的人际交往环境和有效创设的游戏情境都能促进幼儿人际交往能力的发展。幼儿在园一日生活的各个环节都是促进幼儿人际交往能力发展的重要部分,但究竟选取哪个时间段、哪种生活情境或游戏情境展开观察、评价与支持? 这取决于教师对幼儿的了解和其组织幼儿园一日生活的熟练程度。再次,教师须反思专门的社会领域活动组织的适宜性。教师要反思:"我的活动设计是否有效? 是否适宜?""幼儿哪些表现说明我的指导有效? 哪里又说明我的介入是无效的?""应当如何改进?"由此,将活动设计与反馈的起点转向幼儿,通过持续、动态地观察与评价,选择适宜的语言教育内容和途径,提升和扩展幼儿的经验,最终促进幼儿人际交往能力的发展。最后,教师应该重新审视和反思自身的观察理念与评价、支持能力。观察与评价是提升幼儿人际交往质量的方式,同时更是一种理念,这意味着不能盲目地根据某个指标或标准一刀切地对幼儿的发展进行评判,而应在观察与评价的实践中不断发现自身行为与观念之间的冲突,从而进一步提高自己对幼儿交往能力的认识。

任务实践

视频 4-1-2(大班)是陈老师在日常保教工作中拍摄的一段视频。请根据"岗位任务"中的"任务要求",结合"学习支持"所学,使用表 2-2-14(幼儿行为观察记录表)完成对视频的观察记录。

视频 4-1-2
（大班）①

评价反馈

为了更好地了解自己对本情境相关知识与能力的掌握情况,参考表 4-1-5 对自己的学习过程进行评价与反思。

表 4-1-5　"幼儿人际交往观察、评价与支持"学习评价单

任务小组	组长:		
	组名:	得分:	
	组员:		
学习情境	观察、评价与支持幼儿人际交往		
评价项目	评价要点	分值	自我评价
资讯	主动学习,获取关于"岗位任务"的知识,完成"岗课赛证"中的练习,正确率80%以上;能完整梳理幼儿人际交往能力的发展轨迹	15	
计划	小组成员间分工明确;能够积极参与小组活动,认真完成任务	5	
决策	积极参与小组讨论,对其他小组的方案提出建议;在修正计划中能积极发表自己的看法	5	
实施　制订观察计划	观察计划内容完整;观察目的和目标科学、合理;观察记录方法适用于观察目的	5	
收集幼儿信息	能够记录幼儿交往互动的过程和结果信息;能多方收集幼儿信息	10	
评价幼儿表现	能根据幼儿表现判断幼儿的人际交往能力,发现幼儿人际交往中表现出的学习品质,并合理分析影响幼儿表现的因素	20	
支持幼儿发展	支持策略具有针对性、科学性;能从幼儿自身、幼儿园、家庭等多方面进行思考	20	
检查	能够自觉对任务实施过程中的小组合作或任务完成质量进行检查、反思,提出疑问或见解	5	
评价	能主动展示小组练习的结果;能认真记录点评与总结,积极参与完善小组练习	5	

---

① 来自南宁市五象新区第一实验幼儿园。

（续表）

评价项目	评价要点	分值	自我评价
思政融入	观察幼儿时耐心、细心，关爱幼儿；实践中，注意在幼儿心中厚植爱国、文明、友善的种子	10	

岗课赛证

习题测试

一、完成赛题

请完成 2019 年全国职业院校技能大赛学前教育专业技能竞赛（保教视频分析赛项）003 号题"中班——社会行为分析"。

二、教师资格证考试模拟演练

（一）单选题

1.《指南》将社会领域目标分为（　　）和社会适应。

　A. 社会交往　　　　B. 社会交流　　　　C. 与人友好　　　　D. 人际交往

2. 支持幼儿交往的策略不包括（　　）。

　A. 鼓励幼儿自主解决同伴冲突　　　　B. 以体验为主要的教育方式

　C. 创造互相尊重的氛围　　　　D. 幼儿出现争抢时，立即制止

3."能主动发起活动或在活动中出主意、想办法"是哪个年龄段幼儿的表现？（　　）

　A. 5～6 岁　　　　B. 4～5 岁　　　　C. 3～4 岁　　　　D. 0～3 岁

（二）多选题

1. 幼儿人际交往的观察要点包括（　　）。

　A. 交往的发起　　　B. 交往的背景　　　C. 交往过程　　　D. 交往结果

2. 幼儿交往行为的影响因素包括（　　）。

　A. 社会适应　　　B. 教养方式　　　C. 个性特征　　　D. 精神环境

拓展阅读

［1］张明红. 学前儿童社会学习与发展核心经验［M］. 南京：南京师范大学出版社，2018.

［2］庞丽娟，姜勇，叶子. 幼儿社会性品质的结构维度及其对社会性行为的影响［J］. 心理发展与教育，2000（4）：14-19.

学习情境二

观察、评价与支持幼儿社会适应

情境导学

邓颖超先生在重庆红岩村同一些年轻父母座谈关于养育孩子的问题时曾这样说道："我们共产党人的

子女全要有很好的品格,将来进到社会里都能在集体生活中顾全集体的利益,热心公益的事业,以最大的同情心帮助别人,不仅孝敬父母,而且还懂得自己是社会的人,要为社会服务,要为民族尽忠。"邓颖超先生说的正是社会适应,社会适应能力是个体在社会化的过程中,获得了对当前社会中的生活方式、道德要求、行为准则的认识,并逐渐接受它们的过程。幼儿的社会适应能力是幼儿社会性发展中的重要部分,是一种具有多维结构的复杂能力。在幼儿社会适应能力发展的过程中,幼儿教师需要做些什么,才能够看见幼儿社会适应过程中的发展需求,评价幼儿社会适应能力的发展状况,最终支持幼儿社会适应能力的不断发展呢?

学习目标

1. **知识目标**:了解观察与支持幼儿社会适应能力发展的典型工作环节;掌握幼儿社会适应能力的观察要点、评价框架和支持策略。

2. **能力目标**:能结合幼儿社会适应能力各典型工作环节要求进行情境演练,学会观察记录、评价与支持幼儿的社会适应能力发展。

3. **素养目标**:学会从幼儿的角度思考问题,在感同身受中"真懂"幼儿,做有道德情操、有仁爱之心的幼儿教师。

岗位任务

张老师在中(五)班日常的保教工作中发现,亮亮在每次放假结束后回幼儿园的第一天都会缠着送他入园的爸爸妈妈哭闹,每次都要老师和爸爸妈妈安抚很久才愿意入园。面对这样的情况,张老师很想帮助亮亮,但却不知道要怎么做才好,园长给张老师列出了以下任务要求。

任务要求:

1. 做好观察计划。
2. 按照观察计划记录亮亮社会适应方面的行为表现。
3. 评价幼儿行为表现。
4. 分析影响因素。
5. 提出调整策略。

学习任务

结合"岗位任务"中园长的任务要求,张老师要完成任务,则须学习观察、评价与支持幼儿社会适应能力发展的相关知识与技能,具体学习任务见表 4-2-1。请以张老师的角色完成"学习任务"。

表 4-2-1　"幼儿社会适应能力观察、评价与支持"学习任务单

任务小组	组名:
	组长:
	组员:
学习情境	观察、评价与支持幼儿社会适应能力的发展
任务要求	1. 6~8 人为一组做好分工与合作 2. 围绕上述岗位任务要求,对幼儿社会适应过程中的表现进行观察、评价与支持 3. 学会反思与总结自己的学习过程
实施步骤	具体要求
资讯	学习【学习支持】板块,获取关于观察、评价与支持幼儿社会适应能力的相关知识;梳理幼儿社会适应能力的发展轨迹
计划	根据"资讯"阶段获取的信息,分析岗位任务要求,小组协作制订问题解决方案
决策	通过组间互评、教师指导,修正计划,确定问题解决方案

（续表）

实施步骤	具体要求
实施	按照方案实施"岗位任务"
检查	通过组内或组间相互监督与检查，及时发现实施过程中的困难或问题，并适当调整方案，以保障问题得到有效解决
评价	小组展示幼儿社会适应能力观察记录表，基于点评总结教学要点，进一步完善观察记录

学习支持

如果教师花时间观察幼儿园的自由游戏，可能会发现一些有趣的现象：幼儿们聚集在一起，像是一个自有规则的小小王国，他们会分配幻想情景里的各种角色，也会约定一些玩具的使用方法。如果教师拥有着足够的发展心理学知识和幼儿观察、评价与支持能力，就知道在这个运转良好的游戏里体现着幼儿的社会性发展状况。其中，对于规则的约定和理解就属于社会性发展中社会适应的部分。幼儿的社会适应能力至关重要，既决定了幼儿是怎么看待和理解自己所处的集体、环境和社会的，又影响着他们能否融入其中并产生归属感。那么在幼儿社会适应能力不断发展的过程中，幼儿教师需要观察些什么关键的行为表现，利用怎样的评价框架了解幼儿社会适应能力的发展需求？又如何进行有针对性的支持呢？通过以下五个典型工作环节，可以系统学习如何观察、评价与支持幼儿的社会适应能力发展（本情境主要指幼儿在适应环境、理解社会规范、适应社会文化等方面的发展）。

典型工作环节一　制订观察计划

陈会昌先生于 1994 年编制的儿童社会性发展量表中，将儿童的社会性发展分成了社会性情绪与情感、社会认知、社会适应、遵守生活常规和规则、遵守道德规则和准则、同伴关系、自控力和意志品质、独立性、自我意识和自我教育等多重维度。其中，社会适应被定义为三种类型的适应：对父母和亲人的依恋程度、对新社会环境的适应能力、对陌生人的态度。

幼儿社会性发展涉及的内容庞杂，现有关于幼儿社会适应能力的研究主要关注了幼儿的生活自理能力、幼儿对当前社会环境和规范的适应能力及幼儿的人际交往能力等方面。由于我们在健康领域中探讨了幼儿生活自理能力的发展，并且根据《指南》中幼儿社会性的发展分为人际交往和社会适应两个部分，在这一部分的学习情境中，会主要关注幼儿对当前社会环境和规范的适应能力。明确了在该观察情境中幼儿社会适应能力的概念和范畴之后，就可以沿用之前制订观察计划的方法来开启这一次观察。

一、确定观察目的和目标

对幼儿社会适应能力的观察需要重点了解的是幼儿从关注"自我"过渡到对"自我和他人组成的集体"感兴趣并逐渐融入其中的过程，因此观察目的和观察目标的重点可以围绕着幼儿如何逐渐感知并关注他人，认识并遵守集体规则来制定。

二、明确观察对象

教师选择的观察对象反映了其想要了解的目标群体是谁。教师应该关心每一个幼儿在社会适应能力模块中的发展需求，并且关注和发现每个幼儿社会适应发展需求中的侧重点，以及识别那些需要给予个性化支持的幼儿。

三、选择观察方法

可以利用检核表来了解幼儿对集体规则的遵守情况，也可以利用描述记录的方式来收集幼儿是如何关注他人、适应集体的。教师可根据自己的观察目的和目标选择适合的方法。

四、选择观察情境

幼儿的社会适应能力通常体现在他们与他人的互动和集体活动当中，因此教师可以根据观察目的来选择合适的观察情境。恰当选择的前提是教师能够真正理解幼儿社会适应能力的内涵，并结合内涵理解幼儿在活动中的哪些表现能够体现其社会适应能力。

在制订了观察计划之后，教师可以设计如表1-1的幼儿社会适应行为观察计划表来完善自己的计划，并据此进行后续的记录、评估与反思。

> **典型工作环节二**　　**收集幼儿信息**

当教师已经有了切实可行的观察计划后，接下来要如何从幼儿的社会行为中获得与幼儿社会适应能力发展状况有关的信息细节呢？在典型工作环节二中，教师首先需要通过明确幼儿社会适应能力发展中的典型表现来构建系统的信息收集框架，然后才能够准确地捕捉到关键信息的细节。

结合《指南》中社会适应模块的子目标，可以把幼儿社会适应能力的观察要点归纳为以下3点：

① 幼儿对集体、规则、环境和社会文化的认识与理解；
② 融入新环境、新集体的尝试和遵守规则的行为；
③ 对家庭、集体、环境和社会文化表现出的情感态度。

在对幼儿社会适应能力的典型表现信息进行收集时，教师要有意识地梳理能够体现出幼儿社会适应能力事件的始末，了解事件发生发展过程中幼儿认知、情感态度和行为等方面的信息，这样才能够准确地了解幼儿社会适应能力的发展状况。

有学者对幼儿社会适应中环境和规范、社会文化两个维度的认知、情感、行为进行了具体的描述（如表4-2-2[①]所示），教师可参照此表进一步细化社会适应的观察要点，以便在观察时不漏掉关键信息。

表4-2-2　幼儿社会性发展中关于"环境与规范"及"社会文化"方面的观察要点

维度	社会认知	社会情感	社会行为
环境和规范	了解周围环境；知道基本的社会、生活、学习等规则	感受和欣赏环境的美；关心身边事；形成初步的是非感	养成对环境的积极行为；尊重别人的劳动成果；爱护环境，有公民意识
社会文化	对中国及世界文化有初步了解	萌发热爱祖国、爱好和平的情感；尊重、接受多元文化	尊重我国文化及世界文化

> **典型工作环节三**　　**评价幼儿表现**

在收集了幼儿社会适应能力的信息之后，教师要结合观察计划中既定的观察目的和目标来评价幼儿社会适应能力的发展状况，准确敏锐地识别幼儿社会适应能力的发展需求。具体到当前学习情境中，也就是教师要能够深入地理解在上一个典型工作环节中收集到的信息和观察对象的社会适应能力之间有着怎样的关联，这种关联体现了幼儿哪方面的社会适应能力发展状况，有没有指向既定观察计划中观察者想要关心的内容，在幼儿日常的生活与学习中，是哪些因素在影响着他们当下的行为结果。

---

① 张岩莉.学前儿童社会教育[M].上海：复旦大学出版社，2012.

一、熟悉幼儿社会适应能力关键指标的发展轨迹

《指南》指出："幼儿在与成人和同伴交往的过程中，不仅学习如何与人友好相处，也在学习如何看待自己、对待他人，不断发展适应社会生活的能力。"也就是说，幼儿是在和他人、集体的持续互动中逐渐融入和认同集体，理解和遵守规则。幼儿的社会适应能力从开始注意周围的事件到学会尊重他人、从爱家庭成员到爱家乡和爱祖国，其发展过程可大体分为七个等级，如表4-2-3①，可以参考此表来梳理幼儿社会适应能力的发展脉络。

表4-2-3　幼儿社会适应能力发展水平表

水平	幼儿社会适应能力发展的关键指标
水平0	幼儿注意到身边发生的事情 **解释**：幼儿对周围环境中的突发事件保持警觉，他们会突然安静下来，身体紧张，转向某个声音、景象或其他事物
水平1	有成人引导或协助时，幼儿会参与部分日常常规活动 **解释**：当成人给出提示或协助时，幼儿参与保育常规或日常游戏中
水平2	幼儿尝试通过自己的努力完成一个简单的日常常规活动 **解释**：幼儿独立尝试完成一个简单的、和日常生活相关的任务。要在这个水平上得分，幼儿不一定要完成任务
水平3	幼儿能在一日生活的各个环节间转换 解释：幼儿自发地在听到提醒后，在一日生活的各个环节（包括小组活动时间或大组活动时间、工作时间、自由活动时间或选择时间、户外活动准备时间、洗漱时间、进餐时间或休息时间）之间转换
水平4	幼儿提醒他人注意班级常规和社会常规 解释：幼儿提醒或帮助他人遵守常规，也能帮助他人遵守社会规范，如把纸张放入回收箱而不是扔到垃圾桶中
水平5	除了遵守课堂规则、工作要求和常规之外，幼儿做了对班集体有益的行为 解释：幼儿不是因为规则要求，或为了完成工作和日常活动（如清洁）而承担班集体工作。幼儿自觉尊重和爱护集体，爱护集体的材料、设备和室内外设施
水平6	幼儿能够区分他人的行为是有意的还是无意的 解释：令人不快的事情发生了，有时候是偶然发生的，有时候是有人故意为之，幼儿能够区分两者的不同。虽然幼儿可能会感到沮丧（如他正在做的工作被破坏了），但是他可以理解别人并不是故意的
水平7	幼儿知道自己的行为是如何对别人造成影响的，若有需要他们也会去弥补 解释：在做了一些让人失望或者对他人不利的事情后，幼儿会道歉并改正自己的行为。要在这个水平上得分，幼儿的语言和行为必须是真诚的、发自内心的，而不是成人命令下的机械反应（如背出"对不起"）

要点巩固

请根据所学，梳理幼儿社会适应能力的发展轨迹。

二、参照《指南》中幼儿社会适应能力的发展目标

《指南》将幼儿社会适应能力的发展目标分为"喜欢并适应群体生活""遵守基本的行为规范""具有初步的归属感"三个维度，并列举了3～4岁、4～5岁、5～6岁幼儿在这三个目标中的典型表现（如表4-2-4所示），是幼儿社会适应学习与发展的重要参照。教师可参考这些发展目标来判断幼儿社会适应能力的发展状况。

---

① ［美］安·S.爱泼斯坦.高瞻课程的理论与实践：社会性和情感发展［M］.霍力岩，等译.北京：教育科学出版社，2013.

表 4-2-4　《指南》中关于幼儿社会适应能力的发展目标

目标		典型表现		
		3～4 岁	4～5 岁	5～6 岁
目标1	喜欢并适应群体生活	1. 对群体活动有兴趣 2. 对幼儿园的生活好奇，喜欢上幼儿园	1. 愿意并主动参加群体活动 2. 愿意与家长一起参加社区的一些群体活动	1. 在群体活动中积极、快乐 2. 对小学生活有好奇和向往
目标2	遵守基本的行为规范	1. 在提醒下，能遵守游戏和公共场所的规则 2. 知道不经允许不能拿别人的东西，借别人的东西要归还 3. 在成人提醒下，爱护玩具和其他物品	1. 感受规则的意义，并能基本遵守规则 2. 不私自拿不属于自己的东西 3. 知道说谎是不对的 4. 知道接受了的任务要努力完成 5. 在提醒下，能节约粮食、水电等	1. 理解规则的意义，能与同伴协商制定游戏和活动规则 2. 爱惜物品，用别人的东西时也知道爱护 3. 做了错事敢于承认，不说谎 4. 能认真负责地完成自己所接受的任务 5. 爱护身边的环境，注意节约资源
目标1	具有初步的归属感	1. 知道和自己一起生活的家庭成员及与自己的关系，体会到自己是家庭的一员 2. 能感受到家庭生活的温暖，爱父母，亲近与信赖长辈 3. 能说出自己家所在街道、小区（乡镇、村）的名称 4. 认识国旗，知道国歌	1. 喜欢自己所在的幼儿园和班级，积极参加集体活动 2. 能说出自己家所在地的省、市、县（区）名称，知道当地有代表性的物产或景观 3. 知道自己是中国人 4. 奏国歌、升国旗时能自动站好	1. 愿意为集体做事，为集体的成绩感到高兴 2. 能感受到家乡的发展变化并为此感到高兴 3. 知道自己的民族，知道中国是一个多民族的大家庭，各民族之间要互相尊重，团结友爱 4. 知道国家一些重大成就，爱祖国，为自己是中国人感到自豪

三、关注幼儿表现出的学习品质

除了从幼儿社会适应能力的发展脉络和3～6岁幼儿社会适应发展的典型表现来进行整体评价外，教师还需要进一步理解幼儿在日常活动中表现出的学习品质，关注幼儿是如何获得社会知识、习得融入集体的技能、形成对于集体和社会文化的认同的。

高瞻课程中学习品质指标框架里涉及的"主动性和计划性""反思"两个部分和幼儿社会适应能力的发展有关。从"主动性和计划性"来看，幼儿从出生开始就会主动地选择自己感兴趣并对自身有意义的事情。随着年龄的增长，幼儿作为主动学习者，其做决定和计划的意识与目的性在逐渐增强。他们的计划也随着年龄增长变得更复杂。具体到社会适应能力中，幼儿可能会为第二日的集体春游提前挑选零食和玩具，分享自己要和同伴游玩的计划。而"反思"指的是幼儿分析和回忆更久远的事情。随着年龄的增长，他们能够复述和回忆起更多的细节。例如，幼儿会在回顾时间中告诉老师自己在周末和家人先买了甜品，又去了幼儿园，最后还吃了美味的烤鸭，幼儿对家庭生活事件的回顾就体现了其反思的学习品质。

四、综合分析影响幼儿表现的因素

（一）幼儿自身的因素

幼儿自身的因素会影响幼儿社会适应行为。研究发现，安全型依恋的幼儿在社会交往中会表现出自信和适应能力强等积极的品质，容易型气质的幼儿社会适应的可塑性更强。也就是说，幼儿的依恋类型和气质类型影响着幼儿在社会适应过程中的行为表现。

另外，幼儿的社会认知能力，如观点采择能力，也会影响幼儿对他人和集体的理解。观点采择能力指的是体察他人感受、想法和意图的能力，这是社会认知能力中的重要部分。而关于观点采择能力和亲社会行为之间的因果研究表明，经过观点采择能力训练的幼儿，更倾向于理解他人的需要并乐于与他人合作。另外,随着幼儿社会认知水平的发展和情绪调节管理能力的提高,幼儿能够更好地体察和表达自己的情绪,理解他人的需要和情绪。

综合来看,幼儿自身的依恋类型、气质类型、社会认知水平和共情能力等都影响着幼儿在社会适应过程中的表现。

（二）亲子关系

家庭是幼儿社会化过程中的第一个场域,良好的亲子关系会促进幼儿社会适应能力的发展。一方面,良好的亲子互动能够为幼儿社会认知、交往技能和情感态度提供发展的机会;另一方面,良好亲子关系的建立为幼儿提供了身体和心理上双重的安全基地,让幼儿体会到与人互动的积极情感,萌发交往的意愿和主动性,从而更愿意投入到集体活动中,逐渐萌发出对集体的认同感。

（三）同伴交往

同伴交往的情况和集体的接纳程度对于幼儿在社会适应中的表现至关重要。同伴之间的地位是平等的,同伴之间可以一起参与活动、分享共同的兴趣,这样的交往是轻松和愉快的,幼儿从中获得的有益体验可促使他们在同伴中获得归属感与安全感,发展出平等互利的友谊。除此之外,在同伴交往中,幼儿面临着许多人际冲突的情况,无论是互相争夺玩具,还是同伴违反规则,这些情况都为幼儿提供了学习协商解决问题的机会。

在评价幼儿社会适应表现的时候,只有把幼儿自身的社会认知水平、依恋和气质类型、亲子互动模式、同伴交往等影响因素纳入考虑,才能够看到个体之间在社会适应上的真实差异,进而在下一个工作环节提供有针对性的支持。

典型工作环节四　支持幼儿发展

做好对幼儿社会适应能力的评价,下一步就要运用评价的信息来支持幼儿在社会适应能力上的进一步发展。这也是整个观察评价和支持过程中的关键环节。对于幼儿的社会适应能力来说,教师可结合幼儿切实的社会适应发展需求,从以下三个方面提供有针对性的支持。

一、建立亲密的关系纽带,为幼儿的社会适应提供情感和榜样支持

心理学研究发现,当榜样和幼儿具有良好的互动并建立了紧密的关系之后,在具体的情境下耐心地向幼儿说明遵守规则或者帮助他人的理由,并且做出相对明确的示范,幼儿就会更容易模仿榜样的行为,并体现出亲社会的倾向。

幼儿的社会适应能力是需要时间发展的,首先,成人应掌握不同年龄段幼儿的社会性发展特点,深入理解当前观察对象的发展需求。其次,成人可以通过敏感且积极地回应幼儿的需求,来和幼儿建立亲密的纽带关系,为幼儿在适应新环境和新集体的时候提供有利的情感支持,让幼儿感到教师和家长是可以信赖和亲近的,幼儿园和家庭是温暖并且能够提供支持的。最后,成人在与幼儿的日常相处中,也应该身体力行,为幼儿作出行为表率。例如,答应幼儿的事情一定要做到、尊老爱幼、爱护公共环境、节约水电等。

二、依托具体情境,帮助幼儿理解规则所代表的含义

教师在制订支持策略时需要理解的是,由于幼儿社会认知和情感发展水平有限,他们通常并不能完全理解自己行为背后的含义和行为带来的后果。因此,教师不应该粗暴地期待幼儿表现出表面上的遵守规则行为,而应该观察幼儿能否真正理解遵守规则和帮助他人背后的意义。教师可以在具体情境中引导幼儿注意到自己行为的后果,当幼儿遵守了规则,教师不应该简单地给予幼儿外部的奖励来作为强化手段;当幼儿有不遵守规则的行为时,教师也不应该进行粗暴的惩罚或者斥责来制止。例如,教师观

察到自己班级的幼儿在自由活动之间会发生争抢玩具的现象,在户外活动分组玩荡秋千游戏时,教师就可以利用当下的游戏情境帮助幼儿了解"轮流"的含义。要注意的是,教师不是单纯制定轮流的规则然后让幼儿执行,而是可以通过在活动前后设置讨论分享环节让幼儿思考"如何让每个小朋友都可以参与到好玩的游戏中?""这样做的好处是什么?"等,帮助幼儿理解和内化抽象的规则,体会所处环境的文化是如何形成的,感受集体的力量,提高社会适应能力。

三、借助多样化的活动形式,支持幼儿社会适应能力的发展

在实际的支持过程中,教师可以通过组织多样化的活动,如春游、秋游、参观博物馆和天文馆等方式,鼓励幼儿在集体和成人的支持下进入陌生的环境中,获得自我调适能力的增长。也可以通过开展义卖、环保游学、参观社区医院等亲子活动,支持幼儿了解周围的环境和机构,掌握社会适应的技能,萌发对他人和社会的正向积极情感。

在日常的保教活动中,教师也可以有意识地借助幼儿能够理解的方式来帮助幼儿认识抽象的社会文化概念,利用绘本、故事讲述、情景再现、角色扮演、事后反思讨论等多样化的活动形式,耐心引导幼儿关注他人在困境中体会到的焦虑或者悲伤情绪,促进幼儿亲社会水平的提升。也可以通过地图游戏、物产集市、做图画简报和升旗活动等方式来感受家乡和祖国的人文风物,激发幼儿对家乡、祖国、文化的热爱之情。

情境演练 4-2-1

放寒假啦! 过年的时候飞飞一家从寒冷的北方飞到温暖的南方过春节,第一次出远门的飞飞十分开心,每天都出门游玩。短短几天,他见到了好多新鲜的东西:高高的棕榈树,又硬又圆的椰子,还有漂亮的黎族服饰。

飞飞产生了好多疑问:为什么南方的海岛和他的家乡不一样? 他两个地方都很喜欢,这可怎么办? 以后要住在哪里呢?

如果你是飞飞的老师,当他把这些疑问分享给你时,你如何从社会适应能力发展的角度为飞飞提供支持呢?

《《典型工作环节五》》 反思工作过程

一方面,教师应反思自己在整个观察、评价与支持的过程中是否始终以幼儿社会适应能力的发展为目的。幼儿早期的社会性发展水平是有限的,在理解许多规则、社会文化和概念时会受到前运算阶段认知发展特点的限制,因此,他们的学习是在具体的问题中不断实践,积累足够的经验,才能够真正内化这些相对抽象的内容。基于这样的前提,教师在制订观察计划、进行信息收集、评价幼儿发展和提出支持策略的时候,不能以"解决麻烦"的思路来面对幼儿在社会适应过程中出现的困难,而是要真正理解不同年龄阶段幼儿社会适应发展的特点,通过持续的观察,基于幼儿不断变化发展的社会适应需求来制订支持策略。另一方面,基于幼儿社会适应过程中的表现来反思环境和活动的支持程度。幼儿是生活在社会中的个体,在社会化的过程中会不断地和周围的人际环境产生互动,且由于幼儿的思维具有具体形象性的特点,当下的行为表现常常会受到当前情境和活动形式的影响。因此,教师在制订并执行了支持策略之后,要持续观察环境及活动对幼儿行为表现的影响。例如,当教师发现中、大班幼儿在进行区域活动时,区域彼此之间的交流和互动很少,教师可以观察区域之间的开放程度并调整区域之间的流通路径,来促进幼儿通过互动形成有效的同辈联结;又如,当小班幼儿出现争抢玩具的行为时,教师应该尊重小班幼儿的身心发展特点,反思自己投放的同类材料数量能否满足幼儿的需求。

任务实践

视频 4-2-1（小班）是张老师在保教工作中拍摄的一段视频。请根据"岗位任务"中的"任务要求"，结合"学习支持"所学，使用表 2-2-14 完成对视频 4-2-1（小班）的观察记录。

视频 4-2-1
（小班）①

评价反馈

为了更好地了解自己对本情境相关知识与能力的掌握情况，参考表 4-2-5 对自己的学习过程进行评价与反思。

表 4-2-5 "幼儿社会适应能力观察、评价与支持"学习评价单

<table>
<tr><td rowspan="3">任务小组</td><td colspan="3">组长：</td></tr>
<tr><td colspan="2">组名：</td><td>得分：</td></tr>
<tr><td colspan="3">组员：</td></tr>
<tr><td>学习情境</td><td colspan="3">观察、评价与支持幼儿社会适应</td></tr>
<tr><td colspan="2">评价项目</td><td>评价要点</td><td>分值</td><td>自我评价</td></tr>
<tr><td colspan="2">资讯</td><td>主动学习，获取关于"岗位任务"的知识，完成"岗课赛证"中的练习，正确率 80% 以上；能完整梳理出幼儿社会适应能力的发展轨迹</td><td>15</td><td></td></tr>
<tr><td colspan="2">计划</td><td>小组成员间分工明确；能够积极参与小组活动，认真完成任务</td><td>5</td><td></td></tr>
<tr><td colspan="2">决策</td><td>积极参与小组讨论，对其他小组的方案提出建议；在修正计划中能积极发表自己的看法</td><td>5</td><td></td></tr>
<tr><td rowspan="4">实施</td><td>制订观察计划</td><td>观察计划内容完整；观察目的和目标科学、合理；观察记录方法适用于观察目的</td><td>5</td><td></td></tr>
<tr><td>收集幼儿信息</td><td>能够记录幼儿社会适应的行为表现；能多方收集幼儿信息</td><td>10</td><td></td></tr>
<tr><td>评价幼儿表现</td><td>能根据幼儿表现评价幼儿社会适应能力发展水平，发现幼儿在社会适应过程中表现出的学习品质，并合理分析影响幼儿表现的因素</td><td>20</td><td></td></tr>
<tr><td>支持幼儿发展</td><td>支持策略具有针对性、科学性；能从幼儿自身、幼儿园、家庭等多方面进行思考</td><td>20</td><td></td></tr>
<tr><td colspan="2">检查</td><td>能够自觉对任务实施过程中的小组合作或任务完成质量进行检查、反思，提出疑问或见解</td><td>5</td><td></td></tr>
<tr><td colspan="2">评价</td><td>能主动展示小组练习的结果；能认真记录点评与总结，积极参与完善小组练习</td><td>5</td><td></td></tr>
<tr><td colspan="2">思政融入</td><td>在学习过程中能够真正关怀幼儿社会适应的发展需求，具有育人的使命与担当；观察幼儿时耐心、细心、关爱幼儿</td><td>10</td><td></td></tr>
</table>

---

① 来自广西区直机关第三幼儿园。

岗课赛证

一、完成赛题

请从社会适应能力发展的角度选择观察对象,完成全国职业院校技能大赛学前教育专业技能竞赛(保教视频分析赛项)009 号题"小班社会——拥抱"。

二、教师资格证考试模拟演练

(一)单选题

1. 从心理结构上看,幼儿社会适应能力的成分不包括(   )。
    A. 社会认知   B. 社会学习
    C. 社会情感   D. 社会行为

2. 面对幼儿在游戏中不遵守规则的行为,教师的以下做法不妥当的是(   )。
    A. 在日常生活中做好遵守规则的榜样
    B. 耐心地了解幼儿不愿意遵守规则的原因和想法
    C. 斥责幼儿的错误行为并且进行适当的惩罚
    D. 和幼儿建立亲密的支持性关系

3. "感受规则的意义,并能基本遵守规则",是对哪一年龄段幼儿的期望?(   )
    A. 托班   B. 小班   C. 中班   D. 大班

(二)多选题

1. 《指南》中社会适应模块的子目标包括(   )。
    A. 喜欢并适应集体生活   B. 遵守基本的行为规范
    C. 关心与尊重他人   D. 具有初步的归属感

2. 幼儿社会适应能力的观察要点,包括(   )。
    A. 和同伴友好协商解决问题的行为
    B. 幼儿对集体、规则、环境和社会文化的认识与理解
    C. 融入新环境、新集体的尝试和遵守规则的行为
    D. 对家庭、集体、环境和社会文化表现出的情感态度

(三)材料分析题(2017 年下半年《幼儿保教知识与能力》真题)

材料:开学不久,小班王老师就发现,李虎小朋友经常说脏话。虽然老师多次批评,但他还是经常说,甚至使得其他孩子也跟着说脏话。

问题:

(1)请分析李虎及其他幼儿说脏话的可能原因。

(2)王老师可以采取哪些有效的干预措施?

拓展阅读

[1] 庞丽娟,姜勇,叶子. 幼儿社会性品质的结构维度及其对社会性行为的影响[J]. 心理发展与教育,2000(4):14-19.

[2] 夏伟瑕. 幼儿社会适应能力发展过程及培养策略[J]. 教育导刊(下半月),2018(5):4.

模块五

幼儿科学领域行为观察、评价与支持

学习情境一

观察、评价与支持幼儿科学探究

情境导学

在一次主题为"宝贵土壤"的中班科学活动中,教师把幼儿带到户外场地中,让每个幼儿寻找土壤里有什么。佳佳埋头在地上寻找,发现了一只小小的西瓜虫。于是他把西瓜虫捡起来,放在手心里,一会儿看看远处的老师和小朋友,一会儿看看自己手心的西瓜虫,但是并没有把自己的发现告诉别人,也不再去寻找土壤里的东西了。在集体谈话的时候,他对教师的问题也没有反应,一心关注他手里的西瓜虫。西瓜虫在他的手里也慢慢爬动起来。当西瓜虫快要爬到手掌边时,他马上用另一只手接过来。

作为教师,发现了佳佳的行为后应该如何做呢?从哪些方面入手来评价佳佳的科学探究能力?如何为佳佳的进一步探究提供适宜的支持和引导呢?请以一名幼儿教师的角色进入本学习情境,学习如何观察、评价并支持幼儿的科学探究。

学习目标

1. **知识目标**:了解观察与支持幼儿科学探究的典型工作环节;掌握幼儿科学探究活动的观察要点、评价维度和支持策略。

2. **能力目标**:能结合幼儿科学探究各典型工作环节要求,进行情境演练,学会观察记录、评价与支持幼儿的科学探究。

3. **素养目标**:树立严谨、求真的科学态度,养成良好的科学品质与科学素养、精益求精的工匠精神。

岗位任务

在老师的引导下,中二班的孩子们在植物角的花盆里种了向日葵种子,并进行了标记。过了几天,有的小朋友种的种子发芽了,但是有的却一点动静都没有。巧巧种的种子没有发芽,她非常着急,就用小铲子把种子挖了出来。张老师发现后批评了巧巧,说她不应该这么做,巧巧非常委屈。教研活动时,张老师把自己的困惑说了出来:她不断向小朋友们强调种下去的种子不能再挖出来,为什么总是有小朋友想要再挖出来看看? 张老师不知道应该如何引导幼儿进行探究活动,园长给张老师列出了以下任务要求。

任务要求:

1. 做好观察计划。
2. 按照观察计划记录幼儿在植物角的活动。
3. 评价幼儿行为表现。
4. 分析影响因素。
5. 提出调整策略。

学习任务

结合"岗位任务"中园长的任务要求,张老师要完成任务,则须学习观察、评价与支持幼儿科学探究的相关知识与技能,具体的学习任务见表5-1-1。请以张老师的角色完成"学习任务"。

表5-1-1　"幼儿科学探究观察、评价与支持"学习任务单

任务小组	组名:
	组长:
	组员:
学习情境	观察、评价与支持幼儿科学探究
任务要求	1. 6~8人为一组做好分工与合作 2. 围绕上述岗位任务要求,进行幼儿科学探究的观察、评价与支持 3. 学会反思与总结自己的学习过程
实施步骤	具体要求
资讯	学习【学习支持】板块,获取关于幼儿科学探究观察、评价与支持的相关知识;梳理幼儿科学探究的发展轨迹
计划	根据"资讯"阶段获取的信息,分析岗位任务要求,小组协作制订问题解决方案
决策	通过组间互评、教师指导,修正计划,确定问题解决方案
实施	按照方案实施"岗位任务"
检查	通过组内或组间相互监督与检查,及时发现实施过程中的困难或问题,并适当调整方案,以保障问题得到有效解决
评价	小组展示幼儿科学探究活动观察记录表,基于点评总结教学要点,进一步完善观察记录

学习支持

完整意义的科学包括三方面的内涵:科学知识、科学过程和方法、科学情感和态度。在科学探究活动中,幼儿不仅可以学习到相关的科学知识,满足好奇心和求知欲,还可以促进思维的发展。那么在幼儿科学探究活动中,幼儿教师需要观察些什么? 如何评价? 如何给予有针对性的支持呢? 通过以下五个典型工作环节,可以系统学习如何观察、评价与支持幼儿的科学探究。

典型工作环节一 制订观察计划

一、确定观察目的和目标

观察目的是观察幼儿科学探究的动因，如是为了了解幼儿探究能力的发展现状，还是为了解释幼儿在某种科学探究活动中的行为背后的原因，或是为了了解科学活动课程实施的进展。在确定观察目的后，教师要根据观察目的列出具体的观察要点，即观察目标（观察要点可参考"典型工作环节二"中的相关知识点），做到心中有数。

二、明确观察对象

教师需要根据观察目的明确科学探究领域的观察对象。一方面，教师应能关注到每个幼儿在日常生活中的探究行为；另一方面，应基于对全体幼儿科学探究行为的大体了解，有侧重地观察那些对某些方面有着浓厚探究兴趣的个体或团体。

三、选择观察记录方法

幼儿科学探究活动的观察可以综合采用观察、谈话、作品分析等多种方法。观察法有利于在日常生活中，获得真实、具体的幼儿科学探究的信息，还可以通过谈话法辅助，更深入地了解幼儿的行为和言语。在观察后可以选择档案袋记录，通过有目的、有计划地搜集、记录幼儿在科学探究活动中的各种相关作品，如科学观察记录本、绘画制作等，以及幼儿在科学探究过程中具体的行为表现，分析和评价幼儿在科学探究活动中表现出来的探究兴趣、情感态度和探究能力等。

四、选择观察情境

幼儿对周围的事物充满了好奇心，有着天然的探究欲望。突然飞进教室的一只虫子，会引发他们的一番观察与讨论；科学探索区一个斜坡、几个球、几块积木，则会激起他们对球的滚动速度的好奇；操场上各种各样的叶子也能吸引他们的注意……教师若留心观察，就会发现幼儿的这些科学探究行为。教师应根据自己的观察目的选择适宜的情境，有时候一种科学探究活动可能在室内也可能在室外出现，如关于水流的探究，可以在盥洗室进行，也可以在雨后去室外进一步探究。

典型工作环节二 收集幼儿信息

这一部分主要从幼儿科学经验和概念、幼儿探究能力以及幼儿科学情感和态度三个方面来探讨幼儿科学探究的观察要点，明确应收集哪些相关信息。

一、幼儿科学经验和概念的观察要点

有效的科学教育活动应建立在幼儿已有的知识经验基础之上，教育基于经验就意味着教师要关注幼儿过去的经验和幼儿原有的经验水平。这些已有经验未必总是正确的，但它在科学概念形成的过程中非常重要。在这一过程中，教师需观察的要点包括幼儿的自发性问题与活动，或者教师通过创设与教育内容相关的问题或情境，从幼儿的回答和反应中了解其现有认知水平。如案例 5-1-1 中，教师利用谈话法了解了幼儿原有经验中对力的存在的认知，并用文字描述的方法记录了他们的对话。

案例 5-1-1①

"水有力吗?""——有,它在流。"

"汽油有力吗?""——没有,它没有动。"

"自行车有力吗?""——有,人把它骑着走。"

"湖里的水有力吗?""——有,因为它朝着河流过去了。"

二、幼儿探究能力的观察要点

幼儿的科学探究能力是在探究过程中逐渐形成的,是幼儿在探究解决问题的过程中综合运用各种方法的能力的综合表现。教师需观察的要点包括幼儿探究过程中使用的感官、观察的顺序,对物体进行比较、分析、抽象与概括的过程,记录探究结果的方法等。如案例 5-1-2,展示了幼儿在种植向日葵过程中积极思考,想出多种办法对向日葵种子进行标记的过程。

案例 5-1-2②

幼儿在幼儿园的户外种植区种下了向日葵的种子(图 5-1-1),但发现种下之后就找不到种子的位置了。教师问:"找不到了怎么办呀?"

凡凡:"我刚去找浇水的工具,回来后找不到我种的向日葵了。"

教师:"其他小朋友种的向日葵找到了吗?"

凯凯:"我把树枝插在了向日葵旁边。"

泽泽:"我和张梓桐种在大树旁边了。"

峰峰:"我的向日葵旁边有很多的叉叉记号(井盖上的纹路)。"

瑄瑄:"埋种子的地方有很多树叶。"

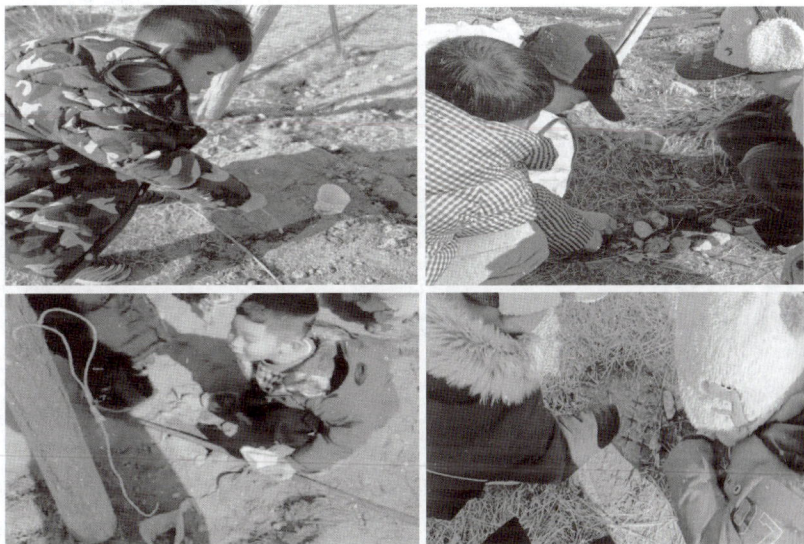

图 5-1-1　幼儿在种向日葵

---

① 鄢超云.朴素物理理论与儿童科学教育[M].南京:江苏教育出版社,2007.

② 案例由北京师范大学银川幼儿园宋苗苗老师提供。

三、幼儿科学情感和态度的观察要点

幼儿科学情感和态度主要可以从以下方面进行观察：幼儿对周围世界的好奇心、学习科学的兴趣、尊重客观事实的科学态度、乐于思考创新和合作交流的习惯以及关心、爱护自然和环境的积极情感等。如案例5-1-3，展示了幼儿在种植向日葵过程中看到向日葵发芽后激动的心情和表现。

案例 5-1-3①

早上入园时间，勉奕泽发现泡沫箱里的向日葵发芽了（图5-1-2），很开心地跑过来分享："老师，向日葵发芽了。"孩子们陆陆续续发现向日葵发芽了，都兴奋不已，也有小朋友用画笔记录了自己看到的发芽的向日葵，可是有的高，有的矮。

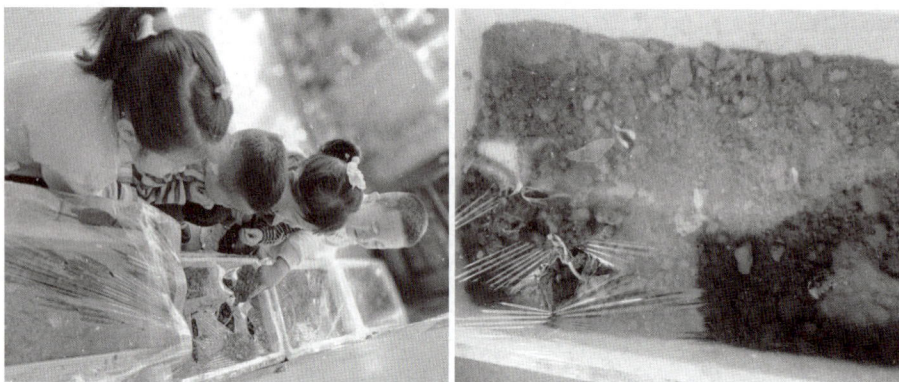

图5-1-2　向日葵发芽了

《典型工作环节三》 评价幼儿表现

在科学探究的过程中，幼儿的科学探究能力——观察实验能力、科学思考能力、表达交流能力和设计制作能力将获得一定发展，下面从这几种具体的科学探究能力来探讨评价幼儿科学探究行为所须具备的知识。

一、熟悉幼儿科学探究能力关键指标的发展轨迹

（一）观察实验能力

观察是一种有目的的知觉活动，对幼儿来说会观察是一种非常重要的科学探究能力。由于幼儿的逻辑推理能力有限，所以获得科学知识的途径更多依赖于直接的观察。幼儿在科学实验中所发现的也是明显的、可见的和表面上的因果联系。一般来说，3～4岁的幼儿能够发现事物明显的特征，4～5岁的幼儿能够有顺序地观察事物的特征，5～6岁的幼儿学习观察事物的运动和变化并探寻观察对象的变化规律，具体可参见表5-1-2②。

---

① 案例由北京师范大学银川幼儿园宋苗苗老师提供。
② 张俊.幼儿园科学领域教育精要——关键经验与活动指导[M].北京：教育科学出版社，2015.

表 5-1-2　幼儿观察实验能力关键经验发展轨迹

3～4 岁	4～5 岁	5～6 岁
发现事物明显的特征 发现事物的外部特征 学习运用多种感官感知事物的特征 观察现象的发生和事物变化 在动作的尝试中进行探究 关注动作产生的结果 通过观察和触摸,使用简单工具收集信息	有顺序地观察事物 比较各个观察对象的不同和相同之处 运用简单的工具,收集更多细节性的信息 在实验的过程中发现物体的性质和用途 在实验过程中发现物体之间的联系	学习观察事物的运动和变化 对事物进行长期系统的观察 探寻观察对象的变化规律 在观察中逐渐发现事物和现象之间的内在联系 学习运用标准化的工具来收集信息 在成人的帮助下,制订简单的调查计划并执行

(二) 科学思考能力

　　幼儿学习科学的过程中,不仅需要动手操作,还需要动脑思考。幼儿的思维以具体形象思维为主,因此幼儿是在具体形象和表象基础上思考事物之间的关系,甚至进行某种程度的推理。科学思考能力的核心是依据事实证据,形成合乎逻辑的结论。虽然幼儿的思维依赖于具体的动作和形象,抽象逻辑思维还未发展,但是幼儿早期就已经出现了对世界的好奇、探索等探究性活动。幼儿科学探究的实质就是通过他们的感官观察、动手操作和动脑思考,来寻求问题的答案。一般来说,3～4 岁的幼儿能够对观察到的事物和现象积极思考;4～5 岁的幼儿能够根据观察结果提出问题并大胆猜测答案;5～6 岁的幼儿能够根据观察到的现象结合已有经验进行合理推论,具体可参见表 5-1-3[①]。

表 5-1-3　幼儿科学思考能力关键经验发展轨迹

3～4 岁	4～5 岁	5～6 岁
对观察到的事物和现象积极思考 根据教师的引导,尝试对观察结果提出问题	根据观察结果提出问题,并大胆猜测答案 对事物和现象进行比较和概括,认识到事物的不同和相同 根据已经获得的资料进行推断、得出结论	根据观察到的现象,结合已有经验进行合理推论 根据过去经验或逻辑推断,对现象进行解释和预测 用一定的方法验证自己的猜测

(三) 表达交流能力

　　表达交流能力是指幼儿通过多种方式,将形成的想法和探究的结果进行表征、论述,将科学过程和结论进行总结、传达、分享的过程。表达和交流的形式很多,除了可以用口头语言进行表达,还可以采用图画或书面语言的形式。幼儿可以通过图画、表格、数字等多种方式对探究结果进行记录,具体可参见表 5-1-4[②]。

表 5-1-4　幼儿表达交流能力关键经验发展轨迹

3～4 岁	4～5 岁	5～6 岁
描述物体的外部特征 用描述性的词汇对其观察经验进行讨论和分享 提取已有经验来进行描述和比较,并表达其观察经验 运用语言大胆讲述自己在观察中的发现	客观描述所发现的事实或事物特征 概括性地描述一类事物的特征 对现象进行直观、简单的解释 运用完整的语言讲述并交流自己在观察中的发现 用图画或其他符号进行记录	描述事物前后的变化 用叙述性语言来传达信息、提出问题和提供解释 对事物和现象进行更多的概括 用准确、有效的语言表达和交流自己在科学活动中的做法、想法和发现 用数字、图画、图表或其他符号记录 在探究中学习与他人合作及交流 倾听、理解和评价他人的观点

---

①②　张俊.幼儿园科学领域教育精要——关键经验与活动指导[M].北京:教育科学出版社,2015.

（四）设计制作能力

幼儿的游戏和探究活动包含创造、设计和制作等过程。比如幼儿科学探究活动，常包括"我怎么能够让声音在液体中传播""我怎么能让橡皮泥浮在水面上"之类的问题。幼儿在进行设计和制作时，须运用已有经验积极思考、不断尝试，充分发挥自身的创造力。一般来说，3～4岁的幼儿学习根据自己的目的选择和使用不同的工具与材料；4～5岁的幼儿学习制作简单的物品；5～6岁的幼儿学习正确、适当地使用简单的工具和技术，具体可参见表5-1-5。如若对幼儿设计制作能力进行大体评价，可以采用等级评定法，如案例5-1-4[①]。

表5-1-5　幼儿设计制作能力关键经验发展轨迹

3～4岁	4～5岁	5～6岁
探索结构性材料 尝试使用简单的工具 学习根据自己的目的选择和使用不同的工具与材料	利用各种材料，有目的地建构 安全地使用简单的工具 学习制作简单的物品	按照程序进行制作 正确、适当地使用简单的工具和技术 选择合适的工具和材料，运用多种物体进行建造和建构 选择所需要的工具、技术对已有的材料进行设计和操作 为制作的物品设计简单的外观造型

案例 5-1-4

运用情境观察的方法，评估幼儿的科技制作活动

我们可以根据幼儿在科技制作活动中的行为表现，来评估其操作能力和对操作活动的兴趣。比如，可以观察大班幼儿制作不倒翁的活动，并对每个幼儿的行为表现按照以下等级加以评定，如表5-1-6。

表5-1-6　对幼儿制作不倒翁的活动进行评定

幼儿	能独立完成	能在教师的帮助下完成	不能完成	兴趣很浓	不感兴趣
甲					
乙					
丙					
丁					

二、参考幼儿科学探究发展目标

《指南》提出了幼儿科学探究的目标要求（表5-1-7[②]），英国《国家课程（科学）》、澳大利亚《课程标准》也提出了幼儿阶段科学探究的目标（表5-1-8[③]、表5-1-9[④]）。总体来看，各个国家都重视幼儿探究问题、解决问题的能力，在评价时可作参考。

表5-1-7　《指南》中关于幼儿科学探究的发展目标

	目标	3～4岁	4～5岁	5～6岁
目标1	亲近自然，喜欢探究	1. 喜欢接触大自然，对周围的很多事物和现象感兴趣	1. 喜欢接触新事物，经常问一些与新事物有关的问题	1. 对自己感兴趣的问题总是刨根问底

---

① 张俊.幼儿园科学领域教育精要——关键经验与活动指导［M］.北京:教育科学出版社,2015.

② 中华人民共和国教育部.3～6岁儿童学习与发展指南［M］.北京:首都师范大学出版社,2012.

③④ 洪秀敏.学前儿童科学教育［M］.北京:北京大学出版社,2015.

（续表）

目标		3～4 岁	4～5 岁	5～6 岁
目标 1	亲近自然，喜欢探究	2. 经常问各种问题，或好奇地摆弄物品	2. 常常动手动脑探索物体和材料，并乐在其中	2. 能经常动手动脑寻找问题的答案 3. 探索中有所发现时感到兴奋和满足
目标 2	具有初步的探究能力	1. 对感兴趣的事物能仔细观察，发现其明显特征 2. 能用多种感官或动作去探索物体，关注动作所产生的结果	1. 能对事物或现象进行观察比较，发现其相同与不同 2. 能根据观察结果提出问题，并大胆猜测答案 3. 能通过简单的调查收集信息 4. 能用图画或其他符号进行记录	1. 能通过观察、比较与分析，发现并描述不同种类物体的特征或某个事物前后的变化 2. 能用一定的方法验证自己的猜测 3. 在成人的帮助下能制订简单的调查计划并执行 4. 能用数字、图画、图表或其他符号记录 5. 探究中能与他人合作与交流
目标 3	在探究中认识周围事物和现象	1. 认识常见的动植物，能注意并发现周围的动植物是多种多样的 2. 能感知和发现物体和材料的软硬、光滑和粗糙等特性 3. 能感知和体验天气对自己生活和活动的影响 4. 初步了解和体会动植物对人类的贡献	1. 能感知和发现动植物的生长变化及其基本条件 2. 能感知和发现常见材料的溶解、传热等性质或用途 3. 能感知和发现简单物理现象，如物体形态或位置变化等 4. 能感知和发现不同季节的特点，体验季节对动植物和人的影响 5. 初步感知常用科技产品与自己生活的关系，知道科技产品有利也有弊	1. 能察觉到动植物的外形特征、习性与生存环境的适应关系 2. 能发现常见物体的结构与功能之间的关系 3. 能探索并发现常见的物理现象产生的条件或影响因素，如影子、沉浮等 4. 感知并了解季节变化的周期性，知道变化的顺序 5. 初步了解人们的生活与自然环境的密切关系，知道尊重和珍惜生命，保护环境

表 5-1-8　英国《国家课程（科学）》幼儿阶段科学探究目标

科学探究			
科学思想和证据	调查研究的能力		
	制订计划	获取与展现证据	分析和评估证据
认识通过观察和测量搜集证据回答问题的重要性	a. 提出问题并选择方法寻找答案 b. 利用第一手经验或简单来源的信息回答问题 c. 行动前想一想可能发生的事情 d. 当实验或比较的结果不符合预期时，能够承认	e. 根据简单的指导，控制过程中对自己和他人可能产生的危险 f. 利用知觉与感觉（听、嗅、触、味），探索、观察、测量并记录结果 g. 使用多种方式与他人交流身边发生的事情	h. 简单地进行比较，分辨简单的模式和事物间的联系 i. 将已发生的时间和预期做比较，并运用已有的经验和知识加以解释 j. 对自己的行动进行回顾，并对他人进行说明

表 5-1-9　澳大利亚《课程标准》科学探究能力

子领域	项目目标	细则
1. 提问	对熟悉的事物有兴趣，并能提出相关的问题	a. 思考与家、幼儿园有关的问题，思考与日常生活用品相关的问题
2. 计划并执行	运用自己的感官，进行观察和探索	a. 运用多种感官收集信息，包括视觉、听觉、触觉、味觉和嗅觉

（续表）

子领域	项目目标	细则
3. 处理分析数据	参与和观察活动相关的讨论，并能够运用各种方法（如画画）表达自己的观点	a. 在教师的引导下，围绕观察得到的信息进行讨论 b. 运用图画的方式展现自己的观察和观点，并和他人据此进行讨论
4. 交流	分享自己的观察和观点	a. 进行小组讨论，描述自己做了什么，发现了什么 b. 通过角色扮演和绘画，交流自己的想法

情境演练 5-1-1

　　阅读下列观察记录，根据以上结果性指标提供的信息，评价幼儿的发展水平。

　　星期一，懿懿一进教室就急急忙忙跑过来跟我说："夏老师，鱼缸脏了，金鱼要死了。""那我们赶快帮金鱼换水吧。"说着，我就端了两盆金鱼去卫生间换水，懿懿在旁边耐心地看着，看我把金鱼重新放入干净的鱼缸时，她开心地跳起来，嘴里还说着："金鱼洗澡了，它又活了，我让其他金鱼也来洗澡。"正说着，手里已经拿起了柜上的鱼缸，突然她一个劲儿地喊："老师，快来看，鱼缸里有东西。"我跑去一看，没什么特别的呀。"老师，你看它尾巴后面有一条长长的线一样的东西跟着它。"这回我仔细看了一下，原来那条金鱼正在大便。我马上朝她笑了笑："懿懿，你的小眼睛可真灵，那条长长的线是金鱼的大便，金鱼正在大便呢。"她像获得了新发现似的，向坐在座位上的小朋友们喊起来："你们快来看呀，金鱼在大便呢！"不一会儿，鱼缸周围挤满了脑袋。有的小朋友还跑去看其他柜上的鱼缸。

　　"这条鱼怎么不大便呀？"

　　"这条鱼在吃东西呢！"

　　"这条鱼怎么一动不动，它在睡觉吗？"

　　"没有睡，你看它眼睛睁开着呢。"

　　"金鱼眼睛一直睁开着。"

　　"不会的，它睡觉时和我们一样要闭眼睛的！"

　　一下子，金鱼成了孩子们讨论的话题。"老师，你说这条金鱼是不是睡觉睁着眼睛的？"急性子的壮壮希望从我这证实他的想法。对于他们的疑问，我并没有急着回答，而是让孩子们都回家和爸爸妈妈一起查阅金鱼的资料，找到答案后来幼儿园告诉老师和其他小朋友。

　　第二天一大早，壮壮就开心地告诉我："夏老师，金鱼睡觉是睁着眼睛的，我昨天和妈妈一起上网查的答案。"我朝他笑了笑："壮壮真能干，把老师的话都记在心里，还回家和妈妈一起找答案，等一下小朋友来了，你把答案告诉他们，好吗？"他开心地点了点头。在接下来的几天里，孩子们围绕着"金鱼"提出了各种各样的问题，并积极地与家长一起找答案，忙得不亦乐乎。①

三、关注幼儿在科学探究中表现出的学习品质

　　幼儿对科学的积极情感和态度非常重要，如果幼儿对科学没有兴趣甚至表现出冷漠的消极情绪，幼儿很难会产生积极的科学探究行为。幼儿对待科学探究的态度（好奇心、主动性、对待困难的态度等）和行为习惯（坚持性、注意力、计划性、合作性）等与学习密切相关的基本素质，就是幼儿在科学探究过程中所表现出来的学习品质（详见"科学精神和品质的评价指标"）。

　　幼儿有着与生俱来的好奇心和探究欲望。好奇心是学习科学的内在动机，它激发幼儿去探索。同时，大自然中丰富的事物和各种神秘莫测的现象可以不断引发幼儿的好奇心，对它们的探究也可以很好

---

① 洪秀敏. 学前儿童科学教育［M］. 北京：北京大学出版社，2015.

地满足幼儿的好奇心。强烈的好奇心和旺盛的求知欲能让幼儿产生浓厚的兴趣和爱好。兴趣可以使幼儿积极地投入到科学探究活动中,并且在活动过程中有效地维持长久的智力行为。在满足幼儿好奇心和求知欲的同时,对科学的兴趣与探究也逐渐变成一种内在、稳定、持久的行为倾向。教师可用表5-1-12对幼儿的好奇心进行初步的评价。

积极的行动是幼儿科学探究的真正开始,对于幼儿来说,这种积极的行动表现为经常性地摆弄物体,不断地动手动脑探索物体和材料,积极地寻找问题的答案。幼儿乐于探究,在探究过程中,幼儿还会表现出爱质疑、实事求是、坚持性等学习品质,尽管这些学习品质在幼儿身上也许只是萌芽,但它们反映了科学态度甚至科学精神的实质。

📖 知识拓展

科学精神和品质的评价指标[①]

1. 明显的探究兴趣

① 有自己真正感兴趣的事情;

② 对于不知道的东西,想通过自己的动手探究来搞清楚;

③ 不断探究未被指定的东西(室内外、园内外,如家庭、公共场所等)。

2. 创造精神

① 创造新活动;

② 为探究解决问题,表现出某种首创精神;

③ 根据观察和探究,描述和形成新的结论。

3. 乐于思考

① 不断思考、揣摩;

② 当其他幼儿报告了自己的结果时,还能专心探究,推迟作出判断;

③ 能反思,将新的发现与预想的结果比较。

4. 求实与批判精神

① 使用证据作为结论和解释的理由,不为权威的想法所左右;

② 敢于依据证据改变自己的想法;

③ 指出实验和操作中矛盾的地方;

④ 为达到深入理解的目的,敢向一般的观点和解释提出反问。

5. 吸收精神

① 认可、倾听同伴的不同想法;

② 接纳和吸收同伴的合理意见,修正或完善自己的想法和做法;

③ 能尝试使用别人的想法和做法解决问题(按自己的想法完成后,试试同伴的想法和做法);

④ 在必要时能寻求帮助。

6. 坚持性

① 不怕失败,不断尝试;

② 尽管别人早已做完,仍然坚持做完整个活动或操作;

③ 对自己感兴趣的东西能坚持很长时间(几天、几星期、几个月)。

7. 独立性

① 有自己的看法;

② 自己能做的事情尽量自己探索,适当地拒绝帮助。

---

① 刘占兰.学前儿童科学教育[M].北京:北京师范大学出版社,2008.

教师可根据自己的需要设计如表5-1-10的检核表来了解幼儿在科学探究中的学习品质。

表 5-1-10　观察法(行为核对法)——儿童好奇心检测表①

儿童姓名：　　　　　　　　　　日期：	
1. 注意到新的材料	
2. 调查新的事物	
3. 提问"是什么""何地""何时""怎么样"等问题	
4. 想要知道事情"为什么"会发生	
5. 喜欢做实验	
6. 能将一物体与另一物体作比较	
7. 使用科学工具(磁铁、放大镜、双筒望远镜)	
8. 进行收集、制图表、记录的工作	
9. 对教室里的宠物、水族箱、植物和昆虫感兴趣	
10. 挑选关于科学、动物、植物与生物的书	

情境演练 5-1-2

> 再次阅读"情境演练5-1-1"的案例,思考教师在记录时是否关注了幼儿的"学习品质"。

四、分析影响幼儿表现的因素

幼儿科学探究能力的发展受其认知发展水平的制约。幼儿的思维特点是具体形象思维占主导,这一认知特点决定了他们的科学学习局限于具体形象的水平,因此,幼儿还很难掌握抽象的科学概念,或进行抽象的逻辑推理。同时,幼儿的思维具有自我中心性,其实质是不能很好地区分主观和客观。如赋予无生命的物体以灵性、不能从别人的立场思考问题等。因此,教师在评价幼儿探究能力的发展水平时,应把这些因素考虑在内,具体可参考表5-1-11。

表 5-1-11　影响幼儿科学探究能力发展的因素

维度	具体因素
认知能力发展	注意力
	记忆力(有意性、持久性、准确性)
	想象力(目的性、丰富性、创造性)
	思维能力(思维方式、思维的创造性)
语言能力	会话能力
	叙事能力
社会性互动	交往态度
	交往技能
	同伴关系
家庭	家长的态度

---

① 洪秀敏. 学前儿童科学教育[M]. 北京:北京大学出版社,2015.

典型工作环节四　支持幼儿发展

幼儿科学学习的核心是激发探究兴趣,体验探究过程,发展初步的探究能力。教师要有效地运用科学探究能力观察评价信息,善于发现和保护幼儿的好奇心,充分利用自然和实际生活机会,引导幼儿通过观察、比较、操作、实验等方法,学习发现问题、分析问题和解决问题;帮助幼儿不断积累经验,并运用于新的学习活动,形成受益终身的学习态度和能力。

一、评价要以促进幼儿发展为目的,支持和鼓励幼儿的探索行为

在日常生活中,幼儿对很多新鲜事物都充满了好奇心。比如,幼儿为了看清楚小草上的一只小虫子,可以观察很久,还会提出一系列问题:这只虫子叫什么,这只虫子的眼睛在哪里,这只虫子吃什么……这些问题都是"适宜的探究问题"的来源。因此,成人应经常带幼儿接触大自然。在这个过程中,成人要真诚地接纳、多方面支持和鼓励幼儿的探索行为,包容幼儿因探究而弄脏、弄乱或破坏物品的行为,引导幼儿活动后收拾好物品。同时,成人可以多为幼儿选择一些能操作、多变化、多功能的玩具材料或废旧材料,在保证安全的前提下,鼓励幼儿拆装或动手自制玩具。如案例5-1-5,幼儿因喜欢迎春花,所以把迎春花泡在水里,让花长大。在这个过程中,教师并没有制止幼儿的做法,而是发现并利用了幼儿需求和兴趣中的教育价值,和幼儿一起观察小花瓣泡在水里的过程。教师的这一做法,可以很好地激发幼儿的好奇心和探究欲望。教师通过鼓励幼儿提问,耐心倾听幼儿的提问并记录下所碰到的问题,引导幼儿选用适宜的方法解决问题、寻找答案,以达到真正帮助幼儿学习的目的。

> **案例 5-1-5[①]**
>
> 让小花瓣长大
>
> 幼儿喜欢迎春花,她从院子里拾来几朵落下的迎春花,带回班里,来到自然角,放在一个容器里。教师以为她要放在这里让小朋友欣赏,一问才知道,她想让小花长大。
>
> 教师:"你是把美丽的迎春花放在这里让小朋友们欣赏吗?"
>
> 幼儿:"不是。"
>
> 教师:"那你想拿它做什么呢?"
>
> 幼儿:"我喜欢迎春花,我想把它泡在水里,让它长大。"
>
> 幼儿此时的需要和兴趣正是教师对其进行科学教育的好时机。
>
> 教师同意并支持她的做法,每天和她一起观察。几天以后,他们发现小花瓣烂了。
>
> "为什么小花瓣泡在水里会烂呢?"幼儿进行了讨论,认为有根的东西才能长。

二、基于评价,通过多种途径培养幼儿的探究能力

幼儿的年龄特点决定了幼儿的科学学习更多的是在生活中通过灵活多样的方式进行的。因此,成人应多鼓励幼儿在生活中进行多样化的科学活动。除了集体教学活动和区角活动,幼儿的一日生活也是培养幼儿科学探究能力的重要途径。在真实的生活背景下,教师应利用生活中的各种时机进行随机的科学教育,比如丰富多彩的户外活动、不同季节的郊游和采摘活动、每天早晨的天气预报活动等。幼儿的探究能力是其在探究解决问题的过程中综合运用各种方法(观察、比较、分类、概括、分析、调查、记录等)的能力的综合表现,幼儿正是运用不同的探究方法,在经历了发现问题、分析问题和解决问题的过

---

① 刘占兰.学前儿童科学教育[M].北京:北京师范大学出版社,2008.

程中获得探究能力的。因此,教师和家长应注意不能只是对幼儿的观察、调查、比较等方法进行单独的训练,而是应该积极鼓励和支持幼儿在发现问题、解决问题的探究过程中学习相关的方法,从而培养幼儿的探究能力。

如表5-1-12[①]所示,案例中的幼儿在科学区进行操作活动的过程中,对不同纸的吸水性产生了浓厚的兴趣,但教师对本次观察记录的分析说明过于简单,未具体分析幼儿在观察实验能力、科学思考能力、表达交流能力上的发展水平与行为表现的影响因素,没有关注幼儿的学习品质。因此,提出的发展支持策略也过于宽泛,难以支持幼儿的进一步发展。

表5-1-12 幼儿科学区个案观察记录

幼儿姓名	董瑛	性别		女	观察人	沈利群
观察时间	游戏环节	观察地点		科学区		
观察记录	在科学区我们投放了"沉浮"实验的操作材料。今天在区域游戏时,董瑛拿起一张挂历纸和一张餐巾纸放在水盆里,她对瑶瑶说:"你看挂历纸半天才湿,餐巾纸一放进水就湿了。"瑶瑶说:"那咱们想个办法让它湿得慢一点。"董瑛自言自语:"挂历纸厚,餐巾纸薄。"瑶瑶说:"让挂历纸在下面,餐巾纸在上面。"只见她俩拿起餐巾纸往水盆里的挂历纸上一放,餐巾纸还是湿得很快。瑶瑶说:"不行,还是一样会湿,再想想怎么办。"两个人又开始琢磨了,拿各种各样的纸试来试去。瑶瑶说:"咱们把它放到纸船里就湿不了了。"两个人用牛皮纸、挂历纸和手工纸折了小船,把餐巾纸放在船里,再小心翼翼地把小船放到水里,餐巾纸终于不湿了,两人高兴极了					

分析与说明	下阶段措施
此次活动中,董瑛和瑶瑶能够根据科学区的操作材料大胆探究,不但发展了观察能力,思维能力也有了很大的提高	在以后的活动中,多让幼儿通过科学探究活动感受到科学探索的快乐和成功的喜悦

三、重视学习品质的评价,营造安全的心理氛围

安全的心理氛围是幼儿进行科学探究活动的前提。如案例5-1-5,幼儿把迎春花泡在水里,希望花能长大,在成年人看来这是一个明显错误的行为,但老师并没有批评这个孩子,而是支持她的想法,和孩子一起观察。老师的这一做法正是看到了幼儿宝贵的学习品质,如明显的探究兴趣;为探究解决问题,表现出某种首创精神;乐于思考;具有独立性,有自己的想法等。老师这样做不仅为幼儿主动而有效地学习提供了可能,而且为幼儿营造了安全的心理氛围。因此当幼儿有疑问时,首先,成人应重视并积极对待幼儿的提问,并认真、有耐心地倾听幼儿的表达,这样可以给予幼儿精神上的鼓励和支持。其次,成人应为幼儿做好榜样示范。教师和家长应对周围世界充满好奇心和探究欲望,用自己的实际行动去感染和带动幼儿的探究热情。最后,成人应该允许幼儿出错、弄脏甚至弄坏物品。在科学探究过程中幼儿会经常"出错",科学教育的理论和实践证明,错误在幼儿的科学探究和经验积累中具有建设性的意义。因此,成人要给予幼儿出错的权利,认真、有耐心地倾听幼儿的真实想法,在了解幼儿年龄阶段特点的基础上,判断幼儿的认知水平,为幼儿的进一步探究提供适宜的支持和引导。

情境演练5-1-3

请你观看幼儿科学探究活动视频5-1-1(中班),评价幼儿的科学探究行为,并提出发展支持建议。

视频5-1-1
(中班)[②]

---

① 洪秀敏.学前儿童科学教育[M].北京:北京大学出版社,2015.
② 来自宁夏幼儿师范高等专科学校第二附属幼儿园。

典型工作环节五　　**反思支持策略**

在评价过程中,教师和幼儿都应是评价的主体,并且应该重视幼儿自身作为评估者的重要性。幼儿通过对自己的探究过程进行评价,不仅可以培养自我评价能力,明确自己的探究目的,养成做计划、爱反思的习惯,而且有助于对自己的学习过程进行反思,并更好地计划接下来的学习。比如,在"认识鸽子"的活动中,教师发现幼儿对"鸽子喜欢吃什么?"这个问题非常感兴趣。教师并没有直接告诉幼儿答案,而是让他们从家里带来了自认为鸽子喜欢吃的食物。幼儿通过观察发现鸽子喜欢吃苞谷,不喜欢吃棒棒糖、QQ糖等。观察后,教师组织幼儿们讨论鸽子喜欢吃的食物并说明理由。在这个活动中,教师并没有直接告诉幼儿鸽子喜欢吃的食物,而是让幼儿通过实验的方式验证自己的猜想,并通过讨论引导幼儿对实验结果进行反思。教师在反思时,应不断思考自己是否支持幼儿参与评价,倾听幼儿的想法,接纳幼儿的价值判断。

另外,教师要根据幼儿的行为表现反思幼儿科学教育方法的有效性。教师要经常性地反思自己是将答案直接告诉幼儿,还是通过提问来引导幼儿寻找解决问题的方法,并且教师要反思自己是否及时给予幼儿鼓励。比如中二班的小朋友们发现,班级鱼缸中的小鱼每隔两天就会死掉一条,小朋友们问老师为什么小鱼会死掉,老师并没有直接告诉给他们答案,而是让他们自己思考可以通过什么方式了解小鱼的死因。有的小朋友回家和爸爸妈妈一起查资料,有的小朋友跟着父母去市场问卖鱼的叔叔阿姨。在这个过程中,教师通过提问的方式引导幼儿自己寻找答案,激发了幼儿进一步探究的行为。

任务实施

视频5-1-2(大班)是张老师在日常保教工作中拍摄的一段视频。请根据"岗位任务"中的"任务要求",结合"学习支持"所学,使用表2-2-14完成对视频5-1-2(大班)的观察记录。

视频 5-1-2
(大班)①

评价反馈

为了更好地了解自己对本情境相关知识与能力的掌握情况,参考表5-1-13对自己的学习过程进行评价与反思。

表 5-1-13　"幼儿科学探究观察、评价与支持"学习评价单

任务小组	组长:	
	组名:	得分:
	组员:	
学习情境	观察、评价与支持幼儿科学探究	
评价项目	评价要点	分值	自我评价
资讯	主动学习,获取关于"岗位任务"的知识,完成"岗课赛证"中的练习,正确率80%以上;能完整梳理出幼儿科学探究能力的发展轨迹	15	
计划	小组成员间分工明确;能够积极参与小组活动,认真完成任务	5	

---

① 来自广西稚慧明珠幼儿园。

(续表)

评价项目		评价要点	分值	自我评价
决策		积极参与小组讨论，对其他小组的方案提出建议；在修正计划中能积极发表自己的看法	5	
实施	制订观察计划	观察计划内容完整；观察目的和目标科学、合理；观察记录方法适用于观察目的	5	
	收集幼儿信息	能够记录幼儿科学探究的过程和结果信息；能多方收集幼儿信息	10	
	评价幼儿表现	能根据幼儿表现评价幼儿科学探究水平，发现幼儿科学探究过程中表现出的学习品质，并合理分析影响幼儿表现的因素	20	
	支持幼儿发展	支持策略具有针对性、科学性；能从幼儿自身、幼儿园、家庭等多方面进行思考	20	
检查		能够自觉对任务实施过程中的小组合作或任务完成质量进行检查、反思，提出疑问或见解	5	
评价		能主动展示小组练习的结果；能认真记录点评与总结，积极参与完善小组练习	5	
思政融入		在学习中具有严谨、求真的科学态度，养成良好的科学品质与科学素养	10	

岗课赛证

习题测试

一、完成赛题

请完成全国职业院校技能大赛学前教育专业技能竞赛（保教视频分析赛项）011 号题"中班科学——运水"。

二、教师资格证考试模拟演练

（一）多选题

1. 在科学探究的过程中，培养和发展了幼儿哪些具体的科学探究能力？（   ）
   A. 观察实验能力
   B. 科学思考能力
   C. 表达交流能力
   D. 设计制作能力

2. 5～6 岁幼儿的观察实验能力包括（   ）。
   A. 学习观察事物的运动和变化
   B. 对事物进行长期系统的观察
   C. 探寻观察对象的变化规律
   D. 学习运用标准化的工具来收集信息

3. 幼儿除了通过口头的语言表达，还可以用哪些方式对探究结果进行记录？（   ）
   A. 绘画
   B. 表格
   C. 数字
   D. 符号

4. 《指南》中的"科学探究"目标包括（   ）。
   A. 亲近自然，喜欢探究
   B. 感知形状与空间关系
   C. 具有初步的探究能力
   D. 在探究中认识周围事物和现象

5. 可从哪些方面评价幼儿在科学探究中的学习品质？（   ）

A. 好奇心　　　　　　　　　　　B. 主动性

C. 坚持性　　　　　　　　　　　D. 计划性

6. 在评价幼儿科学探究行为时,应考虑哪些因素?(　　)

A. 认知能力发展　　　　　　　　B. 语言能力

C. 社会互动性　　　　　　　　　D. 家庭

（二）试讲真题

1. 基本要求

以"好玩的水"为主题;模拟面对幼儿组织科学探究活动,要求富有童趣,便于幼儿理解;请在 10 分钟内完成上述任务。

2. 答辩题

说明本次活动的重、难点;你认为在科学探究活动中,如何为幼儿提供适宜的材料?

拓展阅读

[1]鄢超云.朴素物理理论与儿童科学教育[M].南京:江苏教育出版社,2007.

[2][美]大卫·杰纳·马丁.建构儿童的科学——探究过程导向的科学教育[M].杨彩霞,译.北京:北京师范大学出版社,2006.

学习情境二

观察、评价与支持幼儿数学活动

情境导学

　　幼儿数学能力通常指的是幼儿掌握并应用数学知识的能力。其中,数学知识主要包括数字与运算、代数思维(集合与模型)、几何和空间感、测量以及资料分析(简单的统计)五个方面。而应用数学知识则体现在用数学知识来进行交流、推理与验证、问题解决、表征以及联系。早期数学学习对幼儿来说是至关重要的。作为教师,应如何读懂幼儿在数学活动中的学习行为,又怎样给予幼儿适合的支持呢? 请以一名幼儿教师的角色进入本学习情境,学习如何观察、评价并支持幼儿的数学活动。

学习目标

　　1. **知识目标**:了解观察与支持幼儿数学活动的典型工作环节;掌握幼儿数学活动的观察要点、评价依据和支持策略。

　　2. **能力目标**:能够完整记录幼儿的数学活动,依据具体的评价维度分析幼儿行为,并基于观察与评价所获得的信息提出适宜的支持建议;能根据幼儿表现反思支持策略的适宜性。

　　3. **素养目标**:在探究中梳理知识点,解决问题,提高分析、归纳等元认知能力;在学习与实践中充分感受观察带来的职业幸福感,坚定教育情怀。

岗位任务

李老师在区域中投放了材料,其中自然角的材料是引导幼儿收集的秋天的果实、植物等;在低结构区投放了生活中不同属性的物体,如小棍、扣子、瓶盖、棉花等物体;在图书区提供了不同厚度的书;在娃娃家提供了不同长度的袜子……李老师想了解幼儿按某一特征分类的数学能力,以便调整材料或者提供支持,但李老师不知道怎么做。园长给李老师列出了以下任务要求。

任务要求:

1. 做好观察计划。
2. 按照观察计划记录幼儿在区域游戏中的相关分类活动。
3. 评价幼儿的行为表现。
4. 分析影响因素。
5. 提出调整策略。

学习任务

结合"岗位任务"中园长的任务要求,李老师要完成任务,则须学习观察、评价与支持幼儿数学活动的相关知识与技能,具体的学习任务见表5-2-1。请以李老师的角色完成"学习任务"。

表5-2-1　"幼儿数学活动观察、评价与支持"学习任务单

	组名:
任务小组	组长:
	组员:
学习情境	观察、评价与支持幼儿数学活动
任务要求	1. 6～8人为一组做好分工与合作 2. 围绕上述岗位任务要求,进行幼儿数学活动的观察、评价与支持 3. 学会反思与总结自己的学习过程
实施步骤	具体要求
资讯	学习【学习支持】板块,获取关于幼儿数学活动观察、评价与支持的相关知识;梳理幼儿数学能力的发展轨迹
计划	根据"资讯"阶段获取的信息,分析岗位任务要求,小组协作制订问题解决方案
决策	通过组间互评、教师指导,修正计划,确定问题解决方案
实施	按照方案实施"岗位任务"
检查	通过组内或组间相互监督与检查,及时发现实施过程中的困难或问题,并适当调整方案,以保障问题得到有效解决
评价	小组展示幼儿数学活动观察记录表,基于点评总结教学要点,进一步完善观察记录

学习支持

数学存在于幼儿日常生活的方方面面,如在拼图时,在搭建积木时,在进行角色游戏时,甚至在重复唱一首儿歌时……3～6岁是幼儿的"数学敏感期",早期数学教育对幼儿发展具有重要作用,不仅有助于幼儿正确认识和表征周围的客观世界,促进幼儿抽象思维能力和解决问题能力的发展,培养幼儿的好奇心、探究欲以及对数学的兴趣,而且有助于培养幼儿良好的学习习惯和学习品质。那么在幼儿数学活动中,幼儿教师需要观察些什么?如何评价,才能给予有针对性的支持呢?通过以下五个典型工作环

节,可以系统学习如何观察、评价与支持幼儿的数学活动。

典型工作环节一　制订观察计划

一、确定观察目的和目标

观察目的是观察幼儿数学活动的动因,即为了了解幼儿数学能力的发展现状,还是为了解释幼儿数学活动中某种行为背后的原因,或是为了了解数学课程实施的进展。确定好观察目的后,要明确观察目标,即根据观察目的列出具体的观察要点(观察要点可参考"典型工作环节二"中的相关知识点),做到心中有数。

二、明确观察对象

一方面,教师须关注全班幼儿的数学经验,了解每个幼儿各项数学关键经验的大体发展水平,以便设计适宜的集体数学教学活动;另一方面,幼儿数学能力的发展相较于其他方面,有着更清晰的行为表现,教师可根据幼儿数学能力的发展需求有所侧重地选择观察对象,以便提供更有针对性的支持。如教师发现佳佳常常问关于时间的问题,于是教师设计时钟相关材料投放在区域中,并持续观察佳佳在操作这些材料时的表现,以便调整材料或支持策略。

三、选择观察记录方法

对幼儿数学活动的观察记录包括对幼儿数学操作活动过程及结果的记录,如果教师想了解幼儿数学学习的全过程,如在分类操作活动中,幼儿按照什么维度来分类,在分类过程中有没有遇到什么困难,是如何解决的,如何记录与表征自己的分类结果等,那么就要用描述记录法记录幼儿具体的行为表现。但是如果想大体了解全体幼儿数学能力发展的结果,那么可以使用行为检核法。如表 5-2-2[①] 可以用来记录中班幼儿的数学能力。

表 5-2-2　中班幼儿数学能力检核表

幼儿姓名:　　　　　　　　　　记录日期:

题项	是	否	若为"否",则记第一次出现的时间
1. 当提到形状名称时,能把形状挑出来			
圆形			
正方形			
三角形			
长方形			
2. 能从 1 数到 10			
3. 能正确说出下列形状名称			
圆形			
正方形			
三角形			

---

① 施燕,章丽.幼儿行为观察与记录[M].上海:华东师范大学出版社,2015.

(续表)

题项	是	否	若为"否",则记第一次出现的时间
长方形			
4. 对下列关系能够了解			
大于			
小于			
长于			
短于			
5. 能进行——对应			
2个物体			
3个物体			
5个物体			
10个物体			
多于10个物体			
6. 能理解下列概念的指示			
第一			
中间			
最后			
7. 能理解下列概念的指示			
多于			
少于			

四、选择观察情境

在幼儿园里,一般需要有相应的数学活动操作材料才能引发幼儿更多数学操作行为。所以在教师专门投放数学操作材料的区域或者集体的数学教育活动中,观察到的相应行为表现会更有针对性,教师可根据观察需要选择具体的观察情境。当然,幼儿在建构区域中的搭建、有相关买卖行为的游戏主题也会涉及数学行为,教师也要关注这些情境中幼儿的数学行为表现。

情境演练 5-2-1

请扫码观看视频5-2-1(大班)、视频5-2-2(大班),根据幼儿表现,制订一个观察计划。

视频5-2-1
(大班)①

视频5-2-2
(大班)②

———————

①② 来自广西平果市第一幼儿园。

典型工作环节二　收集幼儿信息

在制订了全面系统的观察计划之后，即可着手收集体现幼儿数学能力的行为表现。幼儿数学能力通常指的是幼儿掌握并应用数学知识的能力。其中，数学知识主要包括数字与运算、代数思维（集合与模型）、几何和空间感、测量以及资料分析（简单的统计）五个方面；应用数学知识体现着幼儿的过程性能力，即用数学知识进行交流、推理与验证、问题解决、表征以及联系。教师在收集信息时须重点收集幼儿应用数学知识过程的行为表现及结果，具体可以从以下三个方面进行。

一、幼儿数学能力的观察要点

幼儿数学的核心经验包括集合概念、模式、计数、数概念、数运算、量的比较、测量、图形认知等，教师在观察幼儿的数学活动时，可先根据这几个核心经验确认幼儿在进行的数学活动类型，如是分类、测量，还是空间等。接着持续观察并记录幼儿进行这一项数学活动（或几项数学活动）的具体行为表现，包括幼儿在数学活动中是如何进行操作的；在过程中是否遇到困难，如何解决；幼儿如何记录或表征自己的操作结果；在学习过程中是否表现出其他领域的特点，如寻求同伴或教师的帮助，利用言语辅助等。如案例分析 5-2-1，具体描述了幼儿在活动中表现出的按数取物、数符号的核心经验，以及在活动过程中表现出的交流、推理等过程性能力。

> **案例分析 5-2-1**
>
> 阳阳在"小小快递员"的区角里，拿到一张一号楼 203 室的邮件单，只见她一手拿着任务卡，一手从托盘里找寻图示的货物，一边拿一边数："1 个，2 个……5 个，6 个，好啦。"
>
> 她拿足了 6 个物品就起身来到一号楼前，一边晃着手中的邮件单，从上到下、从左到右，将一号楼看了个遍。"203，表示是 3 楼的……3……"她嘀咕着把任务单凑到了 303 室边上，好像又有点不对。这时她看着老师说："找不着。"于是老师问："203 是几楼的？"阳阳说："是三楼的。"这时，豪豪过来对阳阳说："是一楼。"阳阳问："是一楼吗？是一号房子。"于是，他俩又对着邮件单沉默了。阳阳说："第一个数字是 2。"豪豪说："送给 203 的话，你看，在这儿呢。"说着，他就用手指给阳阳看。
>
> "这里啊？就在这里啊？"阳阳将信将疑地确认了几遍。最后她把邮件单插到 203 后，转身对豪豪说："你来过这儿玩，你才知道的？"
>
> 分析：阳阳有数数和按数取物的行为（根据图示数物并拿取六件物品）。此外，在整个过程中，阳阳一直与小伙伴交流着数字，显示出一定的交流能力。她还推断着 203 的 3 代表着 3 楼的意思，尽管她没有作出正确的推断，但是已初步展示出自己的思考方式。初步的交流和推理能力是阳阳所呈现的过程性能力。

二、学习品质的观察要点

儿童早期数学经验与其未来的成功密切相关。早期的数学学习经验不应仅仅关注学习的结果，还应关注学习品质。幼儿在相关数学活动的学习中也显露出良好的学习品质，主要包括对早期数学活动的好奇心与兴趣、主动性、坚持与专注、想象与创造、反思与解释，教师在观察时应关注幼儿在这些方面的具体表现。案例分析 5-2-2 中记录了幼儿在数学活动中表现出的学习品质。

案例分析 5-2-2

赛赛、斌斌完成了数学区按数取物和一一对应的数学单，然后一起收拾整理。收铅笔时，赛赛把铅笔放进彩色铅笔袋中，斌斌说："这个不能放进这个袋子里，袋子是（彩色铅笔）专用的。"赛赛说："斌斌，你来收拾串珠。"

斌斌边整理自己的数学单，边用回形针把它们别起来，别好后说："我会别回形针了！斌斌，我们可以选更有趣的工作了。"区域活动结束了，赛赛卷起操作毯，走到我跟前，"张老师，你看我卷的，我是最快收好的。"

分析：在这一过程中，赛赛、斌斌在幼儿园潜移默化的环境熏陶下，形成了良好的区域活动常规习惯，活动井然有序，专注且不影响他人，能坚持不懈，敢于挑战，能够解决问题，知道爱惜物品，对小伙伴能由衷地赞美，等等，体现了良好的学习品质。

情境演练 5-2-2

观看视频 5-2-2（大班），围绕数学活动的观察要点，记录幼儿在数学活动中的表现。

典型工作环节三 评价幼儿表现

科学谨慎判断幼儿数学能力发展水平，解释学习结果的由来，对幼儿的表现进行归因，需要教师熟悉幼儿数学核心经验的发展轨迹、各年龄段该能力的发展目标以及分析影响幼儿表现的各种因素。

一、熟悉幼儿数学核心经验的发展轨迹

幼儿数学核心经验包括集合、模式、计数、数概念、数运算、量的比较、测量、图形认知和空间方位9个项目，掌握这些核心经验的一般发展脉络有助于教师对幼儿的数学能力发展水平进行科学的评价。这9个项目的发展轨迹可参考表5-2-3所示。

表5-2-3　幼儿数学核心经验发展轨迹[①]

项目	发展水平				
	水平一	水平二	水平三	水平四	水平五
集合	泛化笼统的知觉阶段：3岁前，幼儿还不能将一个物体群作为一个结构完整的集合来感知，难以意识到集合的界限。如当成人从一个数量为5的集合中拿走1个，幼儿没有意识到集合的数量变化，仍然认为是原来那个集合	感知有限集合阶段：注意集合的界限，对排在第一个和最后一个的物体关注，缺少对中间物体的注意	感知集合元素数量的阶段：关注到集合中元素的数量问题，能通过点数等方式较正确地数出集合中元素数量的多少	感知集合包含阶段：能根据事物表面的、具体的和简单的特征进行分类（如按颜色、形状等）→能根据事物的内部特征对事物进行抽象概括，但是脱离不了具体的情景和功用→开始根据本质属性对事物进行分类，能够抽象事物的多种属性或特征	—

① 黄瑾，田方.学前儿童数学学习与发展核心经验[M].南京：南京师范大学出版社，2015.据此著作整理。

（续表）

项目		发展水平				
		水平一	水平二	水平三	水平四	水平五
模式		模式的识别：辨别出模式单元有哪些组成元素，模式各单元之间的相互关系是怎样的	模式的复制：复制出与原有模式具有相同结构的模式	模式的扩展和填充：在模式识别基础之上对模式发展或变化的预测	模式的创造：对模式结构的新的学习和反应，能够自己创造出一种模式结构或序列	模式的比较和转换：能够在分析模式结构异同的基础上，把握住决定模式结构的本质要素，用不同的表现形式表征统一模式
计数	计数内容	口头数数：按自然数数序来数数的能力	按物点数：用手指逐一指点物体，同时有顺序地逐个说出数词，使说出的每个数词与手点的物体一一对应	说出总数：在计数过程中按物点数后，能用说出的最后一个数词来代表所数过物体的总数	按群计数：计数时不再依赖一一点数的方式，而是以数群为单位，如两个两个数、五个五个数等	—
	手的动作	触摸物体：用手移动、摆弄或触摸被数的物体进行数数	指点物体：用手在空中来回摆动指点着物体进行数数（包括对近距离和远距离物体的点数）	用眼代替手区分物体：直接依靠视觉来数出物体的数量	—	—
	语言动作	大声说出数词	小声说出数词	默数	—	—
数概念	数概念	对数量的感知动作阶段（3岁左右）： • 对数量有笼统的感知，对明显的大小、多少的差别能够区分，难以区分不明显的差别 • 能够口头数数，但一般不超过10 • 能够逐步学会手口一致地对数量在5以内的实物进行点数，但点数后说不出物体的总数	数词和物体数量间建立联系的阶段（4～5岁）： • 点数实物后能说出总数，即有了最初的数群概念，后期开始出现数的"守恒"现象 • 前期幼儿能分辨大小、多少、一样多，中期能认识第几和前后数序；能按数取物 • 逐步认识数与数之间的关系，有数序的观念，能比较数目大小，能应用实物进行数的组合与分解 • 开始能做简单的实物运算	简单的实物运算阶段（5岁以后）： • 对10以内的数大多能保持"守恒" • 计算能力发展较快，大多从表象运算向抽象的数字运算过渡 • 计数概念、序数概念、运算能力的各个方面都有不同程度的扩大、加深，后期可以进行100以内的数数，个别幼儿能够进行20以内的加减运算	—	—

(续表)

项目		发展水平				
		水平一	水平二	水平三	水平四	水平五
数概念	数符号	概念水平:幼儿具有数量的概念	联系水平:幼儿在物群数量与数字之间建立联系	符号水平:幼儿理解数字是表示数量的符号	—	—
数运算	数运算能力	动作水平的加减阶段:幼儿以实物或图片等直观材料为工具,借助合并、分开等动作进行加减运算	表象水平的加减阶段:幼儿逐渐能够不借助直观的动作,而是在头脑中依靠对形象化物体的再现、依靠物体的表象进行加减运算	概念水平的加减阶段:幼儿不需要借助实物的直观操作或以表象为依托,能够直接运用抽象的数概念进行加减运算	—	—
	数运算方法	逐一加减:用计数方法进行加减	按群加减:能够把数作为一个整体,从抽象的数群出发进行数群之间的加减运算	—	—	—
量的比较		特点:从明显差异到不明显差异;从绝对到相对;从不守恒到守恒;从模糊、不精确到逐渐精确				
测量		游戏和模仿(0~4岁):模仿成人,将测量当作游戏,常常模仿成人使用尺子、量杯、秤等工具进行测量的行为	比较阶段(3~7岁):运用各种感官(如目测、触摸等)对物体的大小、轻重、长短、冷热进行感知和比较	使用任意单位进行测量,即自然测量(5~7岁):采用随手可得的事物作为"单位"进行测量,如用手掌测量桌子的长度	认识到标准单位的必要性并尝试使用(6岁以后):认识到为了与他人的测量结果进行比较,或为了以便于理解的方式进行交流,必须使用他人同样也使用的单位	—
图形认知		特点:从拓扑图形(封闭图形,但无具体形状)到欧式图形(如圆形、正方形、三角形);从局部、粗糙地感知到较为精确地辨认;抽象能力随年龄增长而发展				
	平面图形	体验感知阶段(3~4岁):能够笼统感知、区分几种基本图形和物体	关注基本特征阶段(4~5岁):能识别并命名不同图形	整体感知阶段(5~6岁):能识别、命名并建构图形	—	—
	立体图形	形体混淆期(3~4岁):能观察并喜欢描述不同形状的物体,但容易混淆平面图形与立体图形,只能注意到立体图形上的面,常常将各种形状等同于生活中具体的实物	逐渐理解并能区分"面"和"体"(4~5岁):在初步感知并能够理解"面"和"体"的基础上,认识到平面图形与立体图形是有区别的;能够匹配出常见立体图形上各面相应的平面图形;能够逐渐正确地命名立体图形,如圆—球—球体	初步感知形体之间的关系,并能命名、拼搭三维结构:基本能够命名几种常见的立体图形,如球、正方体、长方体、圆柱体;理解物体是由不同的形状组成的	—	—
空间方位		特点:从上下到前后,再到左右;从以自身为中心到以客体为中心;从近的区域范围到远的区域范围				

情境演练 5-2-3

观看幼儿数学活动视频 5-2-3(小班)、视频 5-2-4(大班),评价幼儿数学能力发展水平。

视频 5-2-3
(小班)①

视频 5-2-4
(大班)②

二、参照幼儿数学认知发展目标

《指南》在提出三大数学认知目标时,还列出了各个年龄段可参照的指标。这些指标也可看作结果性指标。但是幼儿的发展是一个持续渐进的过程,若仅以四条观察指标作为评价幼儿数学认知能力发展水平的标准难免失之偏颇,幼儿园在使用时可根据本园实际,研制更具体化的阶段目标。《指南》中关于幼儿数学认知的发展目标具体如表 5-2-4 所示。

表 5-2-4 《指南》中关于幼儿数学认知的发展目标

目标		年龄段	典型表现
目标 1	初步感知生活中数学的有用和有趣	3～4 岁	1. 感知和发现周围物体的形状是多种多样的,对不同的形状感兴趣 2. 体验和发现生活中很多地方都用到数
		4～5 岁	1. 在指导下,感知和体会有些事物可以用形状来描述 2. 在指导下,感知和体会有些事物可以用数来描述,对环境中各种数字的含义有进一步探究的兴趣
		5～6 岁	1. 能发现事物简单的排列规律,并尝试创造新的排列规律 2. 能发现生活中许多问题都可以用数学的方法来解决,体验解决问题的乐趣
目标 2	感知和理解数、量及数量关系	3～4 岁	1. 能感知和区分物体的大小、多少、高矮、长短等量方面的特点,并能用相应的词表示 2. 能通过一一对应的方法比较两组物体的多少 3. 能手口一致地点数 5 个以内的物体,并能说出总数;能按数取物 4. 能用数词描述事物或动作,如我有 4 本图书
		4～5 岁	1. 能感知和区分物体的粗细、厚薄、轻重等量方面的特点,并能用相应的词语描述 2. 能通过数数比较两组物体的多少 3. 能通过实际操作理解数与数之间的关系,如 5 比 4 多 1,2 和 3 合在一起是 5 4. 会用数词描述事物的排列顺序和位置
		5～6 岁	1. 初步理解量的相对性 2. 借助实际情境和操作(如合并或拿取)理解"加"和"减"的实际意义 3. 能通过实物操作或其他方法进行 10 以内的加减运算 4. 能用简单的记录表、统计图等表示简单的数量关系
目标 3	感知形状与空间关系	3～4 岁	1. 能注意物体较明显的形状特征,并能用自己的语言描述 2. 能感知物体基本的空间位置与方位,理解上下、前后、里外等方位词

---

① 由本书编写人员提供。
② 来自广西平果市第一幼儿园。

（续表）

目标	年龄段	典型表现
目标3 感知形状与空间关系	4～5岁	1. 能感知物体的形体结构特征，画出或拼搭出该物体的造型 2. 能感知和发现常见几何图形的基本特征，并能进行分类 3. 能使用上下、前后、里外、中间、旁边等方位词描述物体的位置和运动方向
	5～6岁	1. 能用常见的几何形体有创意地拼搭和画出物体的造型 2. 能按语言指示或根据简单示意图正确取放物品 3. 能辨别自己的左右

三、评价幼儿表现出的过程性能力与学习品质

在评价幼儿数学能力时，不仅应关注幼儿的数学学习结果，还应关注其过程性能力和学习品质，具体如表5-2-5、表5-2-6。

表5-2-5　幼儿数学活动中的过程性能力要素

要素	表现
交流	能与同伴、教师和其他人清楚地进行数学方面的交流，能分析和评价别人的数学思考，能用数学语言精确地表达数的概念
推理与验证	对数学活动中出现的问题进行逻辑思考；能在逻辑思考的基础上，提出解决问题的方法
问题解决	在数学活动过程中遇到问题时，能够主动探索解决的办法
表征	能用多种形式表达数学问题或思维，如画画、实物材料、手指、符号标记或语言等
联系	能将已有的数学经验迁移和应用到当前的学习情境中；能将数学经验和生活情境建立起对应与关联，尝试用数学经验解释生活现象和问题

表5-2-6　幼儿数学活动中的学习品质要素

要素	表现
好奇心与兴趣	对数学活动具有好奇心，有寻求新信息的兴趣，有对新知识的敏锐，渴望学习等
主动性	肯接受任务，愿意参与数学学习活动，学新东西时会进行合理的冒险等
专注性	在完成数学活动任务的过程中，能保持注意力，能较长时间地执行某一项任务，或在中断一些时间后还能重新回到原来的任务上 在受到干扰后，能将注意力重新转移到原来的任务上，或在受到干扰时也能集中注意力
坚持性	在面对干扰、困难甚至失败时能够有自我调节的机制，从而保证完成具有一定持续性的任务，能接受合理的挑战，坚持不放弃
受挫力	在数学活动中不怕遇到挫折和困难，想方设法地克服困难，坚持完成任务
反思与解释	在数学活动中，幼儿在学习数学知识时能够运用已有的知识和经验描述与解释新的知识和经验，并且能够说出这么做的原因，从而提取有效信息，建构自己的知识体系，进行下一步的学习
想象与创造	用多种方式解决数学问题，能用数学知识解决现实生活问题

情境演练5-2-4

再次观看视频5-2-2，说一说幼儿表现出了哪些学习品质。

四、分析影响幼儿表现的因素

幼儿数学能力的发展不仅受到幼儿园和家庭等微观系统的影响,而且各微观系统之间也会产生相互作用[①]。具体来说,幼儿对数学概念的理解及其数学能力受到自身发展水平、数学区角环境、家庭数学教育、操作材料、执行功能等的影响,发展的路径及情况均有个体差异。因此,在评价幼儿的数学能力时,应把这些因素考虑在内。

典型工作环节四　　支持幼儿发展

在收集幼儿数学活动的关键信息与评价幼儿数学能力后,教师可结合观察与评价信息所得,参考以下建议提供适宜的指导与支持。

一、根据观察与评价内容给予支持并提出指导计划

幼儿个体发展具有差异性,有快有慢,因此了解每个幼儿水平如何,有助于给个体幼儿提供更适宜的支持。例如,在角色游戏中教师通过观察,了解了豪豪按数取物的能力,但是豪豪的数数和数物能力如何还不确定,因此教师可以继续在相关情境中提醒豪豪用数一数、比一比的办法给顾客送水果。教师还可以在其他环节,潜移默化地锻炼豪豪的数数、数物能力,而在案例分析 5-2-1 中的阳阳需要的是了解各种数字所代表的意义。教师只有对他们的游戏、生活等各种活动进行观察、分析与评价后,才知道下一步该给什么样的指导。

二、根据观察与评价内容优化数学活动的材料投放

幼儿数学学习的主要方式之一是操作,幼儿需要通过直接的操作体验来学习数学,因此材料便成为幼儿数学课程实施的重要途径。教师只有基于幼儿的发展投放相应的材料,才能促进幼儿的发展。

案例分析 5-2-3

喜洋洋火锅店

游戏背景:在"火锅店"做"厨师",幼儿很喜欢也很快乐地拿起了铲子、盘子。

活动情况:

1. 我看见她拿了一个上面有数字"6"的卡片,她拿到后数都没数,就拿了 6 个蘑菇放在盘子里面,然后放在了相应的数字"6"的家里。

2. 她又拿了 7 个小排(点子),开始数"1、2、3、4、5、6、7",最后拿了 7 个。

分析评价:该幼儿对 7 以内的数字比较熟悉,能马上认出数字,完成按数取物。但目测能力不是很强,要一个一个地数卡片上的点子,然后再拿到相应的食物。

建议:这名幼儿数数的能力及目测的能力比较强,教师应提供一些适合她的操作材料。特别是对于一些能力强的幼儿,可将"火锅店"和其他区角结合起来,以激发幼儿参与活动的兴趣。

案例分析 5-2-3 中,教师对幼儿行为的描述较为客观。但是在分析中,教师的描述并没有基于幼儿的表现来推断。例如,幼儿一一点数至 7 对于这个年龄段的幼儿来说是正常水平,教师却评价幼儿目测能力不强。说明教师没有参考评价框架来对自己的观察作出判断,而是依赖主观经验。在建议中教师又评价幼儿的数数能力和目测能力比较强,提出增加材料的建议,这与分析评价部分的内容互相矛盾。

---

① 陈思曼,王春燕.幼儿数学能力发展现状与影响因素研究[J].陕西学前师范学院学报,2019,35(01):99-106.

此外，教师建议通过区角整合来激发幼儿兴趣，却没有说明理由和具体方案，建议比较空泛，不具有针对性。由此可见，尽管教师从对幼儿行为的观察、分析中开始思考材料的改进，但是所提出的建议并非针对幼儿的特点而是泛泛而谈，不能基于幼儿的学习特点来调整环境创设。如此看来，此处的观察与评价并没有起到支持教师基于幼儿的发展情况调整教育策略的作用。

又如，教师通过观察发现该班幼儿在时间概念上也很模糊，教师也意识到在日常活动中缺少对时间的强调和管理。于是为了给幼儿提供认识时间的机会，就在比幼儿身高略高的墙面上挂了一个时钟，时钟上的时刻是用阿拉伯数字1～12标识的。同时在时钟下方挂了一个可活动的时间表，提示幼儿什么时间段做什么事情。利用这样一种方式来加深幼儿对于时间和时刻的感知，让幼儿与环境互动。除了对时间和时刻的感知，教师们还在植物角添加了记录表，引导幼儿感知日期，而且对植物角进行记录，同时增加了幼儿的科学探究兴趣。

三、根据观察与评价内容选择合适的数学活动内容与形式

通过观察与评价，有助于教师解读幼儿的数学学习行为，发现不同的数学学习特点和方式，提高教师理解幼儿数学学习与发展的能力。将评价与教学有效结合，可促使教师基于幼儿的实际发展来选择教学的内容与教育形式。例如，教师在中班下学期组织"多1"和"少1"的数学活动，教师以音乐游戏贯穿其中，通过举牌游戏（牌子上写着"＋1""－1"）巩固幼儿的运算。但是教师随即发现，刚开始幼儿随着音乐游戏，参与的积极性很高，但是一两遍后，幼儿开始出现厌烦情绪。活动后，教师从幼儿的反应来反思自身的教学设计，发现内容并不适合中班幼儿的发展水平，并且学习方式违背了幼儿数学学习的操作性特点，于是教师根据该班幼儿的发展调整教学内容与方法。这样一来，不仅能更好地促进幼儿数学能力的发展，也能提升教师的专业能力。

四、根据观察与评价内容关注幼儿学习与发展的整体性

教师应关注数学与其他领域的整合，促进幼儿的整体性发展。虽然对数学活动的观察与评价重点在于了解幼儿数学能力水平、过程性能力和学习品质的发展，但在数学活动中，幼儿的倾听与表达能力、社会规范意识及审美能力也在一定程度上得到了提高。例如，在数学操作活动结束后，教师通过引导幼儿回顾自己的操作过程，通过合适的词语分享自己的操作方法，在反思与梳理的过程中，其操作能力和语言表达能力得到了提升。又如，幼儿在排队游戏中体会到按一定顺序排列的队形整齐有序，人多时应按先后顺序排队的社会规范。

情境演练 5-2-5

根据情境演练5-2-3和5-2-4的评价与分析信息，提出下一步的发展支持建议。

典型工作环节五　反思工作过程

在完成系统的观察、评价，并能够有针对性地给幼儿提供了支持之后，教师可以回到观察的起点，系统地思考整个观察、评价与支持过程是否适宜。在收集幼儿信息环节，教师应反思收集的信息是否有价值，是否包含幼儿数学行为、数学语言、与教师的互动等细节，确认所记录的信息能较完整地呈现幼儿早期数学认知能力。在评价幼儿表现环节，教师的反思不仅应聚焦评价幼儿在数学活动中的表现，也应聚焦幼儿的学习兴趣、学习品质、与同伴的互动状况，还应关注对幼儿的关注、互动及回应策略。而在支持幼儿发展环节，幼儿早期数学认知的发展不是一蹴而就的，不同的关键发展指标对应不同发展特点与支架策略。因此，教师在这一环节应基于观察与评价信息给予幼儿环境材料的支持、一日活动的支持、师幼互动和

家园共育的支持等。如在培养幼儿——对应能力的过程中，主要通过提供探索——对应的材料，如日常生活中的茶杯和茶托、瓶子和瓶盖、鼠标和鼠标垫，创造——对应的关系；而在形状认知中可让家长协助，向幼儿提供可看、可摸的与形状有关的物品，鼓励幼儿创造和变换形状，并观察、描述结果。总之，为了支持与促进幼儿数学能力的发展，应结合幼儿的实际情况，结合幼儿数学发展的路径，提供有针对性的指导。

任务实践

视频 5-2-5(大班)是李老师在幼儿进行数学活动时拍摄的一段视频。请根据"岗位任务"中的"任务要求"，结合"学习支持"所学，使用表 2-2-14 完成对视频 5-2-5(大班)的观察记录。

视频 5-2-5
（大班）①

评价反馈

为了更好地了解自己对本情境相关知识与能力的掌握情况，参考表 5-2-7 对自己的学习过程进行评价与反思。

表 5-2-7 "幼儿数学认知观察、评价与支持"学习评价单

任务小组		组长：		
		组名：	得分：	
		组员：		
学习情境		观察、评价与支持幼儿数学活动		
评价项目		评价要点	分值	自我评价
资讯		主动学习，获取关于"岗位任务"的知识，完成"岗课赛证"中的练习，正确率 80% 以上；能完整梳理出数学认知的发展轨迹	15	
计划		小组成员间分工明确；能够积极参与小组活动，认真完成任务	5	
决策		积极参与小组讨论，对其他小组的方案提出建议；在修正计划中能积极发表自己的看法	5	
实施	制订观察计划	观察计划内容完整；观察目的和目标科学、合理；观察记录方法适用于观察目的	5	
	收集幼儿信息	能够记录幼儿数学认知的过程和结果信息；能多方收集幼儿信息	10	
	评价幼儿表现	能根据幼儿表现评价幼儿的数学能力，发现数学活动过程中表现出的学习品质，并合理分析影响幼儿表现的因素	20	
	支持幼儿发展	支持策略具有针对性、科学性；能从幼儿自身、幼儿园、家庭等多方面进行思考	20	
检查		能够自觉对任务实施过程中的小组合作或任务完成质量进行检查、反思，提出疑问或见解	5	
评价		能主动展示小组练习的结果；能认真记录点评与总结，积极参与完善小组练习	5	
思政融入		在学习与实践中充分感受观察带来的职业幸福感，坚定教育情怀	10	

---

① 来自广西平果市第一幼儿园。

岗课赛证

一、完成赛题

请完成 2019 年全国职业院校技能大赛学前教育专业技能竞赛（保教视频分析赛项）007 号题"中班数学——捉迷藏"。

二、教师资格证考试模拟演练

（一）单选题

1.《指南》中数学认知的子目标不包括（　　）。

    A. 初步感知生活中数学的有用和有趣　　　　B. 感知和理解数、量及数量关系

    C. 在探究中认识周围的事物和现象　　　　　D. 感知形状与空间关系

2. 幼儿哪一项计数能力发展最晚？（　　）

    A. 唱数（口头数数）　　　　　　　　　　　B. 按物点数

    C. 按数取物　　　　　　　　　　　　　　　D. 说出总数

（二）多选题

1. 幼儿数学的核心经验包括（　　　　）。

    A. 集合与模式　　　　　　　　　　　　　　B. 数概念与运算

    C. 比较与测量　　　　　　　　　　　　　　D. 几何空间

2. 如何运用观察与评价幼儿数学认知所获得的信息？（　　　　）

    A. 对个体幼儿的数学学习行为或特点给予支持，提出下一步的指导计划

    B. 基于幼儿的发展投放材料

    C. 通过评价反思数学教育内容与形式的选择

    D. 通过评价反思幼儿发展的整体性

3. 幼儿在数学活动中的过程性能力包括（　　　　）。

    A. 交流　　　　　　　　　　　　　　　　　B. 推理与验证

    C. 问题解决　　　　　　　　　　　　　　　D. 表征、联系

拓展阅读

[1] 黄瑾,田方.学前儿童数学学习与发展核心经验[M].南京:南京师范大学出版社,2015.

[2] [美]美国埃里克森儿童发展研究生院,早期数学教育项目组.幼儿数学核心概念:教什么？怎么教？[M].张银娜,侯宇岚,田方,译.南京:南京师范大学出版社,2020.

学习情境一

观察、评价与支持幼儿音乐表达

情境导学

苏霍姆林斯基曾说过,"音乐是思维强而有力的源泉。没有音乐教育,就没有儿童完全合乎要求的智力发展。音乐形象以新的方式在儿童面前揭示出现实中各种各样事物和现象的独特之点。音乐—想象—幻想—童话—创造,这便是儿童所走过的发展自己精神力量的道路"。① 可以看出,音乐对幼儿具有重要意义。而在对幼儿的音乐教育中,音乐能力的发展水平在很大程度上决定了教材的确定、活动的设计与实施,反映了阶段性音乐教育的效果,影响其他教育活动的组织,并进而影响幼儿的发展与教师的专业成长。那么,如何确定幼儿音乐能力的发展水平,给予幼儿适宜的支持呢?请以一名幼儿教师的角色进入本学习情境,学习如何观察、评价并支持幼儿的音乐表达。

学习目标

1. **知识目标**:了解观察与支持幼儿音乐活动的典型工作环节;掌握幼儿音乐活动的观察要点、评价维度和支持策略。

2. **能力目标**:能结合幼儿音乐活动各典型工作环节要求进行情境演练,学会观察记录、评价与支持幼儿的音乐表达。

3. **素养目标**:在教育实践中注重引导幼儿感受民族音乐文化,强化担当育人使命的责任感。

岗位任务

李老师打算组织一次音乐活动"夏天的雷雨",为了让活动更加有趣,李老师设计了角色扮演及猜谜游戏,还设计了合唱、轮唱、独唱等歌唱方式。李老师拿着设计方案给园长看,园长说:"你的活动设计得很丰富,可是你的活动真的适合你们班孩子吗?一个好的音乐活动方案一定是在了解幼儿的基础上建立的。"那么,李老师应该怎么做呢?园长给李老师列出了以下的任务要求。

---

① 黄瑾,阮婷.学前儿童音乐教育与活动指导(第三版)[M].上海:华东师范大学出版社,2014.

任务要求：

1. 做好观察计划。
2. 按照观察计划记录幼儿的音乐活动。
3. 评价幼儿行为表现。
4. 分析影响因素。
5. 提出调整策略。

学习任务

结合"岗位任务"中园长的任务要求，李老师要完成任务，则须学习观察、评价与支持幼儿音乐活动的相关知识与技能，具体学习任务见表6-1-1。请以李老师的角色完成"学习任务"。

表6-1-1 "幼儿音乐活动观察、评价与支持"学习任务单

任务小组	组名：
	组长：
	组员：
学习情境	观察、评价与支持幼儿音乐表达
任务要求	1. 6～8人为一组做好分工与合作 2. 围绕上述岗位任务要求，进行幼儿音乐活动的观察、评价与支持 3. 学会反思与总结自己的学习过程
实施步骤	具体要求
资讯	学习【学习支持】板块，获取关于幼儿音乐活动观察、评价与支持的相关知识；梳理幼儿音乐能力的发展轨迹
计划	根据"资讯"阶段获取的信息，分析岗位任务要求，小组协作制订问题解决方案
决策	通过组间互评、教师指导，修正计划，确定问题解决方案
实施	按照方案实施"岗位任务"
检查	通过组内或组间相互监督与检查，及时发现实施过程中的困难或问题，并适当调整方案，以保障问题得到有效解决
评价	小组展示幼儿音乐活动观察记录表，基于点评总结教学要点，进一步完善观察记录

学习支持

音乐能力是指个体从事音乐实践活动的本领，包括从事演唱、演奏、音乐欣赏、音乐创作等方面活动的本领，具体表现为音乐感受力、音乐理解力、音乐表现力和音乐创造力等，其中感受力是其他各项能力的基础。[①] 幼儿的音乐能力主要在其音乐表达活动中得以集中体现。在幼儿音乐活动过程中，幼儿教师需要观察些什么？如何评价，如何给予有针对性的支持呢？通过以下五个典型工作环节，可以系统学习如何观察、评价与支持幼儿的音乐活动。

---

① 徐春艳.学前儿童音乐教育[M].上海：复旦大学出版社，2012.

典型工作环节一 制订观察计划

一、确定观察目的与目标

观察目的,也就是观察幼儿音乐表达的动因,如是为了了解幼儿音乐能力的发展现状,还是为了解释幼儿某种音乐活动行为背后的原因,或是为了了解音乐课程实施的进展。确定好观察目的后,要明确观察目标,即根据观察目的列出具体的观察要点(观察要点可参考"典型工作环节二"中的相关知识点),做到心中有数。

二、明确观察对象

一方面,教师须了解每个幼儿的音乐兴趣与需求,了解他们音乐能力的发展水平,以便设计适宜的音乐活动;另一方面,应根据幼儿在音乐活动中的表现与发展需求有所侧重地选择观察对象,提供更有针对性的支持。

三、选择观察记录方法

音乐表达作为艺术活动之一,是一种幼儿表达和表征自己观察、思考、想象和感受的创造性活动。教师须翔实记录幼儿在活动过程中的表现,描述记录法是比较适宜的方法。教师也可设计检核表,对幼儿音乐能力做大体的评价。若想对幼儿某一方面的特殊表现作进一步的了解,可继续用描述记录法做观察记录。对于幼儿韵律活动的观察记录,由于其动态性较强、活动进程快,可以先记录幼儿的具体动作或进行摄影摄像等,在活动结束后再补充记录观察到的幼儿音乐表达情况。

四、选择观察情境

每当音乐响起,幼儿总会自发哼唱或起舞,或者在自由活动时间也会自己唱着歌、手舞足蹈,这些都是幼儿音乐表达的场景。教师应当关注幼儿的自发音乐表达,并给予适当的支持。但是幼儿自发音乐表达的情境是比较零散的,不易捕捉。幼儿进行音乐表达相对集中的区域是表演区或音乐区,教师可重点以这些区域作为主要观察情境。当然,专门的音乐教学活动中幼儿的音乐表达也需要教师去观察和了解他们对活动内容与组织形式的反应,以便完善活动的设计与组织。教师根据自己的观察目的选择观察情境即可。

情境演练 6-1-1

请扫码观看幼儿音乐活动视频 6-1-1(中班),根据幼儿表现,制订一份观察计划。

视频 6-1-1
(中班)①

---

① 来自内蒙古正翔民族幼儿园。

《典型工作环节二》 **收集幼儿信息**

音乐活动分为歌唱活动、韵律活动、欣赏活动、打击乐活动和音乐游戏这5种类型，教师可以根据这5种类型中幼儿音乐表达的观察要点展开观察记录，收集幼儿音乐表达的相关信息。

一、歌唱活动中幼儿音乐表达的观察要点

歌唱活动是幼儿音乐教育活动类型中最为常见的基本类型，主要是通过演唱的方式表现作品、感受作品情感的一种活动形式。须观察的是歌词、音域、节奏节拍、旋律、呼吸以及创造性等要点，这些观察要点包含了歌唱活动中幼儿须习得的简单知识和技能：歌唱姿势方面，是否身体挺直、两眼平视、两臂自然下垂等；发声方法方面，是否做到下巴自然放松、嘴巴自然张开等，是否做到准确地咬字吐字；呼吸方法方面，是否自然呼吸、均匀用气，吸气时不耸肩等；演唱技能方面，能否轻松自如地演唱，自然恰当地运用声音表情、面部表情以及身体动作表情，不故意做作等；正确、默契的合作技能方面，是否注意倾听自己和他人的歌声、与他人和谐配合、体态动作表情交流方面和谐等。

二、韵律活动中幼儿音乐表达的观察要点

韵律活动由于较多地将音乐与动作相结合，是幼儿较喜欢的音乐活动类型。韵律活动是在音乐的伴奏下，运用一个或一组自然的身体动作来反映音乐感受的写实性表现活动，须观察的是动作发展、随乐能力、合作协调与创造性表现等要点。动作发展包括走、跑、跳、摇、点头、击掌、抓握、弯腰等基本动作，模仿日常生活动作以及舞蹈动作。动作发展讲求协调性，需要轻松自由、循序渐进，从自然动作开始发展，以舒适的进度逐步加快速度。随乐能力指的是边唱边做，跟随比较熟悉的音乐做动作，注意动作与音乐情绪、音乐风格、音乐结构协调，动作组合有整体美感，便于幼儿记忆与表现。创造性表现体现在对韵律动作进行组合（如身体节奏动作组合、律动模仿动作组合、表演舞组合、集体舞组合、自娱舞组合等）以及对韵律活动不同表演形式的尝试（如独舞、双人舞、群舞、领舞等）。

这些观察要点包含了韵律活动须习得的简单知识和技能：在动作知识技能方面，身体部位运动方式及方向、重心控制、参与运动各身体部位配合等如何；在变化动作知识技能方面，须关注控制变化动作幅度、动作力度、动作节奏、动作姿势；在组织动作知识技能方面，关注是否遵循按情节内容组织、按身体部位某种秩序组织、按音乐重复与变化规律组织、按主题动作组织的原则。

由于韵律活动经常需要幼儿起身离开座位开展活动，并要做较多动作，活动的常规将关系到活动能否顺利开展，须观察：在开始和结束时，幼儿能否听音乐信号起立或坐下，听音乐信号开始或结束活动，在没有特殊要求的情况下活动后能否自己找空位子就座，活动结束时能否自己收拾道具和整理场地；在活动进行时，是否在规定的范围内活动，在没有队形要求的情况下能否找比较空的地方活动，在自由移动的情况下能否不与他人或场内障碍物相撞，在自由结伴的活动中能否热情而有节制地与舞伴交流、合作，在自由律动过程中能否尊重他人的学习进度和表达意愿等。[1]

三、音乐欣赏活动中幼儿音乐表达的观察要点

音乐欣赏是音乐活动的重要组成部分。幼儿的音乐欣赏，是让他们通过倾听音乐，对音乐作品进行感受、理解与初步鉴赏的一种审美活动，须观察的是音乐感知能力、听辨能力与音乐表现力。这些观察要点中包含了音乐欣赏活动须习得的简单知识和技能：了解音乐作品的名称、主要内容和常见表演形式，了解常见乐器的名称，能听出并理解作品的主要情绪、内容、形象及作品的主要结构，能分辨常见人声和乐器的音色，能根据音乐作品的音响展开想象、联想，能运用一定的媒体表达对音乐的感受。在观

---

[1]　时松.幼儿园教育见习实习手册[M].上海：华东师范大学出版社，2015.

察时参照这些要点,可以更加明确观察的方向。

四、打击乐活动中幼儿音乐表达的观察要点

打击乐器是幼儿最易掌握的乐器之一。打击乐活动是以身体大肌肉动作参与为主,运用一定的节奏和音色,通过操作打击乐器来表现音乐的一种活动。在这类活动中,须观察的是乐器操作能力、随乐能力、合作协调意识、创造性表现。这些观察要点中包含了打击乐活动须习得的简单知识和技能:是否认识打击乐器,掌握乐器的演奏方法;是否了解打击乐器的分类及特定音响效果的制造。

另外,在打击乐活动中,指挥及演奏的常规也显得尤为重要,须观察:在活动开始与结束时,幼儿是否听音乐的信号整齐地将乐器取出或放回;拿出乐器后,是否在不演奏时将乐器放在腿上、不发出声音、眼睛也不看乐器;在开始演奏前和演奏结束后,是否都按照指挥者的手势做出整齐动作,而在活动结束后是否自己收拾乐器和整理场地等。在活动进行时,幼儿演奏时是否身体倾向并注视指挥者,积极交流;是否注意倾听音乐和他人演奏;是否注意力集中,不做与演奏无关的事情;在中途交换乐器时,是否先将原来使用的乐器放在座椅上,再迅速无声地找到新座位,拿起新乐器,坐下后把新乐器放在腿上做好演奏准备。①

在观察时参照这些要点,可以更加清晰地了解在打击乐活动中须关注的细节。

五、音乐游戏中幼儿音乐表达的观察要点

音乐游戏作为幼儿音乐教育中最为轻松愉悦的活动类型,既具有教育性,又具有游戏性。因此,幼儿在音乐游戏的教育功能中,会直接呈现出对音乐的理解与表达,具体体现在听辨音准、力度、速度等基本的音乐能力以及与之相配的动作。另外,在音乐游戏的功能中,幼儿的规则意识、合作协调以及创造性也能得到表现,这些都成为幼儿音乐游戏的观察要点。

情境演练 6-1-2

再次观看视频 6-1-1(中班),围绕幼儿音乐活动的观察要点,记录幼儿音乐活动的过程。

典型工作环节三　评价幼儿表现

幼儿音乐教育活动评价是针对幼儿音乐教育的特点和各个组成要素,通过收集和分析幼儿音乐教育活动各方面的信息,科学地监测和判断音乐教育价值和效益的过程;也是对音乐教育目标、活动方案、教育内容、材料、效果,以及教学活动过程的实际运行状况等的判断和评定过程。② 幼儿音乐教育的评价工作,具体包括三个方面:一是对幼儿发展方面,即幼儿音乐能力发展的评价;二是对幼儿园音乐教育活动的评价,其中包括对音乐活动的目标、内容、方法、过程等方面的具体评价;三是对幼儿园音乐教育工作的整体评价。③ 而在这三个方面中,最为核心的就是基于幼儿发展的音乐能力评价。要做到这些,教师须熟悉幼儿音乐能力关键指标的发展特点、各年龄段该能力的发展目标,并分析影响幼儿表现的各种因素,作为评价幼儿音乐表达能力的参考。

一、熟悉幼儿音乐能力关键指标的发展特点

幼儿音乐经验的成熟条件与获得数理逻辑经验的成熟条件不同,没有非常明确的年龄界限,5 岁前

① 徐春艳.学前儿童音乐教育[M].上海:复旦大学出版社,2012.
②③ 黄瑾,阮婷.学前儿童音乐教育与活动指导(第三版)[M].上海:华东师范大学出版社,2014.

后的变化不是非常明显。这里描述幼儿各阶段音乐能力发展的特点，是为了让教师熟悉以做到心中有数，具体可参考表 6-1-2 至表 6-1-6。

表 6-1-2　幼儿歌唱能力的发展特点

项目	3～4 岁	4～5 岁	5～6 岁
歌词	理解有限，发音、吐字不准	能较好听辨、理解、记忆与再认	发音、咬字完善，理解记忆稍长、稍复杂的歌词
音域	音域窄，自然音域在 $d^1 \sim g^1$	自然音域在 $c^1 \sim b^1$	音域渐宽，自然音域在 $c^1 \sim c^2$
节奏节拍	易感受，掌握四分音符、八分音符，能唱 $\frac{2}{4}$ 和 $\frac{4}{4}$ 拍歌曲，逐渐合拍	初步理解和掌握 $\frac{3}{4}$ 拍，较准确再现二分音符、带附点的节奏	熟练唱 $\frac{3}{4}$ 拍和 $\frac{6}{8}$ 拍歌曲，掌握弱起、切分、带附点节奏
旋律	易"说歌""走音"	基本唱准（二、四、五度音程）	初步建立调式感，掌握级进和跳进的音程（小三度、大三度以及纯四、五度音程）
呼吸	不能根据乐句需要换气	在指导下按乐句和情绪要求换气	按情绪要求较自然地换气，音量增加，气息保持时间加长
其他	表现欲强，能感知并运用有明显差异的速度、力度、音色，但不易齐唱	部分替换歌词，能参与集体歌唱活动，能初步听前奏、间奏	出现尝试创编歌词、即兴创编小曲等创造性表现，对接唱、对唱、领唱、齐唱等不同演唱形式感兴趣

表 6-1-3　幼儿韵律活动能力的发展特点

项目	3～4 岁	4～5 岁	5～6 岁
动作发展	单纯非移动动作（手、臂、躯干）幅度大、简单的联合动作（小跑步、小碎步）	平衡能力和大动作发展较好，能做稍复杂的连续移动动作（进退步、垫步），能做上下肢联合变换动作	同时协调不同部位的联合动作（如摘果子、采茶等动作），动作分化精细（如开始注意到手腕和手指的动作），自如变换上下肢动作的速度与幅度，平衡性提高
随乐能力	自发跟着音乐节奏表现，但节奏不完全一致，均匀性不稳定，难以长时间保持	均匀性、稳定性增强，动作自如，在一首音乐的转换处用不同动作节奏表现	轻松自如地用动作跟随节奏节拍，对附点、切分等节奏做出反应，灵敏变换速度和节奏，对音乐结构细致反应
合作协调	以自我为中心，不善于用动作配合、交流	在共享空间不发生碰撞，主动邀请伙伴共同舞蹈	主动追求一起活动，用动作、表情和眼神交流合作，与他人共享空间
创造性表现	对音乐进行想象，用动作模仿想到的事物	用基本的舞蹈语汇（包括姿态、步法、技巧、手势和各种动作的组合、造型、场景等）简单创编	在已有表达经验的基础上，积极用舞蹈语汇进行创造性表现

表 6-1-4　幼儿音乐欣赏能力的发展特点

项目	3～4 岁	4～5 岁	5～6 岁
音乐感知、听辨能力	从周围生活环境中倾听和寻找声音；自发地注意听喜欢的音乐；分辨出速度、力度、音高等特点	辨别声音的细微变化，如渐弱、渐强、渐快、渐慢；分辨不同体裁、性质、风格的乐曲，感知情绪变化；感知简单曲式结构（ABA）	分析、归类同类音乐作品；理解器乐曲与歌词复杂的歌曲；用完整语言或情节描述感受
音乐表现力	记忆不精确；不能用语言、绘画形式表现；喜爱摆弄乐器、敲打物品，用不同于别人的身体动作来表达感受	喜欢用多种多样的手段创造性地表达	主动积极进行丰富的创造性表现，通过身体动作、嗓音、语言、绘画等再现音乐内容

表 6-1-5　幼儿打击乐演奏能力的发展特点

项目	3～4 岁	4～5 岁	5～6 岁
乐器操作能力	运用大肌肉动作进行简单的演奏	能模仿演奏；能探索同一种乐器的不同演奏方法；会调整和控制乐器的音色、力度、速度	能用小肌肉动作、手腕带动演奏；会控制乐器的音色、速度、节奏
随乐能力	不合拍；只顾玩弄乐器,忘记演奏要求	$\frac{2}{4}$ 拍、$\frac{3}{4}$ 拍、$\frac{4}{4}$ 拍基本合拍	用两种以上不同节奏型跟随音乐合奏；会看指挥手势；能自觉注意倾听音乐
合作协调意识	能整齐开始和结束；愿意交流	声部协调；会看指挥调整	主动调节
创造性表现	能选择合适乐器并交流	能用基本节奏型语汇表达；能使用不同音色配置方案	积极参与配器方案讨论；能变化并混合不同音色；开始探索制作打击乐器；开始尝试即兴指挥

表 6-1-6　幼儿音乐游戏能力的发展特点

项目	3～4 岁	4～5 岁	5～6 岁
音乐能力	发音错误,吐字不清,跑调走音；动作与音乐不一致	听辨音乐,模仿歌曲,控制声音	音准、力度、速度控制好,能跟随带有切分节奏、休止符的音乐进行游戏
动作	以走、跑、跳为主；左右摇摆,两臂摆动不自然,自控能力差	喜欢用动作反映音乐；能转换不同动作；上下肢动作更协调,能较好控制动作的力度和方向	出现联合动作,能运用稍复杂的连续移动动作
规则意识	规则意识薄弱	不完全遵守,易打破规则	能商量计划,分配角色,严格遵守
合作协调	唱歌速度、力度不统一,不协调一致	乐于合作	主动控制
创造性	以无意想象为主,听音乐时想到什么动作便做什么动作	喜欢做不同动作表现音乐情节；能发挥有意想象；能创编新歌词	对音乐的表现熟练且独特,能在观察的基础上进行创造性表达

二、参考幼儿音乐能力发展目标

音乐能力方面的发展是幼儿全面发展中的重要方面之一。《指南》关注幼儿艺术领域中的"感受与欣赏"和"表现与创造",在音乐方面对每个年龄阶段也提出了不同的学习与发展目标(见表 6-1-7),可作为解释幼儿发展的重要参照。

表 6-1-7　《指南》音乐领域相关学习与发展目标

子领域	目标	年龄段	典型表现
感受与欣赏	让幼儿喜欢自然界与生活中美的事物	3～4 岁	容易被自然界中的鸟鸣、风声、雨声等好听的声音所吸引
		4～5 岁	喜欢倾听各种好听的声音,感知声音的高低、长短、强弱等变化
		5～6 岁	乐于模仿自然界和生活环境中有特点的声音,并产生相应的联想

（续表）

子领域	目标	年龄段	典型表现
感受与欣赏	喜欢欣赏多种多样的艺术形式和作品	3～4 岁	喜欢听音乐或观看舞蹈、戏剧等表演
		4～5 岁	能够专心地观看自己喜欢的文艺演出，有模仿和参与的愿望；欣赏艺术作品时会产生相应的联想和情绪反应
		5～6 岁	音乐欣赏时常常用表情、动作、语言等方式表达自己的理解；愿意和别人分享、交流自己喜爱的艺术作品和美感体验
表现与创造	喜欢进行艺术活动并大胆表现	3～4 岁	经常自哼自唱或模仿有趣的动作、表情和声调
		4～5 岁	经常唱唱跳跳，愿意参加歌唱、律动、舞蹈、表演等活动
		5～6 岁	积极参与音乐活动，有自己比较喜欢的活动形式；能用多种工具、材料或不同的表现手法表达自己的感受和想象；在音乐活动中能与他人相互配合，也能独立表现
	具有初步的艺术表现与创造能力	3～4 岁	能模仿学唱短小歌曲；能跟随熟悉的音乐做身体动作；能用声音、动作、姿态模拟自然界的事物和生活情景
		4～5 岁	能用自然的、音量适中的声音基本准确地唱歌；能通过即兴哼唱、即兴表演或给熟悉的歌曲编词来表达自己的心情；能用拍手、踏脚等身体动作或可敲击的物品表现节拍和基本节奏
		5～6 岁	能用基本准确的节奏和音调唱歌；能用律动或简单的舞蹈动作表现自己的情绪或自然界的情景；能自编自演故事，并为表演选择和搭配简单的服饰、道具或布景

三、关注幼儿表现出的学习品质与过程性能力

发展幼儿的音乐能力，绝不是狭隘地让幼儿学习知识与技能，还包括学习品质与过程性能力。自 20 世纪起，越来越多的教育者关注如何"学会学习"，其中重要的概念就是学习品质。学习品质应该包括学习习惯、学习素养、学习态度与学习能力。而过程性能力在音乐活动中表现为为了提升某一方面音乐能力所做的努力，如多次感受作品、练习表现音乐作品、与同伴合作、对完整音乐表演的计划等。有学者通过比较研究，归纳了影响音乐教育学习成效的要素主要包括七个方面：坚持性、创造力、问题解决能力、反思能力、好奇心、主动性与合作性。[①] 在音乐活动中可以找到这些要素所对应的幼儿表现（见表 6-1-8）。

表 6-1-8　音乐活动中幼儿学习品质与过程性能力表现

要素	幼儿表现
坚持性	能够在做一件事时持续 5～10 分钟，参与开放性任务时坚持 20～30 分钟，对有兴趣的活动能够持续 3～5 天； 遇到干扰也能够在中断后独立将注意力重新转移到原来的活动上； 接受合理挑战，遇到困难、挫折、失败能继续尝试并自我调节，坚持不放弃
创造力	用多种方式进行艺术表达（如用假装或象征游戏、律动表演游戏、戏剧游戏、绘画等表现现实经验或幻想；或通过添加动作、角色、服饰、道具改编故事等）
问题解决能力	发现问题、描述问题，有思考能力，尝试使用口头等不同途径解决问题； 能够将已有经验应用于新的情境中，根据具体情境及时进行自我调整（如开展需要合作的音乐表演）

① 许卓娅. 给幼儿园教师的 101 条建议・音乐教育[M]. 南京：南京师范大学出版社，2011.

（续表）

要素	幼儿表现
反思能力	能够计划活动（如游戏或戏剧表演），预测事情的发展，在先前经验基础上学习 对自身或他人以及活动进行公正、积极的评价
好奇心	喜欢主动问问题，对不同的音乐风格感兴趣； 愿意学习和尝试新事物（如学习新乐器），参与更多不同种类的活动
主动性	能够积极参与各种音乐学习或游戏活动； 面对多种选择机会时能独立选择（如角色分配、乐器配置等）
合作性	在音乐表现中，模仿并跟随同伴或教师； 遇到困难经努力无法独立解决时能够与同伴讨论，寻求同伴、教师的帮助； 主动与他人互助或合作，并愿意分享自己的经验或意见

四、分析影响幼儿表现的因素

幼儿音乐能力的发展不是依靠专门的音乐活动来强化就能达到的，它受个体因素、音乐内容难度、环境因素等的影响，发展的路径及情况均有个体差异。因此，在评价幼儿的音乐能力时，应将这些因素考虑在内。例如，每个幼儿都是独立的个体，对音乐、美术、语言、运动等方面的兴趣不尽相同；教师在确定教育内容时，选择了难度较大的音乐教材，或对教材的处理不够契合幼儿的已有经验；自身不喜欢或不擅长音乐领域的教师可能在课程与环境创设中对音乐活动的涉及不足，这会减少幼儿接触音乐的机会……这些因素都有可能影响观察到的幼儿音乐能力表现，从而影响评价信息。

情境演练 6-1-3

再次观看视频 6-1-1（中班），评价幼儿在韵律活动中的音乐能力。

《《**典型工作环节四**》》 **支持幼儿发展**

在对幼儿音乐活动进行观察和评价之后，应该如何使用这些观察与评价的信息来促进幼儿的发展，提升幼儿的音乐能力呢？教师可结合观察与评价信息所得，参考以下建议提供适宜的指导与支持。

一、基于幼儿的音乐表达，关注幼儿发展的整体性

对幼儿而已，音乐能力的发展是其发展的一种表现，它反映着幼儿的认知、情感和个性发展的状况，因此幼儿的音乐审美特性也各不相同。教师在日常生活中，应注意观察幼儿的自发哼唱、舞蹈，关注幼儿在音乐活动中的表现，通过分析、评价发现幼儿音乐体验的特点及蕴含的发展价值，进而提供适宜的支持，让幼儿通过音乐活动得到发展，成长为一个完整的人。正如上文提到的，幼儿的音乐能力绝不是狭隘地指音乐知识与技能，还包括音乐学习过程中所获得的学习品质与过程性能力。教师在观察幼儿的音乐表达时，应不断反思，除了关注幼儿是否会唱歌、是否学到了某套韵律动作、是否会按节奏型正确演奏外，有没有注意幼儿在日常生活中自发的音乐表达，在音乐活动中是否有兴趣与能否合作等。

二、基于观察与评价信息，设计与组织适宜的音乐教育活动

幼儿的音乐教育活动是通过音乐作品本身的情感性、感染性和愉悦性特点来引发幼儿的情感体验，

从而获得审美感受的一种活动。只有适合的音乐内容和组织形式才能有效支持幼儿的审美感受与体验。

（一）观察与评价信息作用于音乐内容的处理

对幼儿在前期音乐能力上的观察与评价，可以帮助教师对音乐活动内容予以系统的关注[1]。例如，可以将信息运用于分析教材内容及其变化和整体性是否符合幼儿的认知规律、年龄阶段目标要求和幼儿已有经验等，归纳整理后作为活动准备与设计的依据（见表6-1-9）。

表6-1-9　观察评价信息作用于音乐教材处理的参考

活动时间		活动地点		活动名称		
执教者		观察者		其他备注		
教材内容	内容变化	整体性	认知规律	年龄目标要求	吸引力	已有经验

（二）观察与评价信息作用于音乐活动的设计

在设计音乐活动时，有丰富的活动形式与方法可以运用，但选用与设计的适宜性却须立足于幼儿的音乐能力。参考幼儿音乐能力的观察评价信息，能够帮助教师设计具有发展适宜性的音乐活动。

例如，2～4岁幼儿的节奏感逐渐发展，开始喜欢上听着音乐跳舞、唱歌或使用乐器，教师可以引入不同文化中的音乐来丰富他们的音乐体验。4～8岁幼儿的音乐和运动能力已取得长足进步，从之前的创造声音和跟随节拍，到了能够跟随节奏和韵律。更大年龄段的儿童甚至能够谱出自己的节奏了。[2] 教师可以结合对音乐能力四个方面观察与评价得到的信息，设计适宜的活动。下面以大班为例具体呈现，详见表6-1-10。

表6-1-10　观察评价信息作用于音乐活动设计的参考（大班）

维度	观察与评价信息	活动设计	具体做法
音乐感受力	喜欢欣赏不同风格的音乐；能够分析归类同类音乐作品、理解器乐曲与歌词复杂的歌曲	尝试引入其他国家的乐器或不同的音乐风格；鼓励幼儿思考音乐或表演的特点	素材：古典的、流行的和幼儿非常熟悉的儿歌；让幼儿感受与分析不同曲调的音乐：快、慢、高、低
音乐理解力	在教师的引导下，能够用完整的语言描述自己的音乐体验与感受	使用乐器创设情境，鼓励幼儿听声音并思考声音的产生方式	表现方法：击打、吹、拉、弹；给予幼儿充足的时间、丰富有效的方法练习新的音律与动作
音乐表现力	能够用不同的形式表现音乐，但是不太关注生活中的声音	鼓励幼儿倾听日常生活中的声音	尝试"声音之路"，鼓励幼儿在回家的路上用不同的符号记录声音，例如从离开幼儿园开始，记录树叶沙沙响、大门吱嘎响、宝宝哇哇哭、邮递员吹口哨、牛奶瓶的叮当碰撞声和汽车排气声等，这些都可能构成回家的"声音之路"
音乐创造力	在已有表达经验上，积极用动作语汇创造性地表现音乐；在区域活动时，喜欢将已有的音乐经验与故事相结合并表演出来	将音乐与戏剧相结合	提供各种可以扩展幼儿角色扮演及音乐表演的材料；鼓励与支持幼儿创造韵律动作路线

① 孙建飞，等. 课堂观察手把手[M]. 福州：福建教育出版社，2013.
② ［美］Carole Sharman，Wendy Cross & Diana Vennis. 观察儿童：实践操作指南（第三版）[M]. 单敏月，王晓平，译. 上海：华东师范大学出版社，2008.

（三）观察与评价信息作用于音乐活动的组织

在音乐感受与理解方面,教师在组织音乐活动时,应注意引导幼儿对整体音乐形象产生有理解的情绪反应,注意引导幼儿认识音乐中所采用的各种主要的表现手段,并使他们知道这些表现手段与音乐的形象、情绪之间的密切关系,从而体验到音乐中的美。在音乐表现力方面,教师应当通过音乐教育活动,帮助幼儿用恰当的声音、动作、表情、姿态等方式表现音乐,积极地与音乐材料发生有效的互动。在音乐创造力方面,教师应提供自由、宽松和充满创造氛围的学习环境;肯定和接纳幼儿独特的审美感受与表现方式;给予幼儿积极的情感支持,尊重并分享幼儿的创造;适当地向幼儿提供一些探索解决问题的思路,传授一些创造性解决问题的知识和技能等。教师在组织活动时只有用心关照幼儿,才会真正发现需要什么提供支持,在支持幼儿以上各方面的发展上是否妥当。例如下面的案例中,两位教师不同的反馈模式带来了截然不同的教育效果。

案例

在两节同样的韵律活动"大树和小鸟"的创编环节中,第一环节教师请幼儿变成一棵树。当第一位志愿者下意识地做出一棵树的造型,第一位教师便迅速反馈说:"你的大树是这样的呀……"显然教师没有仔细观察幼儿的动作并反馈。"这样""那样"的笼统语言,未能引导幼儿观察同伴的动作,也不能让幼儿知道"这样"究竟是什么样。结果在接下来的集体即兴创编大造型的环节里,幼儿面面相觑,茫然地摆弄了半天,最后的造型都差不多。而第二位教师看到志愿者的表现后,便立即观察并边模仿幼儿动作边反馈:"你这是一棵长得很高大的树呀!"结果立刻有一名幼儿蹲下来缩着身体用手指摆出树枝的造型,并自己解释说:"这是一棵很矮小的树!"紧接着又有一名幼儿一边将双腿蹲下来举着双手臂打开往外伸展,一边不停地旋转手腕,而另外一名幼儿观察后帮其解释:"哇,这是一棵很茂盛的树!"几乎每个孩子的树都有和别人不一样的地方。①

情境演练 6-1-4

基于对视频 6-1-1(中班)中幼儿音乐表达的分析,提出适宜的教育建议。

典型工作环节五　反思工作过程

艺术,是人们表达内心、抒发情感的一种渠道。尤其是对于语言发展还不成熟的幼儿来说,艺术更是他们与世界连接的语言。作为艺术活动之一,音乐活动也蕴含着有助于幼儿发展的各个要素。通过对幼儿音乐表达过程的观察与了解,教师可以了解幼儿的内心需要和发展水平,看见一个完整的幼儿。教师在观察与支持幼儿的过程中,应不断反思:观察记录是否收集到了能够反映幼儿真实音乐表现的信息,是否始终关注幼儿发展的整体性;在音乐活动的设计与实施中,更注重音乐技能,还是关注幼儿如何获得各方面的能力;在评价中是否注意到了影响幼儿音乐表现的各种因素。另外,教师在给予幼儿音乐发展上的支持后,还须通过持续观察幼儿的反应来不断审视自己的支持是否适宜。教师要思考活动设计是否合理、音乐材料选择是否符合幼儿的最近发展区,如在歌唱活动,幼儿在唱高八度 C 的时候唱不上去了,教师要反思:是材料太难了？幼儿的歌唱能力还没达到唱这个音的程度吗？还是教师未告诉幼儿如何进行表达,幼儿找不准音准呢？教师须不断思考音乐活动的支持策略是否满足幼儿对于音乐活动技能及艺术感受的需要。

---

① 许卓娅.给幼儿园教师的 101 条建议·音乐教育[M].南京:南京师范大学出版社,2011.

任务实践

视频 6-1-2（大班）是李老师在日常保教工作中拍摄的一段视频。请根据"岗位任务"中的"任务要求"，结合"学习支持"所学，使用表 2-2-14 完成对视频 6-1-2（大班）的观察记录。

视频 6-1-2
（大班）①

评价反馈

为了更好地了解自己对本情境相关知识与能力的掌握情况，参考表 6-1-11 对自己的学习过程进行评价与反思。

表 6-1-11 "幼儿音乐活动观察与支持"学习评价单

任务小组	组长：		
	组名：	得分：	
	组员：		
学习情境	观察、评价与支持幼儿音乐表达		
评价项目	评价要点	分值	自我评价
资讯	主动学习，获取关于"岗位任务"的知识，完成基础测试和情境测试，正确率 80% 以上；能完整梳理出幼儿音乐能力的发展轨迹	15	
计划	小组成员间分工明确；能够积极参与小组活动，认真完成任务	5	
决策	积极参与小组讨论，对其他小组的方案提出建议；在修正计划中能积极发表自己的看法	5	
实施 制订观察计划	观察计划内容完整；观察目的和目标科学、合理；观察记录方法适用于观察目的	5	
实施 收集幼儿信息	能够记录幼儿音乐活动的过程和结果信息；能多方收集幼儿信息	10	
实施 评价幼儿表现	能根据幼儿表现评价幼儿在音乐活动过程中表现出的学习品质，并合理分析影响幼儿表现的因素	20	
实施 支持幼儿发展	支持策略具有针对性、科学性；能从幼儿自身、幼儿园、家庭等多方面进行思考	20	
检查	能够自觉对任务实施过程中的小组合作或任务完成质量进行检查、反思，提出疑问或见解	5	
评价	能主动展示小组练习的结果；能认真记录点评与总结，积极参与完善小组练习	5	
思政融入	在教育实践中注重引导幼儿感受民族音乐文化，强化担当育人使命的责任感	10	

---

① 来自广西平果市第一幼儿园。

岗课赛证

习题测试

一、完成赛题

请完成 2022 年全国职业院校技能大赛学前教育专业技能竞赛(保教视频分析赛项)006 号题"赛马"。

二、教师资格证考试模拟演练(多选题)

1. 观察幼儿歌唱活动时,应记录什么?(　　　　)
   A. 幼儿歌词表现　　　　　　　　　　　B. 幼儿在节奏节拍、旋律、呼吸上的表现
   C. 幼儿在活动中的其他创造性表现　　　D. 幼儿基本唱准音调

2. 音乐活动中的学习品质和过程性能力包括(　　　　)。
   A. 坚持性　　　　　B. 创造力、好奇心　　　C. 主动性　　　　D. 合作性

3. 影响幼儿音乐表现的因素有哪些?(　　　　)
   A. 幼儿自身的生理特点　B. 音乐内容难度　　　C. 环境因素　　　D. 教师指导方式

拓展阅读

许卓娅.给幼儿园教师的 101 条建议·音乐教育[M].南京:南京师范大学出版社,2011.

学习情境二

观察、评价与支持幼儿美术创作

情境导学

"一个没有文化和艺术素养的民族,将无法立足于 21 世纪的世界强大民族之林,而真正的文化素养必须通过真正的艺术教育才能达到。"[①]美术素养是幼儿艺术素养的一部分,也是幼儿未来作为一个完整的人的整体素养的重要组成部分,是幼儿全面发展必备的综合素养之一。幼儿美术素养的启蒙离不开教师的支持,那么在幼儿美术创作活动中,幼儿教师要观察些什么?如何评价幼儿的美术创作行为与作品,如何给予幼儿有针对性的支持呢?请以一名幼儿教师的角色进入本学习情境,学习如何观察、评价并支持幼儿的美术创作。

学习目标

1. **知识目标**:了解观察与支持幼儿美术创作的典型工作环节;掌握幼儿美术创作活动的观察要点、评价维度和支持策略。

2. **能力目标**:能结合幼儿美术创作各典型工作环节要求进行情境演练,学会观察记录、评价与支持幼儿的美术创作。

---

① 滕守尧.谁来担当新型社会的文化主导[J].文艺研究,1998(04):17-19.

3. **思政目标**:激发幼儿美术创作的愿望与热情,树立正确的美育观;感受艺术素养养成对民族发展的重要性,强化担当育人使命的责任感。

岗位任务

李老师在美工区投放了新的材料,主要是生活用品,包括一次性勺子、梳子、牙刷、衣架、夹子等,她想了解幼儿使用新材料创作的情况,以便调整。但是李老师不知道该怎么做,园长给李老师列出了以下任务要求。

任务要求:

1. 做好观察计划。
2. 按照观察计划记录幼儿在美工区的活动。
3. 评价幼儿行为表现。
4. 分析影响因素。
5. 提出调整策略。

学习任务

结合"岗位任务"中园长的任务要求,李老师要完成任务,则须学习观察、评价与支持幼儿美术创作的相关知识与技能,具体的学习任务见表 6-2-1。请以李老师的角色完成"学习任务"。

表 6-2-1　"幼儿美术创作观察、评价与支持"学习任务单

任务小组	组名:	
	组长:	
	组员:	
学习情境	观察、评价与支持幼儿美术创作	
任务要求	1. 6～8 人为一组做好分工与合作 2. 围绕上述岗位任务要求,进行幼儿美术创作的观察、评价与支持 3. 学会反思与总结自己的学习过程	
实施步骤	具体要求	
资讯	学习【学习支持】板块,获取关于幼儿美术创作观察、评价与支持的相关知识;梳理幼儿美术创作的发展轨迹	
计划	根据"资讯"阶段获取的信息,分析岗位任务要求,小组协作制订问题解决方案	
决策	通过组间互评、教师指导,修正计划,确定问题解决方案	
实施	按照方案实施"岗位任务"	
检查	通过组内或组间相互监督与检查,及时发现实施过程中的困难或问题,并适当调整方案,以保障问题得到有效解决	
评价	小组展示幼儿美术创作活动观察记录表,基于点评总结教学要点,进一步完善观察记录	

学习支持

"老师老师,你看我画的。""我画的是一个大火车,呜呜呜,然后回家了。"孩子的这些表达虽然有些语无伦次,但快乐溢于言表。这样天真、稚嫩、美好的话语在幼儿园每天都可以听到,在进行美术创作时,孩子们是快乐的。孩子们需要这样的美术活动。美术又称造型艺术、视觉艺术、空间艺术,从幼儿的

角度来说,幼儿的美术是他们本真的生命活动,是幼儿通过视觉艺术来表达与表征自己的观察、思考、想象和感受的一种重要方式。幼儿的美术活动是对其成长性需要的满足,在培养幼儿美术素养方面发挥着非常重要的作用。那么在幼儿美术创作活动中,幼儿教师要观察些什么? 如何评价? 如何给予幼儿有针对性的支持呢? 通过以下五个典型工作环节,可以系统学习如何观察、评价与支持幼儿的美术创作。

◀◀◀ 典型工作环节一 ▶▶▶　制订观察计划

一、确定观察目的

观察目的是观察幼儿美术创作的动因,即为了了解幼儿美术能力的发展现状,还是为了解释幼儿某种美术活动行为背后的原因,或是为了了解美术课程的进展。确定好观察目的后,要明确观察目标,即根据观察目的列出具体的观察要点(观察要点可参考"典型工作环节二"中的相关知识点),做到心中有数。

二、明确观察对象

一方面,教师在幼儿园一日生活中关注每个幼儿的美术表达,了解他们的兴趣与需求;另一方面,在日常观察的基础上,重点观察在美工区活动的幼儿,或者选择在美术欣赏、表达与创造上有特殊表现的幼儿,进行连续观察,以便提供更有针对性的支持。

三、选择观察记录方法

美术创作作为一种幼儿表达和表征自己观察、思考、想象和感受的创造性活动,在活动中须翔实记录幼儿的创作表现,描述记录法是比较适宜的方法。还可通过相机辅助,将幼儿的作品拍摄下来,更为直观。

四、选择观察情境

丰富的美术材料与创作环境能够引发幼儿更多的美术创作行为,如室内的美工区、室外的涂鸦区,教师可根据观察目的选择适合的观察情境。当然,在一些过渡活动环节,如餐后自由活动环节,喜欢绘画的幼儿也会自发进行创作,这些作品也是幼儿生活经历、体验与情绪情感的表达,教师也要关注这些情境中幼儿的美术创作过程,了解幼儿的需要;倾听幼儿对作品的解读,了解他们的已有经验及内心的需求等。

✎ 情境演练 6-2-1

请扫码观看幼儿美工区活动视频 6-2-1(大班),根据幼儿表现,制订一份观察计划。

视频 6-2-1
(大班)①

◀◀◀ 典型工作环节二 ▶▶▶　收集幼儿信息

收集信息是获取被观察幼儿在美术创作中的行为表现,描述被观察幼儿"是什么样"的过程,是观察

---

① 来自上海市武宁新村幼儿园。

与支持幼儿美术创作的基础环节。那么哪些要点是教师在观察幼儿美术创作时须要收集的关键信息呢？这一部分主要从美术创作过程和创作结果两方面来探讨幼儿美术创作的观察要点。

一、幼儿美术创作过程的观察要点

（一）美术创作行为

美术创作行为是指幼儿在美术创作活动中探索并使用各种材料与工具进行绘画、塑形、建构等的过程。在这一过程中，教师须观察的要点包括幼儿创作时使用了哪些材料和工具，使用这些材料和工具的方法以及创作时使用了哪些技能等。如案例 6-2-1 中，教师用描述记录法及照片辅助呈现了幼儿美术创作过程中使用的材料，如空心花朵模型、红色的颜料、大白纸，以及使用了手抓模型压印的方法。

案例 6-2-1

图 6-2-1　幼儿压印花朵

在小班美工区中，教师投放了丙烯颜料，让幼儿自由尝试丙烯颜料的玩法。

幼儿左手抓握着空心花朵模型蘸上红色的颜料后自由压印花朵（图 6-2-1），开始是直接压印，后来发现颜料滴流在纸上，他就尝试用模型压在滴流的颜料上转圈，画出不一样的花纹。幼儿在画纸范围内印花朵，神情专注。从画面上看，幼儿的作品内容以空心的红色花朵为主，且散印在画纸上，周围还滴流一些颜料。

（二）学习品质

幼儿美术教育是一项通过美术促进幼儿发展的教育。因此，我们除了重视美术技能外，还应重视幼儿在创作过程中的学习品质。例如，通过观察幼儿创作花费的时间，了解幼儿的坚持性、幼儿创作时的专注情况、表现出的兴趣、不断尝试的行为、问题解决的过程等。

幼儿的发展是整体的、综合的，教师在观察时还要关注幼儿创作过程中的情绪状态、社会交往、行为习惯等。如案例 6-2-1，教师记录了幼儿创作时的专注神情，探索材料和工具的积极主动性。再如案例 6-2-2，展示了幼儿在活动中的合作行为。

案例 6-2-2

这是一次集体活动——画圈圈。幼儿根据教师要求，用彩笔在纸上画圈圈（图 6-2-2）。

在这一过程中，幼儿能够一直跟随教师的指令进行创作，很专注。而且在这一过程中，幼儿的倾听能力和观察能力得以体现。根据活动的特点，幼儿表现出了很强的合作意识和行为。

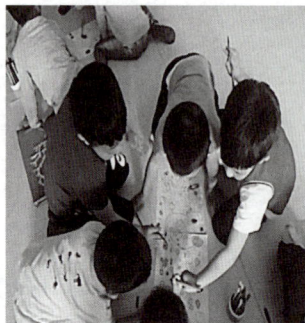

图 6-2-2　幼儿画圈圈

二、美术创作结果的观察要点

作为视觉艺术,美术创作最终会形成可视化作品,这些作品既表达着幼儿对周围世界的认识和情绪情感,也是幼儿美术创作能力表现的重要部分。通常可从以下四个方面进行观察:幼儿美术创作作品的主题、具体内容、结构、美感;幼儿对美术作品的表述;幼儿表述时使用的美术用语;幼儿所获得的美术技能。

如案例 6-2-3,教师用照片的形式记录了幼儿的作品(从作品上也能看出幼儿所表现的美术创作技能),用文字具体记录了幼儿对作品的介绍。

案例 6-2-3

美工区中,教师创设了恐龙主题的环境,幼儿自己选择材料,用自己的方式表现恐龙(图 6-2-3)。以下是游戏分享环节的对话。

教师:你给大家介绍一下你画的恐龙吧。

幼儿:我画的是一个很凶的、吃肉的恐龙,它的身上有很多花纹。

教师:它外面的蓝色是什么?

幼儿:让它更漂亮,我拿蓝色涂了一下外面。

教师:我觉得是渐变色,是吗?

幼儿:是的。

教师:它脚下是什么? 它在什么地方?

幼儿:它在草地上,下面是花,还有一只蜜蜂……

图 6-2-3 幼儿画恐龙

情境演练 6-2-2

再次观看视频 6-2-1(大班),围绕幼儿美术创作的观察要点,记录幼儿美术创作的过程与结果。

典型工作环节三 评价幼儿表现

收集信息后就要对幼儿各种美术创作表现及作品进行评价,即分析幼儿在美术创作活动中所表现出的学习与发展情况,解释行为背后的原因。具体来说,教师须思考:收集到的信息与幼儿的美术学习有什么关联? 幼儿已获得或还不会、不知的美术知识与技能或其他方面的能力有哪些,为什么会有这样的表现? 还须科学谨慎判断幼儿美术学习的水平,解释学习结果的由来,对幼儿的表现进行归因等。要做到这些,教师须熟悉幼儿美术创作关键指标的发展轨迹、各年龄段该能力的发展目标以及分析影响幼儿表现的各种因素,作为评价幼儿美术创作表现的参考。

一、熟悉幼儿美术创作关键指标的发展轨迹

幼儿美术创作关键指标是指幼儿在该领域应该学习和体验到的有意义的内容。熟悉幼儿美术创作关键指标的发展轨迹,做到心中有数,有助于教师更好地评价幼儿美术创作行为与美术创作结果。幼儿绘画、手工活动和艺术欣赏活动是幼儿美术创作活动的主要内容,下面分别介绍。

(一) 幼儿绘画活动关键指标的发展轨迹

绘画的关键指标包括色彩、造型、构图等方面,其总体发展脉络为:1～3 岁幼儿处于绘画初期,即涂

鸦阶段,主要是无意识绘画,通常用线和圈表示一切,整体构图比较杂乱;3～5岁期间,幼儿小肌肉有了一定的发展,思维水平也有所提高,逐步进入象征阶段,这一阶段幼儿绘画逐渐有了目的,可以用简单的几何图形表示事物,整体构图有空间意识并且能够均匀涂色;5～7岁时,幼儿的绘画能力又进入一个更高的水平——图式阶段,这一阶段的幼儿绘画更加有目的性,能够用各种图形表示自己的经验,在构图上开始使用遮挡关系,并且能够用色彩表达情感。具体可参考表6-2-2①。

表6-2-2　幼儿绘画能力的发展阶段

发展阶段		特征表现	造型表现	空间构图表现	色彩的表现
涂鸦阶段 (1.5～3.5岁)	总体特征	喜欢到处涂抹,处于未分化时期(依靠手臂来回移动)	没有表现意图,不讲究造型、色彩和构图	没有构图意识	无意识地使用彩笔
	(1.5～2岁)	未分化涂鸦,紧握笔,手腕很少动	杂乱、不规则的线条,长短不一	没有构图意识	无意识地使用彩笔
	(2～2.5岁)	控制涂鸦,动作开始协调,能借助视觉控制动作	出现波形线、锯齿线、倾斜线和螺旋线	可以控制在整张纸内	无意识地使用彩笔
	(2.5～3岁)	圆形涂鸦,能够注视涂鸦笔的运动方向	出现封口或不封口的圆,复线圆圈和涡形线等	仅有运动感的空间,有时会着重画某一部分	无意识地使用彩笔
	(3～3.5岁)	命名涂鸦,有明显的意图,开始为画出的线、图赋予意义或命名	出现类似符号的线条和简单图形	纯粹想象的空间,画面图像渐渐分化	后期可使用不同颜色表现不同物体
象征阶段 (3.5～5岁)	早期象征阶段	图像和实物相差很远,仅有表征意义	简单的几何图形和线条组合,没有整体感,结构不合理	用随机偶然的方式,把物体安排在画面上,物体相互独立,不遵循大小比例	画面上出现的颜色较少,颜色选择完全取决于情感和喜好,涂色不均匀
	中后期象征阶段	有目的、有意识地绘画	表现的事物越来越广泛	每个物体独立,但没有大小比例,开始表现空间关系	逐步按物择色,用方向较为一致的线条均匀涂色
图式阶段 (5～7岁)	早期图式阶段	表现物体的主要部分和基本特征,表现方式呈现出符号化、图示化的特征	用线条描绘物体的整体形象,部分开始融合为整体	开始注意物体的大小比例,但还把握不住分寸,有时会夸大感知印象较深的东西	对色彩的认识更精确,细节处能注意按物择色
	中后期图式阶段	更加有目的、有意识地再现和表现自己的经验	线条更为流畅,对细节的表现使形象更为生动	出现遮挡式构图和多层并列式构图,画面开始立体化	在按物择色的基础上,添加对比色或类似色。画面色彩丰富,有时会有主色调,开始用色彩表达感情

(二) 幼儿手工活动关键指标的发展脉络

幼儿手工活动的类型很多,下面主要以泥工和剪纸为例,阐述手工活动关键指标的发展。不管是剪纸还是泥工,活动中的关键指标都包含幼儿对材料和工具的认识以及创作中的具体表现,如表征行为、

---

① 孔起英.幼儿园美术领域教育精要——关键精要与活动指导[M].北京:教育科学出版社,2015.

造型等。

1. 泥工

随着手部小肌肉和思维水平的发展,幼儿的泥工制作从无目的阶段,经过基本形状阶段,逐渐发展到样式化阶段。在4岁之前的无目的阶段,幼儿对于使用工具基本无意识,只能团泥或者掰开泥;5岁左右的基本形状期,幼儿对于工具有了一定的认识,能够制作出粗棒和细棒等表征,但是缺乏对于细节的塑造;7岁左右的样式化阶段,幼儿能够使用泥工工具,并且能够制作出更加复杂、丰富的形状。具体可参考表6-2-3①。

表6-2-3 幼儿美术能力(泥工)发展阶段

发展阶段	时期	对材料和工具的认识	创作中的具体表现
无目的的活动期(2~4岁)	早期	不理解材料和工具的性质与作用	无目的,只是手握油泥或拍打油泥,时而掰开,时而揉成一团,享受油泥和黏土的触感,以及油泥与黏土的变化感
	后期	初步的概念认识	能用黏土制作出圆球,这种圆球代表一切可以代表的人和事物
基本形状期(4~5岁)	早期	有了一定程度的认识	由无目的逐渐呈现出有意图的尝试,从起初的拍拍到用手团圆、搓长,此阶段出现与绘画中的直线相对应的棒状形式
	后期	有了更加清晰的认识	棒状物出现了粗细、长短的变化,制作出的东西是所需要制作物体的基本部分,缺少对细节的塑造
样式化时期(5~7岁)	已经掌握了一些基本手工材料和工具的使用方法		能搓出各种弯曲、盘旋的棒状物;能制作出立方体和圆柱体,并会用棒状物组合的方式组合一些复杂的物体;能够使物体的各部分有机地连接在一起;可借助工具来制作物体细节和特征

2. 剪纸

剪纸也是幼儿阶段重要的手工活动。随着幼儿小肌肉的发展和生活经验的积累,幼儿剪纸能力也在发生变化。一般来说,2~4岁时,幼儿还不知道剪刀的用途,剪出来的东西也是无形状无意义的,使用剪刀的能力较弱,一般以撕纸为主;4岁以后,幼儿已经能够知道剪刀的用途,并且能够顺利地剪出直线;5岁以后,幼儿能够熟练地使用剪刀,并且能够剪出不同的形状。具体可参考表6-2-4②。

表6-2-4 幼儿美术能力(剪纸)发展阶段

发展阶段	对材料和工具的认识	创作作品的具体表现
无目的的活动期(2~4岁)	不知道剪刀等工具的用途,只是简单地玩耍	不能有效配合使用纸和剪刀,纸张常常被绞在剪刀里面或从剪刀里滑出。即使剪到了,剪出的也是奇形怪状的纸片,而不是如愿的纸型
基本形状期(4~5岁)	对剪刀等工具有了一定的认识	开始能够较为顺手地使用剪刀,但只限于剪直线,并且这一动作持续很长时间而没有进步
样式化时期(5~7岁)	能够掌握运用剪刀和其他工具的方法	在这一阶段不仅能够连续地剪直线,而且能双手配合着剪曲线。由于能剪直线、曲线,此时,能够如愿剪出自己想要的形状,能够装饰作品细节

(三)幼儿艺术欣赏能力关键指标的发展过程

随着幼儿认知能力和文化理解能力的发展,幼儿艺术欣赏能力经历从简单到复杂,从部分到整体,再从整体到细节的发展过程。考查幼儿艺术欣赏能力的关键指标包括对色彩与图案、作品题材、作品结构、作品风格等的感知与理解,详细情况如表6-2-5③所示。

①② 孔起英.幼儿园美术领域教育精要——关键精要与活动指导[M].北京:教育科学出版社,2015.
③ [美]安·S.爱泼斯坦,伊莱·特里米斯.我是儿童艺术家——学前儿童视觉艺术的发展[M].冯婉桢,等译.北京:教育科学出版社,2014.

表6-2-5 幼儿艺术欣赏的发展过程

指标	水平			
整体审美发展	1. 幼儿时期的偏好不受种族或性别影响	2. 年龄与成熟在幼儿感知与反映艺术的过程中发挥着决定性作用	3. 幼儿总是很难说清自己作出选择的具体原因。当他们确实开始说时,则集中在内容（创作题材）而非风格上	4. 无论是写实的还是抽象的作品,幼儿发现其中的形状、色彩和形象后就能创编关于这些元素的故事
色彩与图案	1. 幼儿十分喜欢明亮、高饱和、强烈、对比鲜明的色彩	2. 幼儿相对不喜欢暗哑深沉的色调	3. 与暗色调的写实主义作品相比,幼儿对有图案的、色彩明亮的抽象作品反应更积极	4. 8岁以下的儿童很难理解图形里的形状或图案的轮廓
内容（创作题材）	1. 幼儿对描绘他们喜爱或熟悉题材的作品反应积极	2. 幼儿不会始终如一地偏好抽象或写实画,他们的偏好似乎取决于所感觉到的主题	3. 幼儿在抽象和写实作品中都能认出其中的内容,并且会根据周围世界来讨论那些内容	4. 8岁以下的儿童更喜欢表现人群或肖像的静物画,以及具有较少物体具象的写实主义作品
简单性—复杂性	1. 幼儿喜欢的艺术作品构图简单,空间关系清楚	2. 随着年龄的增长,幼儿越来越喜欢作品中的复杂之处与细节	3. 幼儿很难把一幅复杂的画的各个部分联系起来。他们关注作品中的一部分,很少关注整个作品	4. 当艺术作品的一个形状从整个背景中分离出来之后,幼儿能够感知到这个形状更多的细节
艺术风格	1. 幼儿对绘画风格的注意是有限的。随着年龄的增长,他们对个人艺术风格、媒介用途和艺术原则越来越敏感	2. 即使被要求按照风格或作家来排列艺术作品,幼儿还是倾向于根据创作题材来排列	3. 影响幼儿偏好的是所画的内容,而非描绘的方式	4. 幼儿不能区分照片和复印件。随着年龄增长,他们能区分不同的表现形式

要点巩固

请根据所学,梳理幼儿绘画、手工活动的发展轨迹。

情境演练6-2-3

观看幼儿美术活动视频6-2-1(大班)、视频6-2-2(小班)、视频6-2-3(中班),评价幼儿美术创作能力发展水平,思考幼儿表现与上述发展轨迹的异同,以及视频中幼儿的表现与理论上的发展特点之间的差异说明了什么。

视频6-2-2
(小班)①

视频6-2-3
(中班)②

①② 来自广西稚慧明珠幼儿园。

二、参照幼儿美术发展目标

《指南》将幼儿艺术领域的发展目标定位于"喜欢自然界与生活中美的事物""喜欢欣赏多种多样的艺术形式和作品""喜欢进行艺术活动并大胆表现""具有初步的艺术表现与创造能力",并列出了各年龄段幼儿在美术方面的典型表现,可作为教师评价幼儿美术能力的重要参照,详见表6-2-6。

表6-2-6　《指南》中关于幼儿美术创作的发展目标

项目	目标	典型表现		
		3～4岁	4～5岁	5～6岁
感受与欣赏	目标1 喜欢自然界与生活中美的事物	1. 喜欢观看花草树木、日月星空等大自然中美的事物 2. 容易被自然界中的鸟鸣、风声、雨声等好听的声音所吸引	在欣赏自然界和生活环境中美的事物时,关注其色彩、形态等特征	乐于收集美的物品或向别人介绍所发现的美的事物
	目标2 喜欢欣赏多种多样的艺术形式和作品	乐于观看绘画、泥塑或其他艺术形式的作品	1. 能够专心地观看自己喜欢的艺术品,有模仿和参与的愿望 2. 欣赏艺术作品时会产生相应的联想和情绪反应	1. 艺术欣赏时常常用表情、动作、语言等方式表达自己的理解 2. 愿意和别人分享、交流自己喜爱的艺术作品和美感体验
表现与创造	目标1 喜欢进行艺术活动并大胆表现	经常涂涂画画、粘粘贴贴并乐在其中	经常用绘画、捏泥、手工制作等多种方式表现自己的所见所想	1. 积极参与艺术活动,有自己比较喜欢的活动形式 2. 能用多种工具、材料或不同的表现手法表达自己的感受和想象 3. 艺术活动中能与他人相互配合,也能独立表现
	目标2 具有初步的艺术表现与创造能力	能用简单的线条和色彩大体画出自己想画的人或事物	能运用绘画、手工制作等表现自己观察到或想象的事物	能用自己制作的美术作品布置环境、美化生活

三、关注幼儿表现出的学习品质与过程性能力

在评价幼儿美术创作的时候,除了看幼儿的美术能力和创作结果,还要分析幼儿在创作过程中体现出的学习品质和过程性能力等。具体情况可参考表6-2-7[①]。

表6-2-7　幼儿美术创作中的学习品质与过程性能力要素及表现

要素	表现
兴趣	喜欢关注自然、生活中的事物,乐于观看艺术作品
坚持性	能够在做一件事时持续5～10分钟,参与开放性任务时坚持20～30分钟,对有兴趣的活动能够持续3～5天; 遇到干扰也能够在中断后独立将注意重新转移到原来的活动上; 接受合理挑战,遇到困难、挫折、失败能继续尝试并自我调节,坚持不放弃
创造力	用多种方式进行艺术表达(多种材料、多种形式),能用自己制作的作品布置环境、美化生活

---

① ［美］安・S. 爱泼斯坦. 学习品质:关键发展指标与支持性教学策略［M］. 霍力岩,等译. 北京:教育科学出版社,2018.

（续表）

要素	表现
问题解决能力	发现问题、描述问题，并尝试使用不同途径解决问题
反思能力	创作之前有计划，能够根据计划完成创作； 能够发现自己在创作过程中的优点和缺点，并在以后的活动中改正； 能够对自身或他人以及活动进行公正积极的评价
语言表达能力	能够用适当的语言叙述作品意图； 能够用适当的语言描述作品形象； 愿意与他人分享作品感受
主动性	能够积极参与各种美术创作活动； 面对多种选择机会时能独立选择
合作性	遇到困难时若有必要能够与同伴讨论，寻求同伴、教师的帮助； 主动与他人互助或合作，并愿意分享自己的经验或意见

情境演练 6-2-4

再次观看视频 6-2-1(大班)，说一说幼儿表现出了哪些学习品质。

四、分析影响幼儿表现的因素

幼儿美术创作受个体因素、内容难度、环境因素等的影响，发展的路径及情况均有个体差异。如创作内容不够契合幼儿的已有经验，幼儿自身不喜欢或不擅长美术，幼儿接触美术活动的机会不多，教师提供的材料不足……这些因素都有可能影响所观察到的幼儿表现，从而影响评价信息。因此，在评价幼儿的美术创作表现时，也应把这些因素考虑在内。表 6-2-8 对幼儿在美术活动中的行为做出了具体的解释与分析。

表 6-2-8　幼儿美术创作过程的观察、评价与支持

观察日期：	××××年××月××日
观察者	老师
幼儿姓名	小 Z、小 C 和小 G
幼儿年龄	3 岁
观察目的	了解幼儿在创作过程中所展现的发展水平
观察目标	创作的过程与结果
环境与材料	活动室中的美工区 素描纸、橡皮泥、剪刀、小装饰物(开心果壳)
观察记录	小 Z、小 C 和小 G 在美工区。 开始的时候，3 名幼儿拿着纸在做自己的事情，都在用笔在纸上画着画。大约 5 分钟以后，小 C 开始找其他的材料进行创作，把橡皮泥贴在了纸上面。其他小朋友也开始学着小 C 在纸上贴橡皮泥。之后小 Z 想试着用开心果壳装饰，但是粘不上去。后来小 Z 试将开心果壳倒扣在橡皮泥上，成功了。其他小朋友看到后也学着做了起来。小 Z 开始拿着剪刀沿着边儿剪了起来。小 G 看到之后，也想剪，但是不会剪。小 Z 一直盯着小 G 看，大约 1 分钟后，开始教小 G："你应该这样，近一些，剪刀和线。"并且抬起右手比画着。小 G 学会了之后，认真地剪了起来。

（续表）

观察记录	 图 6-2-4　　　　图 6-2-5 图 6-2-6
分析与评价	1. 3 名幼儿的绘画介于早期象征阶段和中后期象征阶段之间,基本可以用图画来表现自己的想法,用简单的线勾勒心中的形象,画面中的每个形象独立排列,但是颜色比较单一 2. 其中,小 C 的能力较强,能够独立构思,专注力也较好。小 Z 学习能力比较强,思维敏捷,乐于帮助同伴。小 G 可以跟着大家一起进行创作,并且敢于尝试,能够接受同伴的意见和建议 3. 幼儿的表现主要与其年龄特点有关,小班幼儿以平行游戏为主,喜欢模仿他人。小肌肉动作发展还不够成熟,在粘贴小颗粒、使用简单工具上存在困难
发展支持	1. 依据幼儿的兴趣,在下次的活动中投放更多的装饰物和花边剪刀 2. 在日常生活中多途径促进幼儿小肌肉的发展

典型工作环节四　支持幼儿发展

在对幼儿艺术创作进行观察和评价之后,教师应该如何使用这些观察与评价的信息以促进幼儿的发展,提升幼儿美术领域活动的质量呢? 可参考以下内容提供有针对性的发展支持。

一、根据观察与评价内容关注幼儿的全面发展

在美术教育的过程中,教育者注重幼儿审美体验、艺术想象、艺术表现等方面发展的同时,也须统整其他领域的发展。通过观察与评价幼儿的美术创作活动,教师不仅能够了解幼儿的美术能力如何,也能够了解幼儿在创作过程中表现出的兴趣与需求、行为习惯、手眼协调的动作技能等。通过幼儿对自己作品的解释,又能了解幼儿语言表达能力的发展水平。因此,教师在进行观察与评价时,不能只是关注幼儿的美术技能,也应关注幼儿其他领域的表现。如大班幼儿在排练《毕业歌》合唱后,自发通过绘画的方式将歌曲内容可视化。但是教师发现幼儿在表现"教导"时,只画了一个圆圈而没

有画出具体的图案,教师通过询问了解到原因是幼儿不知道"教导"一词的意思,大部分幼儿还未理解歌词且对于记忆歌词有畏难情绪,于是教师使用图谱法、谈话法、游戏法等帮助幼儿理解歌词,再进一步演唱。在这一过程中,教师不仅鼓励幼儿画出歌词内容,也注重幼儿言语理解能力、幼儿情绪情感的发展。

二、依托观察与评价内容丰富幼儿美术活动形式与内容

幼儿美术教育不是为了教美术技巧的教育,而是希望通过美术活动的形式,促进幼儿全方位的发展。教师须根据观察的内容和评价的结果,发现幼儿真实的兴趣和能力。在此基础上,丰富幼儿美术活动的形式与内容,开展更加多样的美术活动,以满足幼儿更进一步的发展需求。如在前面介绍过的色彩游戏中,教师本意是希望幼儿用手指作画,却在幼儿创作的过程中观察到幼儿发现可以用不同的工具进行创作。由此,教师便让幼儿发现周围可以用来创作的东西,说明选用这些工具的原因。这个过程不仅丰富了美术活动的形式,也丰富了幼儿观察周围世界和语言表达的经验。

三、依据观察与评价内容设计适宜的美术活动

通过观察与评价,教师能够了解到幼儿对教师所设计与组织的美术活动的具体反应如何,并基于幼儿的反应思考美术活动的内容、目标是否符合幼儿的发展水平与兴趣需求,美术活动指导方式是否恰当,哪些指导方法(教育方法)奏效了,进而调整美术活动的设计与组织的方式、方法等。如在大班组织的以"海底世界"为主题的美术活动中,有的幼儿在画了几个小人或小鱼后便停止了,并嚷嚷着"我不想画了,我不会画",这时旁边的幼儿说:"我看看,我给你画。"于是他们开始一起边讨论边创作了起来。活动结束后,教师对幼儿的这些行为表现进行了反思,发现大班的幼儿虽然美术表现技能有了一定的发展,但是个体差异较大,而他们此时合作的意识及欲望较强,且只提供油画棒不利于幼儿创作立体图形的需求。据此,在第二次的"海底世界"美术活动中,教师添加一些手工制作材料,并且提供大纸张,鼓励幼儿合作进行创作,幼儿沉浸在创作中,乐此不疲。

四、借助观察与评价内容转变家长的艺术教育理念

无论怎样强调注重艺术创作过程,只要家长的观念转变不了,依然一味地追求创作结果,那么对于幼儿的发展无疑是一个障碍。因此,有必要让家长意识到幼儿的艺术教育不是匠人教育,而是创造性的素养教育。这时,观察和评价内容便可作为与家长沟通的有效工具。如,一位教师在幼儿离园与家长沟通时,拿出上午在美工区观察的简易记录,给家长讲解幼儿在七星瓢虫泥工制作时表现出的浓厚兴趣、专注的神情、较强的观察能力、观察到的细节。家长也在不断地追问,希望从中能够得到有关孩子的更多信息。可见,在与家长交流的时候,运用观察记录和评价信息,更能体现教师专业性,同时,也可让家长逐渐对幼儿的艺术教育产生新的认识,减少一味地要求幼儿进行技能的学习,更加注重过程而不是结果,让幼儿更能够发挥其想象力和创造力,促进其发展。

✏️ **情境演练6-2-5**

> 根据情境演练6-2-3的评价与分析信息,你认为是否应介入幼儿的美术创作活动?如需要,应如何介入?活动后还应提供哪些方面的支持?

《《《 **典型工作环节五** 》》》 **反思工作过程**

首先,教师应回顾与检查自己的在幼儿美术创作观察、评价与支持的过程中是否都能基于幼儿当下

的兴趣与需求。教师须思考：自己所收集到的幼儿信息是否是幼儿美术能力的全部展现，这些信息除了自己眼中看到的，能否通过倾听获取幼儿关于美术作品的解释，能否从家长身上获取更多的关于幼儿美术的行为表现；在评价时，除了关注幼儿美术技能的发展，是否关注了幼儿在创作过程中表现出的良好学习品质；支持策略的制订是否始终基于前期对幼儿美术表现的观察与评价信息且具有一定的广度，并能够综合考虑家长和社会的支持等，而不是根据教师的主观意愿。其次，反思美术活动的适宜性。通过持续观察，获取关于幼儿在美术创作中的反应、幼儿的美术表现与表达的内在节奏，思考"幼儿哪些表现说明我的指导有效？哪里又说明我的介入是无效的？""应当如何改进？"。最后，反思材料对幼儿创作的支持程度。材料是支持幼儿美术创作的重要手段，教师在调整环境与材料后应通过进一步的观察来反思环境和材料是否符合幼儿美术创作的兴趣、需求，是否符合幼儿的美术能力发展水平，从而有效地创设、调整和利用环境与材料，进一步支持幼儿美术的学习与发展。如教师在美工区投放了勺子、夹子、纸杯等生活中常见的物品作为创作材料，观察发现幼儿喜欢利用这些材料创作情境画面，教师便投放A4纸辅助幼儿进行创作。但经过继续观察，发现纸张太小限制了幼儿的创作，于是投放不同大小的纸张，满足幼儿的需求。

任务实施

视频6-2-4(中班)是李老师在美工区拍摄的一段视频。请根据"岗位任务"中的"任务要求"，结合"学习支持"所学，使用表2-2-14完成对视频6-2-4(中班)的观察记录。

视频6-2-4
(中班)①

评价反馈

为了更好地了解自己对本情境相关知识与能力的掌握情况，参考表6-2-9对自己的学习过程进行评价与反思。

表6-2-9　"幼儿美术创作观察、评价与支持"学习评价单

任务小组	组长：		
	组名：	得分：	
	组员：		
学习情境	观察与支持幼儿美术创作		
评价项目	评价要点	分值	自我评价
资讯	主动学习，获取关于"岗位任务"的知识，完成"岗课赛证"中的练习，正确率80%以上；能完整梳理出幼儿绘画、手工能力的发展轨迹	15	
计划	小组成员间分工明确；能够积极参与小组活动，认真完成任务	5	
决策	积极参与小组讨论，对其他小组的方案提出建议；在修正计划中能积极发表自己的看法	5	
实施	制订观察计划	观察计划内容完整；观察目的和目标科学、合理；观察记录方法适用于观察目的	5	
	收集幼儿信息	能够记录幼儿美术创作的过程和结果信息；能多方收集幼儿信息	10	
	评价幼儿表现	能根据幼儿表现评价幼儿的美术创作水平，发现幼儿创作过程中表现出的学习品质，并合理分析影响幼儿表现的因素	20	

---

① 由本书编写人员提供。

（续表）

评价项目		评价要点	分值	自我评价
实施	支持幼儿发展	支持策略具有针对性、科学性；能从幼儿自身、幼儿园、家庭等多方面进行思考	20	
检查		能够自觉对任务实施过程中的小组合作或任务完成质量进行检查、反思，提出疑问或见解	5	
评价		能主动展示小组练习的结果；能认真记录点评与总结，积极参与完善小组练习	5	
思政融入		在学习过程中能够将对幼儿艺术素养的启蒙与民族素养培养相联系，具有育人的使命与担当；观察幼儿时耐心、细心，关爱幼儿	10	

岗课赛证

习题测试

一、完成赛题

请完成 2022 年全国职业院校技能大赛学前教育专业技能竞赛（保教视频分析赛项）008 号题"大班绘画——哈哈小人"。

二、教师资格证考试模拟演练

（一）单选题

1. 幼儿有目的、有意识地绘画，说明其进入绘画的哪一阶段？（   ）
   A. 涂鸦期　　　　　　B. 象征期　　　　　　C. 图式期　　　　　　D. 形状期

2. 处于基本形状阶段时，幼儿对工具和材料的认识一般表现为（   ）。
   A. 不知道工具的用途　　　　　　　　　B. 对剪刀等工具有一定的认识
   C. 能够掌握运用工具的方法　　　　　D. 能双手配合剪曲线

3. 如何调整视频 6-2-1（大班）中的创作材料呢？（   ）
   A. 投放更大的纸张　　　　　　　　　　B. 直接投放一种模仿的范例
   C. 不用调整　　　　　　　　　　　　　D. 投放各种花色的纸张

（二）多选题

1. 幼儿在进行美术创作时，应重点关注什么？（   ）
   A. 创作的主题　　　　　　　　　　　　B. 使用的材料
   C. 情绪状态等　　　　　　　　　　　　D. 幼儿创作的结果

2. 幼儿创作结果的观察要点包括哪些？（   ）
   A. 作品的内容　　　　　　　　　　　　B. 作品的结果
   C. 幼儿对作品的描述　　　　　　　　　D. 作品画得像不像

3. 如何运用观察与评价幼儿美术创作的结果信息？（   ）
   A. 根据观察与评价内容关注幼儿的全面发展
   B. 依据观察与评价内容丰富幼儿美术活动的形式与内容
   C. 依据观察与评价内容设计适宜的美术活动
   D. 借助观察与评价内容转变家长的艺术教育理念

4. 在观察视频 6-2-1（大班）中的幼儿时，应重点记录什么？（   ）
   A. 幼儿如何使用剪刀与双面胶进行制作　　B. 不记录幼儿说了什么
   C. 幼儿撕贴动作　　　　　　　　　　　　D. 幼儿创作使用的材料

5. 案例:3 名幼儿拿着纸在做自己的事情,用笔在纸上画着画。大约 5 分钟以后小 C 开始找其他的材料进行创作,把橡皮泥贴在了纸上面。其他小朋友也开始学着小 C 开始在纸上贴橡皮泥。之后小 Z 想试着用开心果壳装饰,但是粘不上去。再之后小 Z 试着将开心果壳倒扣在橡皮泥上,成功了。其他小朋友看到后也学着做了起来。

问题:作为教师,您觉得需要介入吗?(　　　　　)

A. 不需要,幼儿在尝试创作,不应干扰

B. 需要,因为幼儿在相互模仿

C. 需要,可以在下次的活动中投放更多的装饰物和花边剪刀,促进其小肌肉的发展

D. 不需要,教师需要休息

(三)试讲真题

基本要求:以"我自己"为主题;模拟面对幼儿组织绘画活动,要求富有童趣,便于幼儿理解;请在 10 分钟内完成上述任务。

答辩题目:说明本次活动的重、难点;你认为在绘画活动中如何吸引幼儿兴趣?

拓展阅读

[1][美]安·佩洛. 艺术语言:以探究为基础的幼儿园美术活动[M]. 于开莲,译. 北京:教育科学出版社,2011.

[2][美]安·S. 爱波斯坦,伊莱·特里米斯. 我是儿童艺术家——学前儿童视觉艺术的发展[M]. 冯婉桢,等译. 北京:教育科学出版社,2012.

模块七

幼儿创造性游戏的观察、评价与支持

　　根据关键性特征的不同,可以将游戏分为创造性游戏和规则性游戏[1]。创造性游戏是幼儿主动、创造性地反映生活的一种游戏,包括角色游戏、建构游戏和表演游戏。规则性游戏是指教师为发展幼儿的能力而编制的、有明确外在规则的游戏,主要包括智力游戏、音乐游戏、体育游戏。规则性游戏中的关键经验主要涉及幼儿健康、语言、社会、科学、艺术五个领域的相关关键经验,教师在观察与评价幼儿规则性游戏时,可参考前述五大领域幼儿行为观察、评价与支持的要点,本模块不再赘述。本模块主要展开阐述角色游戏、建构游戏和表演游戏的观察、评价与支持。

学习情境一

观察、评价与支持幼儿角色游戏

情境导学

　　角色游戏是幼儿期非常典型的游戏类型,也是幼儿非常喜欢的学习方式,可以有效促进幼儿社会性、认知、语言、观点采择、问题解决能力等方面的发展。角色游戏中成人的参与与指导不仅可以提高幼儿角色游戏的能力,也可以更好地促进角色游戏发展价值的实现。[2] 因此,在幼儿角色游戏中,教师须对幼儿进行适时适当的支持。那么在幼儿角色游戏活动时,教师须观察些什么? 如何评价幼儿角色游戏行为表现,并给予有针对性的支持呢? 请以一名幼儿教师的角色进入本学习情境,学习如何观察、评价与支持幼儿的角色游戏。

学习目标

　　1. **知识目标**:了解观察与支持幼儿角色游戏的典型工作环节;掌握幼儿角色游戏的观察要点、评价维度和支持策略。

　　2. **能力目标**:能结合幼儿角色游戏各典型工作环节要求进行情境演练,学会观察记录、评价与支持幼儿的角色游戏。

　　3. **素养目标**:传承我国优秀儿童游戏文化,树立正确的游戏观,采用适宜策略支持幼儿游戏,树立文化自信。

---

① 丁海东.幼儿园游戏组织与指导[M].长沙:湖南大学出版社,2019.
② 刘焱.儿童游戏通论[M].北京:北京师范大学出版社,2004.

岗位任务

李老师在角色区"方舱医院"投放了新的材料,包括医护服装、棉签、防护服、口罩等。她想了解幼儿角色游戏开展的情况,以便调整,但不知道该怎么做。园长给李老师列出了以下任务要求。

任务要求:

1. 做好观察计划。
2. 按照观察计划记录幼儿在"方舱医院"的活动。
3. 评价幼儿行为表现。
4. 分析影响因素。
5. 提出调整策略。

学习任务

结合"岗位任务"中园长提出的任务要求,李老师要完成任务,则须学习幼儿角色游戏活动观察、评价与支持的相关知识与技能,具体的学习任务如表7-1-1。请以李老师的角色完成"学习任务"。

表 7-1-1 "幼儿角色游戏活动观察、评价与支持"学习任务单

任务小组	组名:
	组长:
	组员:
学习情境	观察、评价与支持幼儿角色游戏
任务要求	1. 6～8人为一组做好分工与合作 2. 围绕上述岗位任务要求,进行幼儿角色游戏的观察、评价与支持 3. 学会反思与总结自己的学习过程
实施步骤	具体要求
资讯	学习【学习支持】板块,获取关于幼儿角色游戏观察、评价与支持的相关知识;梳理幼儿角色游戏能力的发展轨迹
计划	根据"资讯"阶段获取的信息,分析岗位任务要求,小组协作制订问题解决方案
决策	通过组间互评、教师指导,修正计划,确定问题解决方案
实施	按照方案实施"岗位任务"(幼儿角色区活动视频详见"任务实施"栏二维码)
检查	通过组内或组间相互监督与检查,及时发现实施过程中的困难或问题,并适当调整方案,以保障问题得到有效解决
评价	小组展示幼儿角色游戏活动观察记录表,基于点评总结教学要点,进一步完善观察记录

学习支持

角色游戏是幼儿根据自己的兴趣、愿望,借助一定真实或替代材料,通过模仿与想象进行角色扮演,创造性地表现或再现其现实生活体验的游戏活动,是自主、自愿的游戏活动。开展角色游戏对幼儿获取知识、发展智力、提高社会交往与道德行为水平,实现社会化发展有重要的作用。那么在幼儿角色游戏活动中,幼儿教师须观察些什么?如何评价?如何给予幼儿有针对性的支持呢?通过以下五个典型工作环节,可以系统学习如何观察、评价与支持幼儿的角色游戏。

典型工作环节一 制订观察计划

一、确定观察目的与目标

教师先要根据日常生活中的观察确定观察目的，即观察幼儿角色游戏活动的动因，如，是为了解幼儿角色游戏开展情况，还是为了解释幼儿角色游戏行为背后的原因。确定好观察目的后，要明确观察目标，即围绕观察目的列出具体的观察要点，也就是为实现观察目的具体应收集的信息（具体可参考"典型工作环节二"中的相关知识点），以做到心中有数。

二、明确观察对象

一方面，教师应规划覆盖全班幼儿的观察计划，熟悉每个幼儿角色游戏的发展状况。另一方面，在日常观察的基础上，对一段时间以来，对角色游戏表现出热情或在游戏中有特殊需求的幼儿进行重点观察。如有幼儿在建构游戏、户外运动中都表现出了较多的角色游戏行为，于是教师以这些幼儿为观察对象，进一步了解其具体的游戏行为表现。

三、选择观察记录方法

记录幼儿角色游戏行为可以采用描述记录法、行为检核清单进行记录，可以采用纯文字，也可以用图文并茂的方式呈现幼儿角色游戏行为表现。教师可根据自己的观察目的和目标选择适合的方法。

四、选择观察情境

角色游戏在幼儿的一日生活中处处可见，幼儿在运动中、进餐时、绘画时，都有可能进行想象与角色扮演，但比较零散，角色区中的角色游戏结构相对完整，教师根据自己的计划选择情境即可。

至此，观察计划制订完成。教师可使用表1-1记录自己的观察计划。

情境演练 7-1-1

请扫码观看幼儿角色游戏视频7-1-1（小班），根据幼儿表现，制订一份观察计划。

视频 7-1-1
（小班）①

典型工作环节二 收集幼儿信息

收集信息是获取被观察幼儿在角色游戏中的行为表现，描述被观察幼儿"是什么样"的过程，是观察与支持幼儿角色游戏活动的基础环节。那么，该收集哪些关键的信息呢？下面具体阐述角色游戏的观察要点。

---

① 来自内蒙古正翔民族幼儿园。

一、角色游戏行为观察要点

角色游戏行为是指幼儿在角色游戏活动中产生的一系列行为。在这一过程中,教师须观察的要点包括角色游戏主题,幼儿在游戏前如何分配角色,在游戏中的角色转换、角色意识、游戏情节、以物代物情况,以及幼儿之间的交往互动情况等方面的具体表现。如案例7-1-1中,教师用描述记录法及照片辅助呈现了角色游戏全过程中幼儿在游戏主题、角色分配、以物代物及社会性互动等方面的行为表现。

案例 7-1-1

5个孩子在甜品屋玩角色扮演,2名销售员,2名顾客,1名收银员。货架上有各种仿真甜品、饮料、水果等。

蓝衣服男孩(销售员1)说:"客人想吃什么,画出来。"紫色短袖男孩(销售员2)附和:"想吃什么画出来。"条纹衣女孩(顾客1)看了看货架,说:"我要吃薯条,我要吃甜甜圈。"白衣女孩(顾客2)说:"我想吃蛋糕。"蓝衣男孩说:"想吃什么就画什么。"于是,2个女孩各自画出自己想吃的东西,2名销售员就地等待。条纹衣服女孩画了1包薯条、2个甜甜圈,白衣女孩画了4个蛋糕、1杯可乐。画好后,女孩们拿着各自的画去取所要食物(图7-1-1),条纹衣服女孩说:"我要1包薯条和2个甜甜圈。"白衣女孩说:"4个蛋糕和1杯饮料。"接着2名男孩根据"顾客"的需要拿取对应食物给2名女孩。

2名女孩拿着食物和单子去收银处付款,条纹衣服女孩问:"这些总共几块钱?""收银员"在紫色短袖男孩提醒下说:"这3个总共3块钱。"条纹衣服女孩拿着单子给收银员(图7-1-2),并看了一眼,脱口而出:"5块。"

图7-1-1　点餐

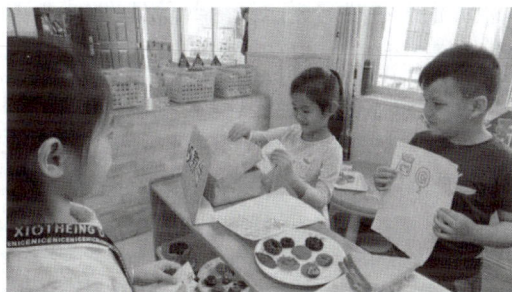

图7-1-2　付款

二、学习品质

不同类型的游戏对学习品质的培养有不同的价值。角色游戏活动中所体现的学习品质包括幼儿对人或者物的想象与创造、幼儿对生活中角色体验的好奇心与兴趣、在游戏过程中反思与解释自己与他人行为的经历、同伴之间问题与矛盾的解决等,教师在观察记录时应关注幼儿这些方面的表现。如案例7-1-2,教师在观察幼儿角色游戏时,不仅记录幼儿的角色游戏行为,也关注了幼儿问题解决的学习品质。

案例 7-1-2

赛赛选择玩特色小吃店的游戏——担任售卖五色糯米饭的售货员。游戏中,他发现制作五色糯米饭的斌斌离开了,立刻跑去摆弄制作五色糯米饭的材料,觉得很好玩。斌斌回来后,与赛赛争执起来,两个人僵持了很久,都不肯让步。这时候,斌斌突然说:"那我们用石头、剪刀、布决定。"结果赛赛输了,脸上虽然不情愿,但想了一下又去卖五色糯米饭去了。斌斌也如愿再次制作五色糯米饭。

情境演练 7-1-2

再次观看视频 7-1-1(小班)，围绕角色游戏的观察要点，记录幼儿在角色游戏中的表现。

《典型工作环节三》 **评价幼儿表现**

要想科学谨慎地判断幼儿角色游戏水平，解释学习结果的由来，对幼儿的表现进行归因，教师须熟悉幼儿角色游戏的发展轨迹、关注幼儿在游戏中表现出的学习品质以及分析影响幼儿表现的因素。

一、熟悉幼儿角色游戏的发展轨迹

角色游戏的关键要素包括游戏的目的性、角色意识、材料与玩具的使用、语言及社会性互动的发展等，教师可以通过评估幼儿这些方面的表现来了解幼儿角色游戏情况。小班幼儿的角色游戏主题单一、情节简单，在游戏中常常意识不到自己所扮演的角色，满足于摆弄物体、重复动作，通常各玩各的，表现出独自游戏、平行游戏的特点。中班幼儿想尝试所有主题，但主题不够稳定，经常变化主题；角色意识相对小班幼儿逐渐明确，能按照角色要求进行扮演及使用与真实物品相似的物品进行游戏；处于联合游戏阶段，有交往愿望，在游戏开始有简单的对话，但以角色外的交往为多。大班幼儿角色游戏主题新颖丰富，反映多种社会生活经验；角色意识非常明确，能够正确反映角色行为；在游戏中不拘泥于材料外形的相似，能够根据游戏需要自制一些玩具；游戏中能够按照游戏情节进行角色互动，且能自己解决游戏中遇到的问题。幼儿的发展是连续性的，各年龄段的角色游戏特点作为结果性指标，不能直接作为评判幼儿游戏发展水平的标准，教师可结合表 7-1-2[①] 中更细致的幼儿角色游戏发展轨迹来评估幼儿的角色游戏状况。教师也可用检核表 7-1-3[②] 对幼儿的角色游戏现状进行记录，了解幼儿的游戏发展水平。表中每一项指标的层级都是从低水平向高水平编制，如幼儿角色转换的发展水平，最初是"指向自己"的，随后是慢慢扮演他人、扮演他物。教师在使用时，可根据幼儿表现在相应的框内打"√"。

表 7-1-2 幼儿角色游戏发展轨迹

关键要素	游戏表现			
	水平一	水平二	水平三	水平四
目的性	无目的地游戏	时时更换游戏	事先想好玩什么	按目的持续地玩
主动性	不参加游戏	能参加现成的游戏	在别人带领或分配下游戏	主动参加游戏
担任角色	不明确角色	能明确角色	能主动担任角色	能担任主要角色
遵守职责	不按角色职责行动	有时按角色职责行动	常按角色职责行动	一直按角色职责行动
角色表现形式	重复个别活动	各个动作间有些联系	有一系列的动作	能创造性地活动
角色间关系	个别地玩，不与别人联系	与别人有零星联系	在启发下与别人联系	明确角色关系并配合行动
对玩具的使用	凭兴趣使用玩具	按角色需要使用玩具	创造性地使用玩具	为游戏自制玩具
游戏的组织能力	无组织能力	会商量分配角色	能出主意使游戏进行下去	会带领别人玩或教别人玩
持续时间	10 分钟左右	20 分钟左右	40 分钟左右	1 小时左右

---

① 杨枫.学前儿童游戏(第三版)[M].北京:高等教育出版社,2018.
② 潘月娟.学前儿童观察与评价[M].北京:北京师范大学出版社,2015.有调整.

要点巩固

请根据所学,梳理幼儿角色游戏的发展轨迹。

情境演练 7-1-3

观看幼儿角色游戏活动视频 7-1-1(小班)、视频 7-1-2(中班)、视频 7-1-3(大班),评价幼儿角色游戏能力发展水平。

视频 7-1-2
(中班)①

视频 7-1-3
(大班)②

表 7-1-3 幼儿角色游戏评价指标

观察要点		评价指标	是	否
角色扮演	角色转换	指向自己		
		扮演他人		
		扮演他物		
	角色意识	无角色意识,由材料诱发角色行为		
		提出角色名称,但不能坚持		
		能坚持扮演某一角色		
	角色分配与轮流	无角色分配		
		有角色分配,但无轮流意识		
		自主分配角色且有较强轮流意识		
	游戏主题	家庭生活中的人物与情节		
		家庭之外的社会生活		
	游戏情节	情节单一、重复		
		情节丰富,有内在逻辑线索,但具有随意性		
		能够预先计划游戏情节		
以物代物		真实物品		
		类似真实物品的玩具		
		与真实物品的形式相似,但功能不一致的物品		
		外形与功能都不同于真实物品的物品		
		无需物品支持,仅用言语和肢体动作		

---

① 来自广西稚慧明珠幼儿园。
② 来自上海市武宁新村幼儿园。

（续表）

观察要点	评价指标	是	否
社会性水平	独自游戏或平行游戏（无任何社会性互动）		
	联合游戏（有简单的同伴互动）		
	合作游戏（有互补的角色互动）		
游戏常规	遵守游戏规则，行为有序		

二、关注幼儿表现出的学习品质

在评价幼儿角色游戏的时候，除了看幼儿角色游戏发展水平，还要分析幼儿在角色游戏中体现出的学习品质。角色游戏学习品质具体包括好奇心与兴趣、主动性、坚持性、专注性、反思与解释、想象与创造，具体可参考表7-1-4。

表7-1-4　幼儿角色游戏学习品质评价表

要素	表现
好奇心与兴趣	对角色游戏的材料、角色感兴趣，并有操作材料的欲望
主动性	游戏前能够主动选择角色、服装及材料等 游戏中能够积极通过语言、动作、表情等再现生活情境
坚持性	能够在一定时间内坚持同一角色，做到游戏时有头有尾 遇到困难愿意继续努力，受到干扰能回到原本情节中继续游戏
专注性	游戏过程中专注、投入，能够对抗外界的干扰，较长时间地集中注意并较完整地再现生活经验
反思与解释	按照自己的意愿与经验有计划、有目的地再现故事情节或现实生活 游戏后评价的过程中能够反思与解释自己或他人的行为，发现缺点与不足，利用先前经验来帮助自己进行新的学习
想象与创造	创造性地运用多种方式对角色、材料等进行探索 在遇到困难时，会寻求问题的解决方案，或者尝试用同样的方法解决不同的问题

情境演练 7-1-4

再次观看视频7-1-3（大班），说一说幼儿表现出了哪些学习品质。

三、分析影响幼儿表现的因素

幼儿角色游戏受游戏材料、游戏空间、生活经验、教师介入等的影响，发展的路径及情况均有个体差异。因此，在评价幼儿的角色游戏表现时，应把这些因素考虑在内。例如，幼儿对相关生活主题的经验不足、游戏材料结构过高、游戏场地空间太小、教师缺乏等待而过早介入……这些因素都会影响到幼儿在角色游戏中的表现，进而影响评价信息。下面的案例分析对幼儿的角色游戏进行了具体的解释与分析。

案例分析

观察记录：
详见案例7-1-1。
分析解读：
1. 角色游戏发展水平
①游戏主题上，幼儿进行的是以"甜甜屋"为主题的角色游戏。②角色扮演和角色意识方面，不

需要借助职业服饰就可以进行他人角色的扮演,角色意识较强,能坚持扮演自己的角色。③游戏情节上,游戏中幼儿能够按照事先计划的情节进行游戏,且能坚持各自的角色,游戏情节有内在的逻辑,如顾客买完东西后付钱,销售员在顾客点餐后再给东西等。④社会性水平上,他们在顾客、销售员、收银员之间进行角色间的对话与交流,表现出合作游戏的特征。⑤以物代物上,在游戏的过程中,幼儿表现出不同水平的以物代物,如使用类似真实物品的食物玩具当作店里的食物,用写有数字的纸条代替纸币(此类替代物外形与纸币相似,但功能完全不一样)。⑥游戏常规上,游戏中幼儿能够遵守买卖规则,排队购买食物,秩序良好。

　　2. 学习品质

　　幼儿在游戏中积极主动与他人互动,坚持各自的角色,具有一定的坚持性,显露出良好的学习品质。

　　3. 影响因素

　　个体差异:由于家庭生活环境的不同,幼儿在生理、心理方面有他们自身的特点,存在个体差异。

　　认知与经验:在游戏中,顾客可以根据自己需要画出自己想要的食物及数量,老板可以根据顾客的点单拿取食物,但收银员需要在老板提醒下才算出甜品价格。反映出幼儿能够掌握 5 以内的按数取物,能够借助物体在情境中进行 10 以内的加减运算,并且具有一定的书写和绘画能力。

　　环境与材料:幼儿游戏时,所使用的材料基本是与真实物品相似的高结构材料,对于大班幼儿来说,不易于进行想象与创造。同时物品价格规划不太符合实际,每样都是 1 块钱。

典型工作环节四　支持幼儿发展

　　游戏是幼儿园的基本活动。通过观察幼儿的角色游戏,可以充分了解幼儿在情感、认知、社会性等方面的学习与发展状况,进而支持幼儿角色游戏的发展。教师可综合观察与评价信息所得,参考以下建议提供适宜的指导与支持。

一、结合观察与评价信息优化游戏环境与材料投放

　　环境与材料是影响幼儿开展角色游戏的重要手段,也是促进幼儿深度学习的有利条件。教师依托对角色游戏活动的观察与评价,可了解与判断角色游戏环境与材料能否吸引幼儿的兴趣,是否符合不同年龄幼儿的特点、发展水平及个体需求,进而优化环境、投放适宜的材料。如教师发现小班幼儿在角色游戏中经常出现争抢行为,通过观察发现,幼儿都喜欢扮演爸爸、妈妈,而不愿意扮演爷爷、奶奶等角色,导致游戏材料无法满足游戏需求,从而导致争抢。于是教师根据幼儿的发展水平及需求创设两个"家",提供不一样的材料。同时,了解幼儿对"爷爷""奶奶""哥哥""姐姐""宝宝"等角色兴趣低是因为装扮材料少之后,增加假发、帽子、围裙,并开展"我爱爷爷奶奶""我的哥哥姐姐"等活动,通过家园共育丰富幼儿的相关经验。经过一段时间,幼儿们在娃娃家游戏中的争抢减少,游戏表现与创造也得到了进一步提升。

二、依据观察与评价内容提供适宜的学习支架与任务

　　在角色游戏的开展过程中幼儿常常会面临各种复杂问题,教师作为幼儿发展的支持者,应为幼儿提供适宜的支架,分解复杂的问题,并引导幼儿逐步完成任务。适宜支架的提供需要教师在准确把握幼儿的最近发展区、了解幼儿角色游戏水平体系的基础上,判断幼儿现有的角色游戏水平,进而确定提升目标和策略,并通过提问、提示、变换材料等方式辅助幼儿逐步解决问题并获得发展。例如,在超市游戏中

幼儿的游戏遇到瓶颈很难进一步展开时，教师通过提供丰富的游戏材料帮助幼儿认识物品，进行分类、数数及对应活动，通过购物活动，增强幼儿的角色意识，认识人民币，同时把学过的数学知识融入游戏中；又如，当小班幼儿在"饭店"里无所事事时，教师用交叉介入的方式，以"顾客"身份参与饭店活动，帮助幼儿提升游戏水平等；再如，由于存在个体差异，幼儿的搭建水平不一，教师可以借助"同伴"的力量让幼儿观察其他幼儿搭建的方法，进而实现同伴互助，提高游戏水平。

三、借助观察与评价内容帮助家长树立正确的游戏观

幼儿的游戏权利离不开社会、学校、家庭的共同保护。游戏观影响着家长对幼儿游戏本质与价值及幼儿游戏需求的理解。因此，要让幼儿带游戏回家，要帮助家长树立正确的游戏观。角色游戏的观察与评价内容可以作为家长了解幼儿学习与发展及知晓角色游戏发展价值的窗口，进而树立正确的游戏观。例如，有的家长认为玩物丧志，幼儿在幼儿园只知道玩，不识字也不会写字对他们将来的小学学习不利。教师可根据自己对幼儿角色游戏的观察与家长沟通，让其了解幼儿在扮演角色中如何习得职业角色要求、在点单中如何学会握笔与简单书写、在配餐时如何学会按数取物等，进而发现游戏的发展价值，形成正确的游戏观。

情境演练 7-1-5

> 根据情境演练 7-1-3 和情境演练 7-1-4 的评价与分析，你认为是否应介入幼儿的角色游戏活动？如需要，应如何介入？活动后还应提供哪些方面的支持？

《《典型工作环节五》》 反思工作过程

观察、评价与支持幼儿角色游戏整个工作过程的反思应贯穿于所有典型工作环节中。在制订观察计划环节，教师应反思观察目的与目标是否明确，观察对象、情境是否适宜。如新教师想观察幼儿角色游戏发展水平，却将户外建构区作为观察的情境，就很难观察到幼儿的角色行为。在收集幼儿信息环节，教师在记录过程中应不断检查所收集的信息是否全面、客观，是否将可能影响幼儿角色行为的环境、教师干预等因素进行记录，反思这些信息能够作为评价与分析幼儿角色游戏发展水平的依据。如新教师在记录某大班幼儿玩的"去世的人"游戏中，教师记录幼儿游戏的整个过程，但忘记记录幼儿对"去世的人"的情感对话，在主班教师的提醒与补充下发现幼儿实际上是对已世奶奶表达思念之情，于是新教师补充了所记录的信息，并将一开始引导的"救人"游戏，转变为表达哀思的"追忆会"，让幼儿适当发泄自己的情感，使得游戏充满了人情味。在评价幼儿表现环节，教师应反思评价是否具体、客观，是否基于幼儿前期经验和最近发展水平。而在支持幼儿发展环节，教师应基于对幼儿的观察、评价，反思所投放的材料、提供的支持能否支持幼儿角色游戏经验深入发展。如在某大班，教师在甜品屋投放了一些纸箱、泡沫、树叶等低结构材料及剪刀、黑色马克笔等辅助材料之后，观察到幼儿们想制作果汁，但没有榨汁机和杯子，于是教师投放了一些罐子和杯子；但后续再次观察发现幼儿们想榨出不同的果汁，于是选择投放各种颜色的纸及彩色画笔，从而促进游戏的进一步发展。

任务实践

视频 7-1-4
（大班）①

观看视频 7-1-4(大班)，请根据"岗位任务"中的"任务要求"，结合"学习支持"所学，使用

---

① 来自广西平果市第一幼儿园。

表 2-2-14 完成对视频 7-1-4(大班)的观察记录。

评价反馈

为了更好地了解自己对本情境相关知识与能力的掌握情况,参考表 7-1-5 对自己的学习过程进行评价与反思。

表 7-1-5 "幼儿角色游戏观察、评价与支持"学习评价单

任务小组	组长:		
	组名:	得分:	
	组员:		
学习情境	观察与支持幼儿角色游戏		
评价项目	评价要点	分值	自我评价
资讯	主动学习,获取关于"岗位任务"的知识,完成"岗课赛证"中的练习,正确率80%以上;能完整梳理出角色游戏的发展轨迹	15	
计划	小组成员间分工明确;能够积极参与小组活动,认真完成任务	5	
决策	积极参与小组讨论,对其他小组的方案提出建议;在修正计划中能积极发表自己的看法	5	
实施	制订观察计划	观察计划内容完整;观察目的和目标科学、合理;观察记录方法适用于观察目的	5	
	收集幼儿信息	能够记录幼儿角色游戏的过程和结果信息;能多方收集幼儿信息	10	
	评价幼儿表现	能根据幼儿表现评价幼儿的角色游戏水平,发现角色游戏过程中表现出的学习品质,并合理分析影响幼儿表现的因素	20	
	支持幼儿发展	支持策略具有针对性、科学性;能从幼儿自身、幼儿园、家庭等多方面进行思考	20	
检查	能够自觉对任务实施过程中的小组合作或任务完成质量进行检查、反思,提出疑问或见解	5	
评价	能主动展示小组练习的结果;能认真记录点评与总结,积极参与完善小组练习	5	
思政融入	树立正确的游戏观,加深学生的儿童教育情怀;传承我国优秀儿童游戏文化,采用适宜策略支持幼儿游戏,树立文化自信;树立健康游戏心态,积极应对未来"以游戏为基本活动"的职业挑战	10	

岗课赛证

习题测试

一、完成赛题

请完成 2022 年全国职业院校技能大赛学前教育专业技能竞赛(保教视频分析赛项)003 号题"小班区域活动"。

二、教师资格证考试模拟演练

(一)多选题

1. 角色游戏的观察要点包括(   )。

A. 角色转换、角色意识、角色分配与轮流　　　B. 社会性水平

C. 游戏主题与情节　　　D. 以物代物

2. "角色转换"指标包括(　　　)。

A. 指向自己　　　B. 扮演他人　　　C. 扮演他物　　　D. 互补角色

3. 幼儿以物代物的类型有(　　　)。

A. 类似真实物品的玩具,与真实物品的形式相似但功能不一致的物品

B. 真实物品

C. 形式与功能都不同于真实物品的物品

D. 无需物品支持,仅用言语和肢体动作

4. 在评价游戏环境时,应考虑(　　　)

A. 游戏空间大小　　　B. 区域布局

C. 区域材料　　　D. 规则与自由之间的关系

5. 下列属于角色游戏中"角色扮演"观察要点评价指标的是(　　　)。

A. 角色转换　　　B. 角色意识　　　C. 角色分配　　　D. 建构行为

(二)试讲真题

1. 试讲题目:角色游戏"互相打针的医生"

游戏情境:琪琪抱着生病的布娃娃来到医院,周周、乐乐、陈辰三个小医生正坐在一起用针筒互相戳着对方逗乐。琪琪问:"我的娃娃生病了,有人挂号吗?"没人理她。琪琪又问:"在哪里拿药呢?"仍旧没有人搭理。琪琪嘟着嘴说:"这是什么医院呀,啥都没有!"

基本要求:

① 幼儿在上述游戏中的表现说明了什么? 说出两种指导这几个小医生进行游戏的方法。

② 模拟演示其中一种方法对幼儿进行引导,动作和语言相互配合进行演示。

③ 请在10分钟内完成上述任务。

2. 答辩题目:

问题1:请简单说一说角色游戏的意义。

问题2:幼儿园社会领域总目标是什么?

拓展阅读

卢筱红,付欣悦,毛淑娟.幼儿游戏行为观察与研讨[M].北京:北京师范大学出版社,2020.

学习情境二

观察、评价与支持幼儿表演游戏

情境导学

表演游戏是幼儿按照童话或故事中的情节扮演某一角色,再现文学作品内容的一种游戏形式,是一种自主性的戏剧游戏,兼具游戏性与表演性。然而在实践中,教师常常主导幼儿的表演游戏,设计好台词、动作,幼儿记忆并机械表现,自主性全然消失。那么,如何基于幼儿自发的表达、幼儿表演游戏的全

过程,支持幼儿的表演游戏呢? 请以一名幼儿教师的角色进入本学习情境,学习如何观察、评价并支持幼儿的表演游戏。

学习目标

1. **知识目标**:掌握幼儿表演游戏的观察要点、评价指标和一般支持策略。
2. **能力目标**:能运用所学,分析幼儿表演游戏的发展现状,并基于分析在情境模拟中支持幼儿的表演游戏。
3. **素养目标**:提升合作学习能力;尊重幼儿表演游戏的特点与需要:在表演游戏组织实践中关注幼儿关爱同伴的情感,以爱润童心。

岗位任务

区域活动(中班)开始了,表演区中幼儿的表现可见视频 7-2-1(中班)、视频 7-2-2(中班)。黄老师见状,无从下手:不知道幼儿的表现是否正常,是不是要介入指导? 于是她给自己定了一个学习目标,详见下面的任务目标。

视频 7-2-1
(中班)①

视频 7-2-2
(中班)②

任务目标:

1. 学习观察、评价与支持幼儿表演游戏的相关知识。
2. 运用所学评价幼儿表演游戏发展水平,分析影响因素,确定介入指导的方法。

学习任务

以黄老师的角色帮助其完成"任务目标",具体的学习任务见表 7-2-1。

表 7-2-1　"幼儿表演游戏观察、评价与支持"学习任务单

任务小组	组名:
	组长:
	组员:
学习情境	观察、评价与支持幼儿表演游戏
任务要求	1. 6~8 人为一组做好分工与合作 2. 围绕上述岗位任务要求,学习观察记录、分析解读与支持幼儿表演游戏 3. 反思与总结自己的学习过程
实施步骤	具体要求
资讯	学习【学习支持】板块,获取关于幼儿表演游戏观察、评价与支持的相关知识
计划	根据"资讯"阶段获取的信息,分析岗位任务要求,小组协作制订问题解决方案

---

①② 来自南宁市江悦澜湾幼儿园。

(续表)

实施步骤	具体要求
决策	通过组间互评、教师指导,修正计划,确定问题解决方案
实施	按照方案实施"岗位任务";基于评价与分析,模拟展示支持幼儿表演游戏
检查	通过组内或组间相互监督与检查,及时发现实施过程中的困难或问题,并适当调整方案,以保障问题得到有效解决
评价	小组展示幼儿表演游戏观察记录表,基于点评总结教学要点,进一步完善观察记录

学习支持

《《典型工作环节一》》 **制订观察计划**

一、确定观察目的与目标

教师须根据日常实践的需要确定自己通过观察幼儿表演游戏达到什么目的,可以是了解幼儿表演游戏现状,也可以是发现幼儿表演游戏中可能生成的活动、持续推进幼儿游戏发展,抑或为了解决表演游戏中的某个问题。确定好观察目的后,就要围绕观察目的列出观察目标,即教师要具体观察的要点(可参考"典型工作环节二"中的相关知识点)。如教师发现中班幼儿的表演游戏一直处于无目的地操弄材料阶段,那么教师便以幼儿表演游戏发展状况为观察目的。为使观察更具有针对性,教师列出了具体的观察目标——了解幼儿对角色的理解及其在角色扮演、材料使用、同伴互动等方面的具体表现。

二、明确观察对象

教师应关注每一个幼儿的表演游戏行为,但不同时段应有所侧重,同时应在收集与分析信息的基础上聚焦须重点观察的幼儿。如在"岗位任务"中,黄老师观察到幼儿在表演区使用材料仅限于唱唱跳跳,没有表现出较为完整的故事情节,于是以这些幼儿为观察对象,进一步了解他们的表演游戏行为。

三、选择观察记录方法

若教师想大致了解幼儿表演游戏的一般状况,则可使用等级评定量表对幼儿的表演游戏的能力进行记录,如可用表7-2-2[①]对幼儿在游戏中表现出的戏剧表演能力进行大体评价;若想获得更为翔实的信息,则须运用轶事记录法记录幼儿表演游戏的全过程。

表7-2-2 幼儿戏剧表演能力观察评定表

项目	等级(记录时在相应等级打"√")				
主动参与人数	所有	大多数	一半	少数	没有
乐意参与活动	非常乐意	较乐意	一般	较不乐意	不乐意
动作表征的形象性	很像	比较像	一般	较不像	根本不像
动作的快与慢、运动与静止等变化	很多	较多	一般	较少	没有
细节动作的表现	很多	较多	一般	较少	没有

① 张金梅.幼儿园戏剧综合课程研究[M].南京:江苏教育出版社,2005.

（续表）

项目	等级（记录时在相应等级打"√"）				
使用的词汇	很丰富	较丰富	一般	较单一	很贫乏
语言表达的流畅度	很流畅	较流畅	一般	较不流畅	不流畅
声音音量	很响亮	比较响亮	中等	较小	太小
语言的情感色彩	很强烈	比较强烈	一般	较不强烈	没有
所扮演的角色之间的语言对话	很多	比较多	一般	较少	没有
幼儿动作和语言的比较	语言很多,动作很少	语言较多,动作较少	两者较均衡	语言较少,动作较多	语言很少,动作很多
表演面向观众	总是	常常	一般	较少	没有
表演情节的复杂程度	很复杂	比较复杂	一般	较简单	很简单
结合问题情境的讨论	合理	比较合理	一般	较不合理	完全不合理
在表演中能解决问题的人数	所有	大多数	一半	较少	没有
在过程中的相互合作	很多	较多	一般	较少	没有
幼儿在各个环节对成人的依赖	很多	较多	一般	较少	没有

四、选择观察情境

在幼儿园里,有着丰富表演游戏材料的表演区一般能引发幼儿更多的表演游戏行为,教师可根据观察需要在表演区进行定点观察记录。当然,表演是幼儿的天性,是他们进行表征的一种重要方式,在阅读区幼儿也会通过表演的方式表达自己对故事的理解。在生活环节,幼儿也会自发表现出一些表演游戏行为,教师也要关注这些情境中幼儿表演游戏的状况。

典型工作环节二　收集幼儿信息

收集幼儿表演游戏信息是观察与支持幼儿表演游戏的基础环节,须收集哪些关键信息呢? 幼儿在表演游戏中的行为可分为三类,即非表演游戏行为、表演游戏相关行为和表演游戏行为[①]。教师观察记录幼儿表演游戏时,可重点收集幼儿这三方面的行为表现。下面具体阐述每一种行为类别须重点观察的内容。

一、非表演游戏行为

非表演游戏行为指幼儿以真实身份独自进行活动,还没有进入游戏状态,做与游戏不相关的行为。通过观察幼儿的非表演游戏行为,可以了解幼儿在游戏中的真实状态,以便提供指导。如当幼儿在表演区闲逛,他是在观察他人,还是不知如何进入游戏,或是不喜欢表演游戏呢? 又如,幼儿推扯他人、破坏道具是在什么时候发生、怎么发生的? 这些具体的行为是教师分析评价幼儿表演游戏的重要依据,教师应注意记录。

二、表演游戏相关行为

表演游戏相关行为指幼儿以角色外的真实身份进行的交往活动,包含单纯的语言行为或动作行为、

---

① 杨梅佐. 大班幼儿表演游戏中的幼儿行为与教师指导行为研究[D]. 南京:南京师范大学硕士学位论文,2010.

语言加动作行为,这些行为主要指向的内容有:表演游戏中的角色、情节、材料、场景、秩序。角色指幼儿行为指向的内容是关于角色的选择、分配或角色的装扮、角色形象的描述等,如幼儿说"我想当老虎",随即选择老虎头饰戴在头上,并做出老虎的动作,这也是语言加动作行为。场景指幼儿行为指向的是场景的布置,如在"鸭子骑车记"的活动中,幼儿使用自制的围栏搭建猪圈、马栏,布置农场场景,这属于动作行为。规则指在表演游戏中,幼儿对同伴的行为进行约束、提议或纠错的行为,如幼儿在表演游戏中出现这样的行为:"是鸭子先说,他说错了! ……"这也表现出了单纯的语言行为。情节指幼儿的行为指向的是关于游戏的内容,如协商游戏内容、改编"剧本"等。

三、表演游戏行为

表演游戏行为是指幼儿以角色身份进行的游戏行为,分为语言表演行为、动作表演行为、语言加动作表演行为。语言表演行为指幼儿用语言方式表现角色,如游戏中角色间的对话;动作表演行为是指幼儿用动作的方式进行表演,如幼儿张开双臂表示"非常大的泡泡"。语言加动作表演行为是指幼儿用语言、动作混合的方式进行表演的游戏行为,如幼儿一手摸着腮帮,一脸痛苦的样子说:"疼! 疼!"这些行为反映出幼儿是如何呈现表演游戏"脚本"中的角色、角色间的交往与互动等。教师在观察记录时,应注意关注这些行为。

教师在观察幼儿表演游戏时,可使用表 7-2-3 和表 7-2-4 进行记录,以明确自己的观察要点。

表 7-2-3　表演区游戏过程评价记录表[①]

班级：　　　　时间：　　　　人数：

姓名：　　　　记录者：

项目	描述
游戏的开始	发起者： 游戏者： 游戏方式：
游戏中的角色	
游戏情节的顺序	1. 2. ……
象征	象征性物品(以物代物) 象征性行为(假装动作)
使用真实资源	服装： 道具： 场景：
游戏的结束	结束者： 游戏者： 结束方式：

表 7-2-4　表演区中幼儿行为的类型[②]

维度	具体内容	描述
行为类型	非表演游戏行为	
	表演游戏相关行为	
	表演游戏行为	

---

①　张金梅.学前儿童戏剧教育[M].南京:南京师范大学出版社,2015.
②　张金梅.学前儿童戏剧教育[M].南京:南京师范大学出版社,2015.有改动。

（续表）

维度	具体内容	描述
行为方式	语言表演行为	
	动作表演行为	
	语言加动作	
行为指向的内容	角色	
	场景	
	规则	
	情节	

情境演练 7-2-1

　　观看视频 7-2-3（中班），围绕幼儿表演游戏的观察要点，运用表 7-2-3 记录幼儿表演游戏过程。

视频 7-2-3
（中班）①

典型工作环节三　评价幼儿表现

　　在本工作环节中，教师可以根据上个环节收集到的幼儿信息来对幼儿表演游戏能力的发展情况进行评价。教师须结合观察记录，系统深入地去思考这些具体的行为指向幼儿怎样的学习与发展状况，并对幼儿的行为表现进行归因。要做到这些，教师要掌握幼儿表演游戏的发展轨迹、各年龄段幼儿表演游戏的特点以及分析影响幼儿表现的各种因素，作为评价幼儿表演游戏的参考。

一、了解幼儿表演游戏的发展轨迹

　　了解幼儿表演游戏的发展轨迹有助于教师看到幼儿发展的过程，以便更好地理解幼儿行为特点。美国《学前儿童（0～6 岁）预期发展结果概况》详细描述了 0～6 岁儿童连续发展的整体状况，是为幼儿及其家庭建立的评估工具，可以作为评价幼儿在表演游戏中的行为的参考依据。其中"参与和坚持"可以考察幼儿的非表演游戏行为状况，"分享使用空间与材料""象征性和社交戏剧游戏""戏剧"可以作为了解幼儿表演游戏相关行为和幼儿表演游戏行为的参考依据，详见表 7-2-5、表 7-2-6、表 7-2-7、表 7-2-8。

表 7-2-5　0～6 岁儿童"参与和坚持"连续发展状况

反应程度		探索程度		建立程度			综合程度
早期	后期	早期	后期	早期	中期	后期	早期②
不适用	不适用	短暂地参与简单的活动	选择活动，但即使借由成人的支持专注于一个活动，仍会迅速地从某个活动转移至另一个活动	即使短暂地将兴趣转移至其他活动，亦能借由成人的支持，继续进行自己选择的活动	寻求成人的支持渡过难关，并继续进行自己选择的活动	参与自己选择的活动，自行渡过难关	多次返回活动，以练习技能或完成活动

---

① 来自南宁市五象新区第一实验幼儿园。
② "综合程度"中幼儿"后期"表现属于 6 岁之后，因此不呈现在表中。下同。

表 7-2-6　0～6 岁儿童"分享使用空间与材料"连续发展状况

反应程度		探索程度		建立程度			综合程度
早期	后期	早期	后期	早期	中期	后期	早期
不适用	不适用	展现对一些特定玩具或材料的偏爱	即使另一个儿童正在使用材料,亦能拿取并玩耍感兴趣的材料	通过控制材料,表示他/她知道其他儿童可能要使用该材料	持续掌控某些偏好的材料,让他人使用剩余材料,然而须借由成人的敦促来和其他儿童分享其偏好的材料	大多数幼儿可不经成人的敦促而愿意和能够分享。如当教师希望幼儿分享自己的玩具时,幼儿欣然答应	在无明确分享期望的情况下,与他人分享空间或材料

表 7-2-7　0～6 岁儿童"象征性与社交戏剧游戏"连续发展状况

反应程度		探索程度		建立程度			综合程度
早期	后期	早期	后期	早期	中期	后期	早期
以基本方式回应人或动物	以各种方式探索人和物体	以功能性或有意义的方式运用或结合物体	假装某个物体代表另一个物体,或作为不同目的之用	参与一连串的角色扮演游戏	能够围绕同一主题,与他人一起进行角色扮演游戏	与他人一起参与一连串的角色扮演游戏	能够对表演游戏的细节进行思考,协商角色分配,共同制订游戏规则

表 7-2-8　0～6 岁儿童"戏剧"连续发展状况

戏剧							
反应程度		探索程度			建立程度		综合程度
早期	后期	早期	中期	后期	早期	中期	后期	早期
不适用	不适用	不适用	展现对成人的戏剧性角色演出的兴趣	运用面部表情、声音或手势回应成人的戏剧性角色演出	运用面部表情、声音、手势或身体动作,以简单方式呈现熟悉的角色	在对以某个故事、歌曲或诗词为基础的即兴戏剧提供意见时,以一些细节描绘角色,或者对某个情节的对白或构想提供意见,以回应成人的建议	给戏剧提供意见时,创造并能保持角色的细节,而无需成人的提示	对即兴戏剧提供意见时,表达角色情绪或想法的细节

　　从表 7-2-6 至表 7-2-8 中可以看出,随着年龄的增长,幼儿的参与性与坚持性越来越强,从常常变化活动到在成人的协助下能够坚持活动,并学会寻求帮助,最后能够自主选择活动并想办法解决困难,有时甚至为了完善活动反复练习。在材料和空间使用及戏剧游戏中,幼儿刚开始只拿自己喜欢的材料,随后有初步的合作意识,开始愿意与他人分享自己喜欢的材料,并且能以物代物,在扮演游戏中以功能性或有意义的方式运用或结合物体。当幼儿合作意识越来越强时,能主动与他人分享材料,能与他人一起创造故事情节并共同扮演,协商角色和规则,能够运用表情、语言、动作等表达角色。

二、熟悉各年龄段幼儿表演游戏的特点

　　幼儿各年龄段表演游戏的特点可以作为幼儿表演游戏行为及表演游戏相关行为评价的参考。下面从幼儿表演游戏的目的性、角色意识、角色分配、角色扮演、材料使用等方面具体分析小、中、大班幼儿表演游戏的特点。

（一）小班幼儿表演游戏的特点

小班以被动性角色行为为主，他们会严格按照故事内容和教师的意思再现故事。但是他们几乎没有任务意识，喜欢玩自己喜欢的游戏，常常忘了自己的目的。由于小班幼儿还处于平行游戏阶段，一般以自己扮演为主，很少出现根据游戏情节合作表演的行为；角色意识较弱，常常忘记了自己所扮演的角色。在角色扮演上以一般性表现为主，主要以身体动作简单地表现角色。小班幼儿很难自己布置游戏场景及设计相关材料，他们需要借助相似替代物才能进行表演。如在"拔萝卜"的表演游戏中，幼儿还难以将一块积木想象成胡萝卜，需要像胡萝卜一样的材料作为道具才能引发其游戏行为。

（二）中班幼儿表演游戏的特点

研究表明，中班幼儿游戏的目的性仍然较弱，需要成人一定的提示才能坚持游戏主题。[①]如他们往往因为准备道具、材料而忘了游戏的最终目的，准备的材料成了嬉戏的玩具。在有相应道具如头饰、服饰的情况下，幼儿能较顺利地完成角色分配任务，但是需要经过一段无所事事或者嬉戏打闹的时间，然后才渐渐进入游戏的计划、协商阶段。由于幼儿的兴趣与经验逐渐增多，他们常会将自己感兴趣的东西加入游戏中，嬉戏性角色行为增多。如在玩"三只小猪"的游戏中，幼儿根据已有经验，构想狼被烟吹走、数小猪等情节，并夸张地表演出来。他们有一定的角色更换意识，但角色更换意识不强，还不能很好地区分日常行为与扮演行为。如在"鸭子骑车记"的活动中，幼儿还不能从鸭子的角度表演骑车，而是根据自己的日常经验来骑车。另外，由于语言、移情能力等方面未充分发展，其角色扮演以一般性表现为主，虽然其表演仍以动作为主要手段，但相对小班，能够运用语言、动作、表情或语言与动作结合表现内容。

（三）大班幼儿表演游戏的特点

与中班幼儿相比，大班幼儿有较强的任务意识，行动的目的性、计划性增强。他们能独立完成角色分配任务。在游戏开始前能就游戏的材料制作、规则、情节、出场顺序等进行协商。进入游戏之后的伙伴交往内容集中在动作和对白方面，并且能够相互小声地、悄悄地提示或告知同伴。整个游戏过程已能按照"计划、协商→合作表演→再计划、协商"的步骤进行游戏。[②]大班幼儿角色意识较强，能够迅速形成角色认同，进入游戏。他们扮演意识较强，能够自觉地等待、有序出场，而且在扮演角色时能注意语气语调与日常言语动作的区别。大班幼儿已经不只是简单地再现故事，而是能根据自己的理解塑造角色、调整对白与动作，能根据情况综合运用动作、语言、表情等来表现故事内容，具有较高的表现能力，生动性表现大大增多。

情境演练 7-2-2

> 根据情境演练 7-2-1 的观察记录，运用以上所学知识点，对幼儿表演游戏中的行为进行评价。

三、关注幼儿表演游戏过程中表现出的学习品质

在评价幼儿表演游戏的时候，除了关注幼儿表演游戏发展水平，还应关注幼儿在表演游戏中体现出的学习品质，包括好奇心与兴趣、主动性、坚持性、专注性、反思与解释、想象与创造等，具体可参考表 7-2-9。

表 7-2-9　幼儿表演游戏中的学习品质

要素	表现
好奇心与兴趣	有自己感兴趣的角色、材料，不断探究未被指定的东西
主动性	游戏前能够主动选择角色、服装及材料等 游戏中能够积极通过语言、动作、表情等再现生活情境

①②　刘焱,李霞,朱丽梅. 中、大班幼儿表演游戏的一般规律和年龄特点研究[J].学前教育研究,2003(04):24-25.

（续表）

要素	表现
坚持性	能够在一定时间内坚持同一角色，做到游戏有头有尾 如果遇到困难愿意继续努力，受到干扰能回到原本情节中继续游戏
专注性	游戏过程中专注、投入，能够对抗外界的干扰，较长时间地集中注意并较完整地再现生活经验
反思与解释	按照自己的意愿与经验有计划、有目的地再现故事情节 游戏后评价的过程中能够反思与解释自己或他人的行为，利用先前经验来帮助自己进行新的学习
想象与创造	创造性地运用多种方式对角色、材料等进行探索

四、分析影响幼儿表现的因素

幼儿在表演游戏的过程中，会受到各种因素的影响，从而呈现个体差异或是没有表现出真实的水平。通过分析，可以了解幼儿表演游戏中行为表现背后的原因，为选择适宜的支持策略提供依据。幼儿表演游戏通常受到幼儿本身的年龄特点和发展水平、对表演游戏脚本的熟悉程度、材料与环境、教师指导等的影响。如下面的案例中，若是小班幼儿，这样的表现是在常模之内的，这和他们的心理发展特点有关，小班幼儿对事物的认知比较表面化；若是大班幼儿，这样的表现则低于大班幼儿的发展水平，这可能和幼儿对故事中角色理解不够有关，幼儿还未能从行为和心理情感上去体验动物们的心理变化过程。

案例

《鸭子骑车记》讲述的是一只学骑车的鸭子最初不被看好，但鸭子的勇敢尝试带动了农场里的动物一起骑车的故事。幼儿听了这个故事后，自发在表演区玩起了以该故事为脚本的表演游戏。但是幼儿的角色扮演并未表现动物们对鸭子骑车这件事的嘲讽、不屑或担心，而是表现出对动物的一般认识，如把手放在头上当触角叫一声"哞——"表现母牛，手指张开放在腮边呈现小猫，角色和情节之间也没有联系。

典型工作环节四 支持幼儿发展

研究表明，在幼儿的表演游戏活动中，教师不能只观察不指导。没有教师的帮助，幼儿很难在活动中获得应有的学习经验和发展。教师可综合观察与评价信息所得，参考以下建议提供适宜的指导与支持。

一、根据观察与评价结果调整"剧本"

幼儿表演游戏依托的"载体"即游戏"剧本"，包括文学作品、艺术作品、影视作品、生活事件等。通过观察与评价，可以了解幼儿对剧本的理解与兴趣。如果幼儿没有表现出文本想表达的内容，则教师需要和幼儿一起进一步理解与体验故事，共同建构适合幼儿游戏的剧本；如果幼儿表现出对剧本的厌烦则需要引入新的内容。教师通过观察发现幼儿从生活事件出发进行表演游戏，但是停留于简单的对话，因而教师需要和幼儿探讨这一生活事件，并加工成适合于幼儿进行表演游戏的故事情节。例如，幼儿对婚礼非常感兴趣，但是由于幼儿讲述的很多事情都是片段，每个人对于婚礼的记忆也不相同，于是教师提议幼儿将自己想到的事情画下来，通过幼儿的讲述解释，记录每幅图画表示的含义。接着，选用图画，让幼儿排序，从而形成了幼儿自己制作的故事剧本。

二、根据观察与评价结果调整表演游戏材料

游戏的物质基础是游戏材料,它对游戏的性质、内容有着重要的作用。按照材料的用途,幼儿表演游戏的材料分为场景搭建类材料、装扮类材料和道具类材料。[①] 通过观察可以了解游戏材料是支持幼儿的表演游戏还是阻碍了他们的游戏,是幼儿需要的道具还是不需要的,是否满足幼儿游戏的需求,进而提供适宜的物质环境支持。如下面的案例分析中,教师通过观察发现幼儿在游戏中并不喜欢教师花费大量精力准备的角色牌,教师看到了幼儿的反应,于是决定尊重幼儿意愿,与幼儿一起讨论道具的准备工作。

案例分析[②]

观察记录(大班幼儿):SLY 在柜子里翻出了一个小鸡的毛绒头饰,戴在头上,一边挥动着手臂,一边跑着:"我是小鸟。"MLX:"这不是小鸟,是小鸡。"在演完一遍之后,几个小朋友都来抢小鸡的头饰,角色胸牌被扔在地上。SLY:"这是我先发现的!"YSY:"可是你都演过小鸟了,这次该我演了。"MLX:"我们轮流演才好玩。"SLY:"可是我还想演小鸟。"MLX:"好吧,那我演松鼠。"YSY:"那我们石头剪刀布,一局定胜负。"最后,YSY 赢了,SLY 很不情愿地取下小鸟的头饰。

教师反思:游戏材料是幼儿同伴交往的媒介,因为道具而引起的角色争端是游戏中经常出现的情况。道具是幼儿表演必不可少的重要组成部分,而相比于教师准备的角色胸牌,实物道具更受幼儿的欢迎。实物能够刺激幼儿的想象,调动其表演的积极性,激发其创造性表现。在下次游戏中,教师可以适当"放手",让幼儿自主决定需要哪些道具,将游戏的权利还给幼儿。

三、根据观察与评价结果决定介入方式

研究表明,在幼儿的游戏活动中,没有教师的帮助,幼儿很难在活动中获得应有的学习经验和发展。教师怎样做才能更好地把握教育契机,对幼儿表演游戏进行适时适度的指导呢? 一般来说,当观察到幼儿的语言过于平淡、不具有感染力时,当幼儿的表情无变化、没有表现作品情绪时,当幼儿没有处于较高愉悦状态,当幼儿处于混乱失序的状态中时,需要教师介入,引导幼儿进行有意义的游戏。须强调的是,表演游戏是游戏性与表演性的统一,教师应该让幼儿自主、自发地去表现自己对主题的理解,并基于此,启发幼儿进行生动的表现。

情境演练 7-2-3

根据情境演练 7-2-2 的评价,对幼儿表演游戏提出有针对性的发展支持建议。

典型工作环节五 反思工作过程

反思应贯穿幼儿表演游戏观察、评价与支持的全过程。具体来说,在收集信息时,教师须不断检查自己所记录的信息是否足够作为评价幼儿表演游戏能力发展的依据,如教师对幼儿的表演行为做了翔实的记录,却忽略了对幼儿材料的使用情况及幼儿对表演所依据的故事的理解的记录,导致难以客观判断幼儿的表演行为。在表演游戏中,教师还需要通过幼儿的反应来判断自己所提供的物质材料、文本材

---

① 张燕君.4~6 岁幼儿表演游戏支持策略的研究[D].武汉:华中师范大学硕士学位论文,2017.
② 宋情.5~6 岁幼儿表演区活动开展的行动研究[D].南京:南京师范大学硕士学位论文,2020.

料能否满足幼儿的需求、能否充分发挥幼儿作为主体的创造性。如针对中班幼儿对《三只小鸡》的兴趣，教师投放了相关材料，但是在后续的一段观察中发现幼儿间的角色对话较少，说完故事中的几句话便停止了，游戏情节也无法完整推进，于是教师与幼儿讨论，进一步调整"剧本"，用角色的对话、动作来推进情节的发展，同时增强角色对话的韵律性和重复性，更好地激发了幼儿的表演兴趣。另外，教师还须始终观察、感受、分析幼儿的情绪、体验与表演需要，反思支持策略的实施能否支持幼儿的表演游戏经验进一步发展。如在表演游戏"鸭子骑车记"中，教师根据大班幼儿的表演能力指导幼儿运用语言、动作、表情表现故事内容，但是后续观察发现幼儿无法从鸭子的角度表演骑车，而是根据自己的日常经验表演骑车。于是教师进一步带领幼儿理解"剧本"，体验角色，增进对角色的理解，从而促使幼儿生动性表现的发生。

任务实践

请根据"岗位任务"中的"任务要求"，结合"学习支持"所学，使用表 2-2-14 完成对视频 7-2-1（中班）、视频 7-2-2（中班）的观察记录与分析。

评价反馈

为了更好地了解自己对本情境相关知识与能力的掌握情况，可参考表 7-2-10 对自己的学习过程进行评价与反思。

表 7-2-10 "幼儿表演游戏观察、评价与支持"学习评价单

任务小组		组长：		
		组名：		得分：
		组员：		
学习情境		观察与支持幼儿表演游戏		
评价项目		评价要点	分值	自我评价
资讯		主动学习，获取关于"岗位任务"的知识，完成"岗课赛证"中的练习，正确率 80% 以上	15	
计划		小组成员间分工明确；能够积极参与小组活动，认真完成任务	5	
决策		积极参与小组讨论，对其他小组的方案提出建议；在修正计划中能积极发表自己的看法	5	
实施	制订观察计划	观察计划内容完整；观察目的和目标科学、合理；观察记录方法选择适用于观察目的	5	
	收集幼儿信息	能够记录幼儿表演游戏的过程；能多方收集幼儿信息	10	
	评价幼儿表现	能根据幼儿表现评价幼儿的表演游戏水平，发现游戏中表现出的学习品质，并合理分析影响幼儿表现的因素	20	
	支持幼儿发展	支持策略具有针对性、科学性；能从幼儿自身、幼儿园、家庭等多方面进行思考	20	
检查		能够自觉对任务实施过程中的小组合作或任务完成质量进行检查、反思，提出疑问或见解	5	
评价		能主动展示小组练习的结果；能认真记录点评与总结，积极参与完善小组练习	5	
思政融入		在表演游戏的观察实践中关注幼儿的情感体验及变化	10	

习题测试

岚课赛证

一、单选题

1. 以下不属于小班幼儿表演游戏特点的是（　　）。
   A. 以被动性角色行为为主
   B. 几乎没有任务意识
   C. 能坚持游戏主题
   D. 很少出现根据游戏情节合作表演的行为

2. 中班幼儿哪一种角色行为增多？（　　）
   A. 生动性角色　　　B. 嬉戏性角色　　　C. 被动性角色　　　D. 一般性角色

3. 大班幼儿已能按照"计划、协商→合作表演→再计划、协商"的步骤进行游戏,说明（　　）。
   A. 大班幼儿角色意识较强,能够迅速形成角色认同
   B. 在角色扮演上以一般性表现为主
   C. 常会将自己感兴趣的东西加入游戏中
   D. 需要成人一定的提示才能坚持游戏主题

4. 幼儿以"故事"为线索开展的、具有一定结构和框架的游戏活动被称为（　　）。
   A. 结构游戏　　　B. 表演游戏　　　C. 角色游戏　　　D. 智力游戏

二、多选题

1. 幼儿在进行表演游戏时,教师应重点观察什么？（　　）
   A. 非表演游戏行为
   B. 表演游戏相关行为
   C. 表演游戏行为
   D. 游离游戏行为

2. 表演游戏相关行为包括哪些？（　　）
   A. 角色　　　B. 情节　　　C. 材料　　　D. 场景

3. 下列哪一条是幼儿表演游戏发展的轨迹？（　　）
   A. 一般性表现→生动性表现→嬉戏性表现
   B. 以被动性角色行为为主→嬉戏性角色行为增多→生动性表现大大增多
   C. 平行游戏→联合游戏→合作游戏
   D. 坚持游戏主题→能够分配角色→目的性强

4. 幼儿表演游戏中表现的学习品质包括（　　）。
   A. 好奇心　　　B. 主动性　　　C. 想象与创造　　　D. 坚持性

5. 影响幼儿表演游戏的因素有（　　）。
   A. 生理成熟
   B. 对剧本的熟悉程度
   C. 材料
   D. 教师指导方法

6. 当幼儿出现以下哪些情形时,教师需要介入？（　　）
   A. 当观察到幼儿的语言过于平淡、不具有感染力时
   B. 当幼儿的表情无变化、没有表现作品情绪时
   C. 当幼儿处于混乱失序的状态时
   D. 当幼儿茫然无措时

拓展阅读

[1] 张金梅.学前儿童戏剧教育[M].南京:南京师范大学出版社,2015.

[2] 宋倩.5～6岁幼儿表演区活动开展的行动研究[D].南京:南京师范大学,2020.

学习情境三

观察、评价与支持幼儿建构游戏

情境导学

"建构游戏是孩子们通过塑形的方式来表达自己的认知和情感的一种语言。"①建构游戏对幼儿数学、科学、健康、语言与社会学习等有重要的价值。为了发挥建构游戏的价值，当幼儿进行建构游戏活动时，幼儿教师需要观察些什么？如何评价幼儿的建构游戏？如何给予有针对性的支持呢？请以一名幼儿教师的角色进入本学习情境，学习如何观察、评价并支持幼儿的建构游戏。

学习目标

1. **知识目标**：了解观察与支持幼儿建构游戏的典型工作环节；掌握幼儿建构游戏的观察要点、评价维度、支持策略及反思支持策略适宜性的一般维度。

2. **能力目标**：能在模拟情境中基于观察与评价，支持幼儿的建构游戏；能根据幼儿表现，反思支持策略的适宜性。

3. **素养目标**：在观察与评价实践的过程中，进一步提高综合运用知识分析问题、解决问题的能力；建立正确的幼儿游戏观，做一名有扎实学识、有仁爱之心的幼儿教师。

岗位任务

在主题活动"热闹的城市"开展过程中，李老师在建构区投放了各种形状的积木，以及一些生活中的废旧材料，如纸箱、硬纸板、空心纸筒、光盘，还提供了胶水、剪刀、画笔。她想了解幼儿建构的基本技能、装饰能力及自主性发展情况，以便调整材料与支持策略，但是李老师不知道该怎么做。园长给李老师列出了以下任务要求。

任务要求：

1. 做好观察计划。
2. 按照观察计划记录幼儿在建构区的活动。
3. 评价幼儿行为表现。
4. 分析影响因素。
5. 提出调整策略。

学习任务

结合"岗位任务"中园长提出的任务要求，李老师要完成任务，则须学习幼儿建构游戏观察、评价与支持的相关知识与技能，具体的学习任务见表7-3-1。请以李老师的角色完成"学习任务"。

---

① 邵爱红.幼儿园室内外建构游戏指导[M].北京：中国轻工业出版社，2016.

表 7-3-1 "幼儿建构游戏观察、评价与支持"学习任务单

任务小组	组名：	
	组长：	
	组员：	
学习情境	观察、评价与支持幼儿建构游戏	
任务要求	1. 6～8 人为一组做好分工与合作 2. 围绕上述岗位任务要求，帮助李老师进行幼儿建构游戏的观察、评价与支持 3. 学会反思与总结自己的学习过程	
实施步骤	具体要求	
资讯	学习【学习支持】板块，获取关于幼儿建构游戏观察、评价与支持的相关知识；梳理幼儿建构游戏能力的发展轨迹	
计划	根据"资讯"阶段获取的信息，分析岗位任务要求，小组协作制订问题解决方案	
决策	通过组间互评、教师指导，修正计划，确定问题解决方案	
实施	按照方案实施"岗位任务"	
检查	通过组内或组间相互监督与检查，及时发现实施过程中的困难或问题，并适当调整方案，以保障问题得到有效解决	
评价	小组展示幼儿建构游戏观察记录表，基于点评总结教学要点，进一步完善观察记录	

学习支持

建构游戏，也称结构游戏，是指幼儿按照自己的兴趣和需要利用各种不同的结构材料，进行建筑和构造的一种游戏。建构游戏的材料丰富多样，主要有专门的建构性材料（积木、积塑、雪花片、金属构件等）、自然材料（沙、石、土、雪、水、树枝等）及废旧材料（废旧纸盒、纸杯、饮料瓶等）。建构游戏不仅可以提升幼儿动作操作能力，而且可以使幼儿在构造物体或建筑物中学习数学空间概念，了解大小、形状、数字和数量等知识，同时可以发展幼儿想象力、创造力，促进幼儿耐心、协作、互助、坚持等良好学习品质和行为习惯的养成。那么在幼儿建构游戏中，幼儿教师需要观察些什么？如何评价？如何给予有针对性的支持呢？通过以下五个典型工作环节，可以系统学习如何观察、评价与支持幼儿的建构游戏。

典型工作环节一 制订观察计划

观察是教师了解幼儿在建构游戏中当前的建构兴趣、建构经验和建构能力的最佳手段，也是为教师在游戏中扮演"支持者""促进者"等角色做出决策提供依据的重要手段。完整的观察计划是了解幼儿建构游戏发展水平及幼儿行为背后原因的基础环节，要制订好观察计划须明确观察目的与目标，确定好观察对象，选择好观察记录方法与情境。教师可使用表 1-1 记录自己的观察计划。

情境演练 7-3-1

请扫码观看幼儿建构活动视频 7-3-1(小班)，根据幼儿表现，制订一份观察计划。

视频 7-3-1
(小班)①

---

① 来自内蒙古正翔民族幼儿园。

《典型工作环节二》 **收集幼儿信息**

在幼儿进行建构游戏时,教师须收集哪些体现幼儿建构能力的关键信息呢? 把握幼儿建构游戏的观察要点,能够帮助教师聚焦这些关键信息。

一、幼儿建构游戏行为观察要点

构成幼儿建构游戏的要素主要包括建构主题、材料选择、建构行为、表征行为、装饰行为及社会性互动等。

建构主题:指幼儿搭建的物体或者主题,比如幼儿想搭一座桥,桥就是幼儿搭建的主题。

材料选择:指幼儿在建构中选择游戏材料的行为。

建构行为:指幼儿选用不同型号与形状的材料,运用平铺、堆高、延长、围拢、盖顶、架空、连接、模式等建构技能搭建出各种建筑物、人物、动物、用具等,将物体主要特征表现出来的行为。

表征行为:指幼儿在建构游戏过程中,理解建筑物作为符号的象征意义,利用建构材料、表情、语言、动作等表现和创造自己想要的游戏情节。

装饰行为:指幼儿在建构游戏过程中,利用建构材料或辅助材料对所建构出来的物体进行装饰。

社会性互动:指幼儿在建构游戏过程中所表现出的与同伴的交流与互动行为,包括无所事事(即没有搭建,只是看看或到处晃悠)、旁观(大部分时间在观看同伴的搭建,偶尔有问答行为)、独自游戏(自己搭建,不关心同伴的行为)、平行游戏(搭的物体相类似,距离很近,偶尔有交谈,但互不干扰)、联合游戏(与同伴一起搭建,有交谈,有时互借材料,但没有共同目标与分工,缺少商量行为)、合作游戏(围绕共同目标一起搭建,互相商量,有明确的分工和组织)。

以上关键要素是幼儿建构游戏行为表现的关键信息,可以作为教师观察幼儿建构游戏的要点。教师在观察幼儿建构游戏时,可围绕以上关键要素进行记录。如案例 7-3-1,教师用描述记录法呈现了幼儿进行建构游戏的过程,完整记录了幼儿的建构主题、建构行为和同伴互动等。

📖 **案例 7-3-1**

图 7-3-1　幼儿搭建隧道

A 正在建构区搭建隧道(经询问得知)。他先隔着一定距离地摆放两根长条积木,接着将木板架在这两条积木上,摆了 4 块,正好铺满。随后他把三角形积木摆在铺好的隧道顶上。完成了!这时,B 过来对 A 说:"我可以跟你一起玩吗?"A 爽快地说:"可以。"

B 挑了一辆车,正要穿过隧道,但是车身高于隧道,无法穿过。B 对着 A 说:"太高了! 太高了!"A 见状,不紧不慢,小心将三角形积木、木板拿下来。B 建议:"再加高一点。"A 听取同伴的建议,在长方形积木上垒加一块相同的积木,再铺回木板、三角形积木。隧道又一次建好后,B 拿了另一辆车头较高的汽车,又过不去。于是 A 拿起原来的那辆车,试了试,通过了!(图 7-3-1)

二、学习品质

在观察幼儿建构游戏的过程中,还应关注幼儿表现出的学习品质,包括表现幼儿游戏过程中的兴趣、自主性、坚持性、专注程度、想象与创造、反思等这些品质的具体行为。如案例 7-3-2,教师具体记录了幼儿建构游戏中主动探索、专注、坚持的行为表现。

案例 7-3-2

在一次户外建构游戏中,幼儿在尝试搭建轨道及火车。搭建好后,幼儿开始运行火车。可是幼儿对于用长的圆柱体还是短的圆柱体当车轮产生了疑惑,于是他们进行了第一次实验:将将短的圆柱体和长的圆柱体并排放在轨道上,发现只有长的圆柱体才能覆盖到中间有间隔的轨道上,所以淘汰了短的圆柱体。火车出发了!可是因为圆柱体滚动的速度比不过车厢滚动的速度,没一儿,车厢便从"车轮"上滚下来。幼儿发出声声叹息,但他们并没有因此放弃,而是进一步分工协作:有的负责推动火车,有的负责添加车轮,有的负责清障,有的负责铺路。

情境演练 7-3-2

再次观看视频 7-3-1,围绕幼儿建构游戏的观察要点,记录幼儿的建构游戏过程。

典型工作环节三　评价幼儿表现

要做到科学谨慎判断幼儿建构游戏水平,解释其学习结果的由来,对幼儿的表现进行归因,教师须熟悉幼儿建构游戏关键要素的发展轨迹、各年龄段该能力的发展目标以及分析影响幼儿表现的各种因素。

一、熟悉幼儿建构游戏关键要素的发展轨迹

(一) 幼儿建构技能的发展轨迹

从建构技能来看,幼儿的建构技能经历了 6 个阶段:非建构行为;堆叠、平铺、围拢;简单架空;简单组合;复杂架空;复杂组合,具体可参考表 7-3-2。

表 7-3-2　幼儿建构技能的发展阶段

发展阶段	总体特征
非建构行为	摆弄建构材料,把建构材料拿出来堆在一起,放回盒子又倒出来
堆叠、平铺、围拢	开始出现真正的建构,开始垒高(不断堆叠建构材料)或平铺(将建构材料一块平放在地板上)或围拢(将建构材料连接形成的闭合结构,如圆形、正方形,不规则形状也可以),不断重复这些动作
简单架空	将两块积木拉开一定距离垂直放置,并将第三块积木放在这两块积木上方进行水平连接
简单组合	整合"堆叠""围拢""平铺"与"简单架空"来表征事物,如将围拢的积木当作停车场
复杂架空	在幼儿具有更复杂的表征能力基础上,朝着水平和垂直发展的架空出现,架空也从实心向空心发展,且层数多
复杂组合	以复杂的架空为主,并能将其他结构进行组合来表征一个主题,如用复杂的组合搭建"幼儿园"建筑物、跑道等。

(二) 建构游戏中表征行为的发展轨迹

从表征行为来看,建构游戏的表征主要经历无表征、简单表征、复杂表征三个阶段。即从单纯的玩弄材料、无转换到逐渐把单一的或组合的材料想象成某物,如把垒高的积木当作楼房。最后进入复杂表征阶段,这一阶段幼儿建构的目的性与计划性增强,出现联合表征,并注重对真实细节的表征,如对同一动物的不同形态的建构更注重其动态性特征表现,详见表 7-3-3。教师也可参考表 7-3-4,对幼儿的建

构游戏情况做等级评定,大体了解幼儿建构游戏状况。

表7-3-3　幼儿建构游戏中表征行为的发展阶段

发展阶段	总体特征
无表征	单纯地玩弄材料,没有转换与表征
简单表征	把单一的或组合的积木想象成某物,对表征的实物整体形状和基本结构有所认识,但缺乏对细致部分及相互位置关系的经验与抽象概括
复杂表征	有明确建构目的,出现联合表征及对真实细节的表征

表7-3-4　建构游戏观察评价表

观察要点	评价指标	评定等级		
		☆☆☆	☆☆	☆
主题	无目的,无主题 有主题,但不稳定 有主题,并能坚持			
材料选择行为	随意选择材料,仅关注材料的种类 有目的地选择材料,不仅关注材料的种类,还关注材料的数量。 根据需要精心选择材料,在关注材料种类、数量的基础上,还对每种材料的大小、长短、颜色、尺寸等反复尝试、比较			
建构行为	非建构行为 堆叠、平铺、围合 简单架空、连接、镶嵌 简单组合 复杂架空、连接、镶嵌 复杂组合			
表征行为	无表征 简单表征 复杂表征			
装饰能力	能运用小块积木进行细节装饰,注意平衡与对称,有规律和美感 能借助辅助材料完善建构主体物			
社会性水平	独自游戏 平行游戏 联合游戏 合作游戏			
常规	遵守游戏规则,行为有序			

二、参照幼儿各年龄段建构游戏发展特点

幼儿各年龄段建构游戏的发展特点,指明了幼儿在该年龄段所能达到的发展水平,可作为教师判断幼儿当前建构游戏发展状况的依据,具体如表7-3-5。

表7-3-5　幼儿各年龄段建构游戏关键经验发展特点

年龄段	建构主题	建构技能	材料选择	表征水平	社会性
小班	无目的、无计划性,易受外界因素影响	以堆高、平铺、垒高和重复为主,对材料拆拆搭搭、反复建构	简单、盲目,根据材料单一特征选择,如只关注形状而不关注大小、高矮、长短等特征	主客体不分化阶段:以自身动作和材料作为表征	喜欢搭建; 可以独立进行搭建活动; 能用简单的语言表达自己的需求

（续表）

年龄段	建构主题	建构技能	材料选择	表征水平	社会性
中班	有简单建构计划，对建构过程和结果有兴趣；能按主题进行建构，主题相对稳定，但单一且不会衍生出复杂活动	学会架空、组合、对称、按规律排序等建构技能；学习使用辅助材料，增强造型的表现性	根据物体特性选择材料，能将材料的形状等跟生活联系起来，但选用的材料比较单一，以形状相似的材料为主	"物-我关系"分化和"逼真性"要求产生阶段：力求选择各种象征物（如积木）逼真地表现"被象征物"不同的造型特点	能与同伴协商，共同搭建同一主题作品；能用简单的语言介绍自己的作品
大班	有明确的目的和计划，能长时间建构，具有持久性和坚持性；会产生新的建构主题	熟练运用插接、排列、旋转等技能进行综合搭建；能根据经验进行想象搭建；会看平面图，能将平面图变成立体搭建物	根据情景有计划地选材料，对材料的尺寸、数量、形状等更加"挑剔"，能反复尝试各种尺寸的材料	"人-我关系"分化及集体的发展阶段：注意建构物内部关系和建构物特性，逼真再现现实生活	能与同伴友好协商建构方案，大家分工合作，在合作中尊重别人的意见；能较完整地讲述活动的过程和主题内容；喜欢挑战有难度的搭建，将生活中见到的物体搭建出来

要点巩固

请根据所学，梳理幼儿建构行为、表征能力的发展轨迹。

情境演练 7-3-3

观看幼儿建构游戏视频 7-3-1（小班）、视频 7-3-2（中班）、视频 7-3-3（大班），分别对幼儿的建构行为进行评价。

视频 7-3-2
（中班）①

视频 7-3-3
（大班）②

三、关注幼儿表现出的学习品质

在评价幼儿建构游戏的时候，除了看幼儿建构游戏发展水平，还要分析幼儿在建构游戏中体现出的学习品质，包括兴趣、主动性、专注性、坚持性、创造力、反思及合作性等，具体可参考表 7-3-6。

表 7-3-6 幼儿建构游戏中的学习品质

要素	表现
兴趣	进入搭建场所后，通过语言、操作行为表现自己对搭建的兴趣；对建构场地周围环境的材料进行观察；有搭建意愿

---

① 来自南宁市盘古路幼儿园。
② 来自广西军区幼儿园。

（续表）

要素	表现
主动性	有自己的想法,且按照想法有目地进行建构; 能自主寻求材料,能变通材料的玩法; 敢于自主展示自己的作品并尝试介绍
专注性	在建构中参与的时间在30分钟以上; 在建构过程中能将注意力集中于搭建物或搭建过程; 在建构过程中能面对无关事物或其他外部因素的干扰
坚持性	能坚持完成预先确定好的搭建主题; 在搭建过程中遇见困难时坚持克服困难、不放弃
创造力	能创造性地运用游戏材料进行搭建; 能创造性地寻找几种方法解决同一问题
反思	能对建构中的问题选择与调整合适的策略; 能对建构中的问题或策略调整作出合适解释
合作性	遇到困难必要时能够与同伴讨论,寻求同伴、教师的帮助; 主动与他人互助或合作,并愿意分享自己的经验或意见

情境演练 7-3-4

再次观看视频 7-3-1(小班),说一说幼儿表现出了哪些学习品质。

四、分析影响幼儿表现的因素

幼儿建构水平会因个体差异、年龄特点、生活经验、掌握的建构技能、游戏的环境、教师的介入等因素的影响而不同。因此,在评价幼儿建构游戏发展水平时,应将这些因素考虑在内。

情境演练 7-3-5

请你分析视频 7-3-1(小班)可能影响幼儿表现的因素。

典型工作环节四 支持幼儿发展

通过观察与评价幼儿的建构游戏,可以充分了解幼儿的建构技能发展水平、游戏中材料的使用情况、表征行为的具体表现等,进而更好地支持幼儿建构游戏的发展。教师可结合观察与评价信息所得,参考以下建议提供适宜的指导与支持。

一、根据观察与评价内容关注幼儿发展的整体性

建构游戏对幼儿学习与发展起着非常重要的作用,在语言、数理逻辑、空间、身体运动、艺术及人际智能方面尤其突出。通过对幼儿建构游戏的观察,不仅可以了解其建构游戏水平,还可以了解幼儿多元智能、学习品质、行为习惯等的发展状况,从而在此基础上提供适宜支持,促进幼儿全面发展。例如,通过连续观察,发现幼儿(大班)能够运用平铺、拼搭、垒高、围合等基本技能进行搭建,但是在搭建过程中

幼儿经常无所事事或搭一会儿便改变原有计划,搭建其他突然想到的物体,由此可以判断该幼儿大肌肉动作的平衡性、协调性与灵敏性较好,拿、抓、戳等手指精细动作也发展成熟,但计划性、专注性较弱。那么教师应从幼儿计划能力、注意力方面入手,提高其建构能力。

二、根据观察与评价信息优化建构游戏环境及材料投放

建构游戏材料是保障幼儿游戏顺利开展的重要载体,也是促进幼儿多样化发展的重要支架。教师对建构游戏进行观察与评价后,能够了解与判断建构游戏空间布局、大小,墙面环境是否适宜,了解幼儿与材料的互动情况,进而基于此调整并打造适宜、有效的建构环境,合理投放与科学摆放材料。例如,教师通过观察发现作为隔板的玩具柜使建构区窄化,限制了幼儿搭建的空间,使其无法伸展。并且缺乏相关辅助材料,幼儿只能进行较简单的组合搭建,没有表现出原有的建构技能。于是教师基于此分析,调整幼儿建构区空间布局,增加相关的辅助材料,支持了幼儿的进一步建构。

三、依据观察与评价内容提供适宜的学习支架及任务

通过观察与评价,教师可以了解到幼儿建构游戏现有的发展水平,思考建构游戏环境创设与材料的投放是否适宜,反思建构游戏中介入与指导的时机与方式是否适宜,进而提供适宜的支架,支持幼儿建构游戏的发展。例如,在搭建"南宁公园"之初,为了让幼儿有整体的空间概念,引导幼儿绘制出南宁公园的缩略图,为幼儿建构比较完整的南宁公园提供了合适的学习支架。幼儿很快搭建好比较完整的南宁公园的轮廓,有亭子、山、小桥,内容丰富。最后建构出的作品非常精美,幼儿也更乐意深入探索建构游戏。

情境演练 7-3-6

根据情境演练 7-3-4、7-3-5 的评价与分析信息,你认为是否应介入幼儿的建构游戏活动?如需要,应如何介入?活动后还应提供哪些方面的支持?

典型工作环节五 反思工作过程

在反思工作过程环节,教师应回顾与检查自己在观察、评价与支持幼儿建构游戏的过程中能否以幼儿经验与兴趣、年龄特点与发展需求为基础。在制订观察计划环节,教师应反思自己所确定的观察目的是否基于幼儿建构游戏的真实需求。如教师将自己的观察目的定为"了解幼儿在建构游戏中重复表征的原因",是出于理解幼儿的重复行为,还是从自己的角度出发,觉得幼儿这样的游戏行为水平低,观察这一行为是为了改变它。在评价幼儿表现环节,教师不应局限于对幼儿最终建构作品的评价,还应对幼儿整个建构过程进行科学合理的评价。如某教师在评价中班幼儿建构水平时,发现幼儿多次尝试未能成功搭建出滚球的轨道,但教师并未马上给予帮助,而是继续观察,发现该幼儿尝试了 16 次后终于成功。如果教师在评价中只单纯评价该幼儿的搭建水平并直接干预,就不会看到幼儿表现出的不怕困难、坚持不懈的学习品质。而在支持幼儿发展环节,教师应基于对幼儿的观察、评价,反思所投放的材料、提供的支持能否支持幼儿建构游戏经验深入发展。例如,在"搭建餐厅"的建构游戏中,教师刚开始提供的辅助材料是硬卡纸,幼儿根据需要,用硬卡纸作为地砖铺在"餐厅"里。但在后续观察中发现,"餐厅"太小,无法容纳 3 名以上的顾客。于是教师调整材料,提供大纸张,并引导幼儿让预想的"顾客"站立于纸上,然后沿着纸建构围墙,围合起来,之后再把纸撤掉,最后幼儿成功搭建大小适宜的"鸭鸭餐厅"。

任务实践

大三班在十月份开展了"迎国庆"的主题活动,李老师结合主题在区域里投放了中国地图、陶泥、造纸、书法工具和天安门拼图等材料,幼儿在与材料的对话互动中萌发了搭建天安门的想法。通过前期的调查与分享,幼儿讨论出的搭建内容分别是:天安门、华表、石狮、金水桥、护城河、天安门广场、升旗台。在搭建天安门时,幼儿们就选用什么样的材料才能表现出天安门的外形特点进行讨论后,在幼儿园里寻找材料,并选用红色的积塑搭建天安门。搭建门洞、城台时,就选择哪种材料讨论后,奕霖说:"我发现有三种不一样的积木,用两块半圆的积木拼在一起,就能变成门洞的样子,我们来试一试吧。"接着幼儿们继续搭建门洞。随后,幼儿们分成两组,一组用新材料进行天安门的再次搭建探索,另一组进行楼顶、小红旗、标语的制作。搭建完成后,他们将制作的小红旗、标语呈现在建构作品上,"天安门"终于像天安门了。……

李老师如何基于幼儿的原有经验、构建技能深化游戏的发展,引导幼儿将金水桥、护城河、天安门广场、升旗台搭建完整呢?

评价反馈

为了更好地了解自己对本情境相关知识与能力的掌握情况,参考表 7-3-7 对自己的学习过程进行评价与反思。

表 7-3-7 "幼儿角色游戏观察、评价与支持"学习评价单

任务小组	组长:			
	组名:		得分:	
	组员:			
学习情境	观察与支持幼儿角色游戏			
评价项目		评价要点	分值	自我评价
资讯		主动学习,获取关于"岗位任务"的知识,完成"岗课赛证"中的练习,正确率 80% 以上	15	
计划		小组成员间分工明确;能够积极参与小组活动,认真完成任务	5	
决策		积极参与小组讨论,对其他小组的方案提出建议;在修正计划中能积极发表自己的看法	5	
实施	制订观察计划	观察计划内容完整;观察目的和目标科学、合理;观察记录方法适用于观察目的	5	
	收集幼儿信息	能够记录幼儿建构游戏的过程和结果信息;能多方收集幼儿信息	10	
	评价幼儿表现	能根据幼儿表现评价幼儿的建构游戏水平,发现建构游戏过程中表现出的学习品质,并合理分析影响幼儿表现的因素	20	
	支持幼儿发展	支持策略具有针对性、科学性;能从幼儿自身、幼儿园、家庭等多方面进行思考	20	
检查		能够自觉对任务实施过程中的小组合作或任务完成质量进行检查、反思,提出疑问或见解	5	
评价		能主动展示小组练习的结果;能认真记录点评与总结,积极参与完善小组练习	5	

（续表）

评价项目	评价要点	分值	自我评价
思政融入	传承我国优秀儿童游戏文化,采用适宜策略支持幼儿游戏,树立文化自信	10	

岗课赛证

习题测试

一、完成赛题

请完成 2020 年全国职业院校技能大赛学前教育专业技能竞赛(保教视频分析赛项)005 号题"中班建构——土楼"。

二、教师资格证考试模拟演练

（一）多选题

1. 建构游戏的观察要点包括(　　　　)。
    A. 建构主题　　　　　B. 建构行为　　　　　C. 表征行为　　　　　D. 社会性行为

2. 建构技能包括(　　　)。
    A. 铺平　　　　　B. 垒高　　　　　C. 架空　　　　　D. 围合

3. 建构游戏的社会性水平包含(　　　)。
    A. 独自游戏　　　　　B. 联合游戏　　　　　C. 平行游戏　　　　　D. 合作游戏

4. 教师在建构区投放新材料后,决定以"了解幼儿建构游戏的发展情况"为目的进行建构游戏的观察,那么具体观察目标应包括(　　　)。
    A. 建构主题　　　B. 建构行为、表征行为　　　C. 能够坚持主题　　　D. 社会性行为

5. 建构游戏中的学习品质表现为(　　　)。
    A. 好奇心　　　　　B. 兴趣　　　　　C. 主动性　　　　　D. 坚持性

（二）试讲真题

1. 试讲方案

题目:建构游戏"雪花片"

内容:(1)利用雪花片搭出交通工具;(2)模拟组织幼儿开展雪花片建构游戏。

基本要求:(1)模拟组织幼儿利用雪花片搭出交通工具;(2)在游戏过程中搭出 2～3 个交通工具;(3)请在 10 分钟内完成上述任务。

2. 答辩题目

问题 1:除了搭出交通工具,你还能用雪花片搭出哪些交通工具?

问题 2:本次活动适合哪个年龄班的幼儿?

拓展阅读

[1] 邵爱红.幼儿园室内外建构游戏指导[M].北京:中国轻工业出版社,2016.

[2] 刘焱.儿童游戏通论[M].北京:北京师范大学出版社,2004.

[3] 董旭花.自主游戏:成就幼儿快乐而有意义的童年[M].北京:中国轻工业出版社,2021.

图书在版编目(CIP)数据

幼儿行为观察与评价/李艳荣,黄婉圣主编. —2 版. —上海:复旦大学出版社,2023. 10
(2024. 8 重印)
ISBN 978-7-309-16839-6

Ⅰ. ①幼…　Ⅱ. ①李…　②黄…　Ⅲ. ①幼儿-行为分析　Ⅳ. ①B844. 12

中国国家版本馆 CIP 数据核字(2023)第 083448 号

幼儿行为观察与评价(第二版)
李艳荣　黄婉圣　主编
责任编辑/赵连光

复旦大学出版社有限公司出版发行
上海市国权路 579 号　邮编:200433
网址:fupnet@ fudanpress. com　http://www. fudanpress. com
门市零售:86-21-65102580　团体订购:86-21-65104505
出版部电话:86-21-65642845
上海丽佳制版印刷有限公司

开本 890 毫米×1240 毫米　1/16　印张 12. 25　字数 379 千字
2024 年 8 月第 2 版第 2 次印刷
印数 4 101—8 200

ISBN 978-7-309-16839-6/B. 783
定价:45. 00 元